高等院校艺术设计类专业
“十三五”案例式规划教材

Dreamweaver+Photoshop+Flash
网页制作三合一案例教程

主　编　耿　阳　彭凌玲
副主编　董　焱　杜晓璇　赵安琪
参　编　陈鹏男　于　晨　岳梓彤
林梓琪　李　超　白雅君
张　程

中国·武汉

内容提要

本书以实例带动教学，在注重对读者实践能力的培养的同时，从实例的角度介绍每个知识点，通过制作流程进行详细讲解，循序渐进地讲解设计网页网站、制作网页网站的方法与技巧。全书共分为十五章，主要包括网页设计和网站建设基础，网页版面设计和布局，Dreamweaver 网页制作基础，使用行为和 JavaScript 添加网页特效，在网页中应用表格和表单，使用模板和库创建网页，使用 CSS 样式美化网页，网页布局，Photoshop 网页设计基础，网页页面图像切割与优化，设计制作网页元素，Flash 动画制作基础，制作 Flash 网页动画，Flash 中的元件、库和滤镜以及发布和维护网站。

本书案例丰富，构思科学合理，具有很强的实用性，既可以作为高职院校、职业学校等相关专业的教学用书，也可以作为广大网页设计人员、制作人员及网站开发人员的参考用书。

图书在版编目 (CIP) 数据

Dreamweaver+Photoshop+Flash 网页制作三合一案例教程 / 耿阳，彭凌玲主编 .—武汉 : 华中科技大学出版社，2019.3

高等院校艺术设计类专业“十三五”案例式规划教材

ISBN 978-7-5680-4714-2

Ⅰ . ① D…　Ⅱ . ①耿…　②彭…　Ⅲ . ①网页制作工具－高等学校－教材　Ⅳ . ① TP393.092

中国版本图书馆CIP数据核字(2018)第289492号

Dreamweaver+Photoshop+Flash 网页制作三合一案例教程
Dreamweaver+Photoshop+Flash Wangye Zhizuo Sanheyi Anli Jiaocheng　　耿阳　彭凌玲　主编

策划编辑：周永华
责任编辑：陈　忠
封面设计：原色设计
责任校对：刘　竣
责任监印：朱　玢
出版发行：华中科技大学出版社（中国・武汉）　电话：(027)81321913
武汉市东湖新技术开发区华工科技园　邮编：430223
录　　排：华中科技大学惠友文印中心
印　　刷：湖北新华印务有限公司
开　　本：880mm×1194mm　1/16
印　　张：13.5
字　　数：303 千字
版　　次：2019 年 3 月第 1 版第 1 次印刷
定　　价：49.80 元

前言

Preface

随着网页设计与网站建设技术的不断发展和完善，市场上越来越多的网页制作软件被使用。目前使用最多的是 Dreamweaver、Photoshop 和 Flash 这三款软件，俗称“新网页三剑客”。这三款软件的共同点就是简单明了、容易上手，无论是设计师还是初学者，都能便捷地学习和使用，并能够轻松达到各自的设计目标。这三款软件的组合能够完全高效地实现网页的各种功能，因此赢得了广大网页设计人员的青睐。

本书内容丰富，操作方法简单易学，即使是刚入门的读者，按照书中介绍的步骤进行操作，也能轻松上手，制作出良好的网页设计作品。

由于编者水平有限，书中难免存在不足之处，恳请专家、同行和读者提出宝贵意见。

编　者

2018 年 5 月

目录

Contents

第一章
网页设计和网站建设基础

章节导读

互联网是现代社会信息传播的重要途径，了解网页制作的基本方法和网站建设的步骤无疑具有重要的现实意义。本章将介绍与网页设计和网站建设相关的一些基本知识，为后续内容的学习奠定基础。

本章的学习重点如下。

1. 网页设计基础。
2. 常用的网页设计软件。
3. 网站建设的一般流程。

第一节　网页设计基础

在互联网高速发展的今天，网络技术的应用已经深入到社会各个层面，而网页则成为展示和宣传的载体，多个相互关联的网页构成了一个网站。普通的网页都会有文本和图像信息，更精美的网页还会有视频、动画等多媒体信息。制作一个网页不仅要求设计者要熟练使用软件，还要掌握网页制作的基础知识。

一、网页的构成要素

互联网是世界上最大的计算机网络，万维网是其中的一个子集，由分布在全球的众多服务器组成。这些服务器包括用户访问的信息，而这些信息依靠网站与网页作为载体。在互联网发展的早期，网站只能保存文本，经过近年来的发展，图像、声音、动画视频和 3D 等技术得到了广泛的应用，使其能够与用户更好地进行交流。一个优秀的网站包含精美的 Logo、网站广告条和导航栏等必要元素。

1. 网站 Logo

网站 Logo 是网站特色和内涵的集中体现，传递网站的定位及理念，便于用户识别。经调查统计发现，一个网站的浏览量与网站首页的精美程度有着直接关系，Logo 作为其中的主体形象，其重要性不言而喻，如图 1–1 所示。

2. 网站广告条

网站作为一个逐渐商业化的媒体，其蕴含的广告价值被无限放大。互联网上众多门户及商业网站已经将广告收入看作其生存发展的支柱性收入，而这种广告植入也渐渐得到了网站浏览用户的认同。以往的广告形式主要是普通的按钮广告，近年来长横幅、大尺寸广告已经成为主要的广告形式，也是迄今为止被广泛应用的网站广告形式，如图 1–2 所示。

图 1–1　网站 Logo

图 1–2　网站广告形式

3. 导航栏

作为用户信息浏览的路标，导航栏是网站中必不可少的元素，如图 1–3 所示。当用户想要浏览某项信息时，首先会寻找导航栏菜单，通过导航栏可以直观地了解网站的内容及信息的分类方式，寻找需要的资料与感兴趣的内容。一般来说，在网站的上端或左侧设置导航栏是比较普遍的方式。互联网包含网站，而网站由若干相互关联的网页集合而成。网页一般由多种元素构成，最基本的构成元素是文字，文字的表达直截了当，因此必不可少。但是如果网页单纯由文字构成，这样就稍显枯燥，因此设计者有必要在文字的基础上加入图像、动画、影片等元素。

4. 文本与图像

文本与图像是网页中最基本的构成元素，这两种元素在任何网页制作中都必不可少，是最简单、直接、有效的方式，如图 1–4 所示。

5. 动画

随着互联网的迅速发展，网页出现了越来越多的多媒体元素，例如动画、视频等。在

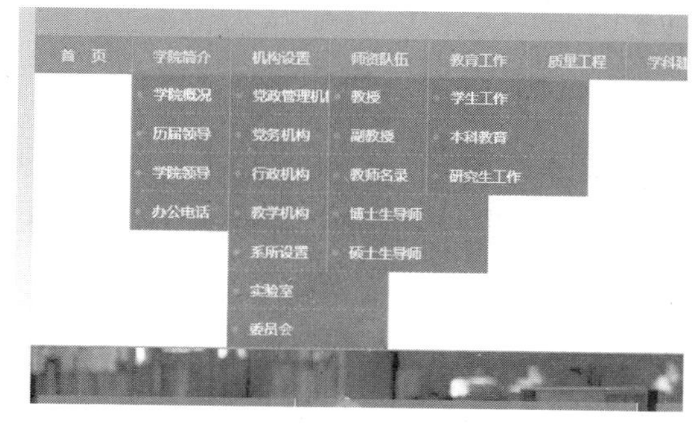

图 1–3　导航栏

图 1–4　网页中的文本与图像

网页中应用的动画元素主要有 GIF 和 Flash 两种形式。GIF 动画效果单一，已渐渐不能满足用户对视觉效果的需求。而随着 Flash 动画的不断发展，它的应用越来越广泛，已经成为最主要的网站动画形式，使用户能够更加直观、精确地接收到信息内容，如图 1–5 所示。

6. 表单

表单作为网站基本构成元素之一，在网站中起到与用户信息沟通交互的作用，这种作用尤其体现在功能型网站中。在网站的构成中，无论是搜索框与搜索按钮，还是用户注册表单及控制面板，都会需要表单及表单元素。表单元素的交互性体现在收集用户信息和帮助用户进行功能性控制两个层面。在网页中，表单的应用很常见，主要应用在搜索、用户登录及注册等方面，因此表单的交互设计与视觉设计是网站设计中极为重要的环节，如图 1–6 所示。

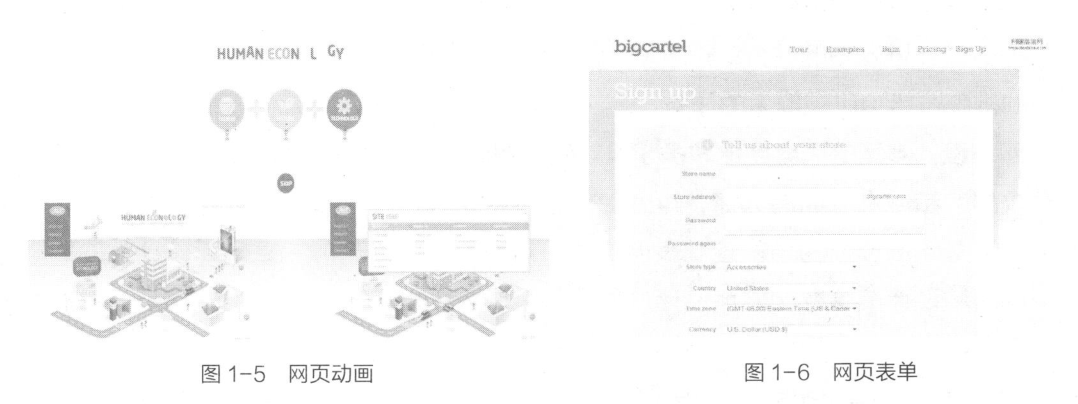

图 1–5　网页动画　　　　图 1–6　网页表单

二、网页的分类

1. 静态网页

在网站设计中，纯粹 HTML 格式的网页通常被称为静态网页，扩展名是 .html，可以包含文本、图像、声音、Flash 动画、客户端脚本和 ActiveX 控件及 JAVA 小程序等。静态网页是网站建设的基础，早期的网站一般都是由静态网页制作的。静态网页是相对于动态网页而言的，是指没有后台数据库、不含程序和不可交互的网页。静态网页更新起来相对比较麻烦，一般适用于更新较少的展示型网站。静态网页也不是完全静态，也可以出现各种动态的效果，如 GIF 格式的动画、Flash、滚动字幕等。静态网页的工作过程如图 1–7 所示。

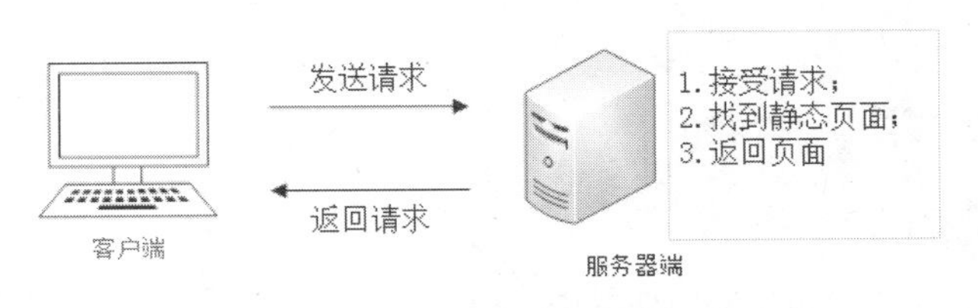

图 1–7　静态网页的工作过程

2. 动态网页

所谓动态网页是指网页文件里包含了程序代码，通过后台数据库与 Web 服务的信息交互，由后台数据库提供实时数据更新和数据查询服务。网页的后缀名一般根据不同的程序设计语言而有所不同，如常见的有 .asp、.jsp、.php、.perl、.cgi 等。动态网页能够根据不同的时间和访问者而显示不同的内容，如常见的 BBS、留言板和购物系统等通常用动态网页实现。动态网页的制作比较复杂，需要用到 ASP、PHP、ISP 和 ASP.NET 等专门的动态网页设计语言。动态网页的工作过程如图 1–8 所示。

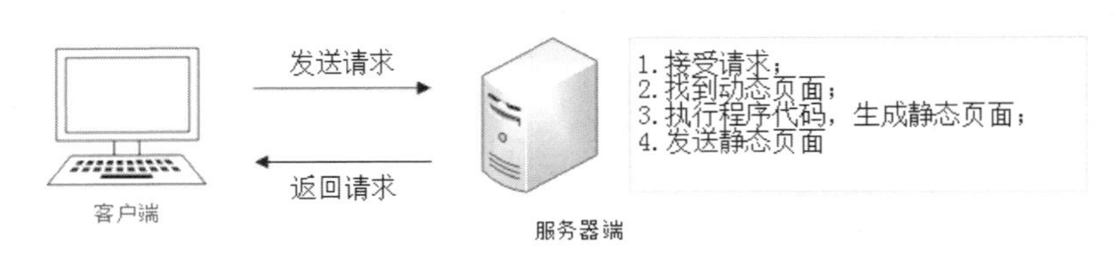

图 1–8　动态网页的工作过程

三、网站和网页的关系

网页设计是网站的前台（界面）设计部分，主要针对所浏览的网页的总体颜色选择、页面的排版布局和用户群体的体验。

网站设计涉及的内容就比较多了，首先是明确用户、网站内容、网站功能上的设计，以及数据库和域名空间的选择，再到后期的维护、推广等都是网站设计的内容。可以说网页设计是网站设计的一种直观表现形式，用户第一眼看到的就是网页设计上的内容。应该说网站设计范围要比网页设计广的多。国内大多数个人站长从事的都是一些网站设计的工作。

四、屏幕分辨率和网页编辑器

网页布局和设计可以通过不同元素的排列组合，体现想要表达的重点细节。网页布局和设计中比较烦琐的工作之一就是样式控制和页面布局。样式是否美观，布局是否合理，会直接影响网站的质量。具体到每一个页面的制作时，首先要做的就是设计版面。版面指的是在浏览器中看到的一个完整页面的大小。因为显示器的分辨率不同，所以同一个页面的大小可能出现 640 像素 ×480 像素、800 像素 ×600 像素或 1024 像素 ×768 像素等不同尺寸。目前主要以 1024 像素 ×768 像素分辨率的显示器为主。在实际制作网页的过程中，应将网页内容宽度限制在 778 像素以内（可以用表格或层来进行限制），以便用户在用 1024 像素 ×768 像素分辨率的显示器进行浏览时，除去浏览器左右的边框后，刚好能完全显示出网页的内容。

五、常用网络术语

1. 网页标记语言 HTML

HTML（Hypertext Markkup Language，超文本置标语言或超文本标记语言）是一种文本类、解释执行的标记语言，它是网络上用于编写网页的主要语言。用 HTML 编写的超文本文件称为 HTML 文件。

2. 页面修饰语言 CSS

CSS 又称层叠样式表，可以使用 HTML 标签或命名的方式定义，除了可以控制一些传统的文本属性外，例如字体、字号、颜色等，还可以控制一些比较特别的 HTML 属性，如对象位置、图片效果、鼠标指针等。层样叠式表可以一次控制多个文档中的文本，并且可随时改动层叠样式表 CSS 的内容，以自动更新文档中文本的样式。

3. 网页脚本语言 JavaScript

JavaScript 是一种 Script 脚本语言，可以和 HTML 混在一起使用，也可以用来在浏览器的客户端进行程序编制，从而控制浏览器等对象操作。

4. 动态网页编程语言 ASP、PHP 和 JSP

（1）ASP。ASP 实际上是先编译成 ISAPI（Internet Server Application Programming Interface），然后再生成文本发送到客户端。ASP 与标准的 HTML 文件一样，包含 HTML 对象并且在一个浏览器上解释和显示。任何可以放在 HTML 中的内容都可以放在 ASP 中，如 Java applets、闪烁字符串、客户端脚本、客户 ActiveX 控件等。

（2）PHP。PHP 是一种服务器端 HTML 嵌入式脚本描述语言。它最强大和最重要的特征是含有数据库集成层，使用它完成一个含有数据库功能的网页非常简单。在 HTML 文件中，PHP 脚本程序（语法类似于 Perl 或者 C 语言）可以使用特别的 PHP 标签进行引用，这样网页制作者也不必完全依赖 HTML 生成网页了。由于 PHP 是在服务器端执行的，客户端看不到 PHP 代码。PHP 可以完成任何 CGL 脚本可以完成的任务，但其功能的发挥取决于它和各种数据库的兼容性。PHP 除了可以使用 HTTP 进行通信，也可以使用 IMAP、SNMP、NNTP 及 POP3 协议。

（3）JSP。JSP 技术是用 Java 语言作为脚本语言的，JSP 网页为整个服务器端的 Java 库单元提供一个接口来服务于 HTTP 的应用。JSP（Java Server Pages）是由 Sun Microsystems 公司倡导、许多公司参与所建立的一种动态网页技术标准。在传统的网页 HTML 文件（.htm，.html）中加入 Java 程序片段（Scriptlet）和 JSP 标记（tag），就构成了 JSP 网页（.jsp）。Web 服务器在遇到访问 JSP 网页的请求时，首先执行其中的程序片段，然后将执行结果以 HTML 格式返回给用户。程序片段可以操作数据库、重新定向网页以及发送 E-mail 等，这就是建立动态网站所需要的功能。所有程序操作都在服务器端执行，网络上传送给客户端的仅仅是得到的结果，对用户浏览器的要求最低可以实现无 Plugin，无 ActiveX，无 Java Applet，甚至无 Frame。

第二节　常用的网页设计软件

制作出一个精美的网页，仅仅依靠一个建站软件是不够的，还需要多种软件的综合应用。

一、图像处理软件

在网站宣传广告、网页布局等设计中，都不能缺少图像处理。因此，必须意识到关于图像处理软件选择的重要性，大多数网页设计师经常使用的是 Photoshop 与

Fireworks 两种。

（1）Photoshop 是最为常见的图像处理软件，其图像处理能力十分强大，深受设计师喜爱。它能够单独进行图像处理，也可以制作 GIF 动画、翻转按钮。Photoshop 通过切片工具可以把已经布局好的网页进行切片处理，将每一张图片的大小、格式进行优化设置，功能较为全面，如图 1–9 所示。

图 1–9　Photoshop 操作界面

（2）Fireworks 是一款特别为网页图像制作开发的图片处理软件。Fireworks 在图像处理、图像变换、GIF 动画制作、导航栏等方面都能够让使用者轻松掌握。只需要通过它的切片功能就可以把布局好的网页切片，直接输出成为网页。

二、视频处理软件

Flash 是最著名的动画制作软件。它具备文件容量小、视觉效果优等特点，尤其是视觉效果的高标准深受设计师与广告商的追捧。同时 Flash 制作出的动画也需要特定的播放器进行播放，其操作界面如图 1–10 所示。

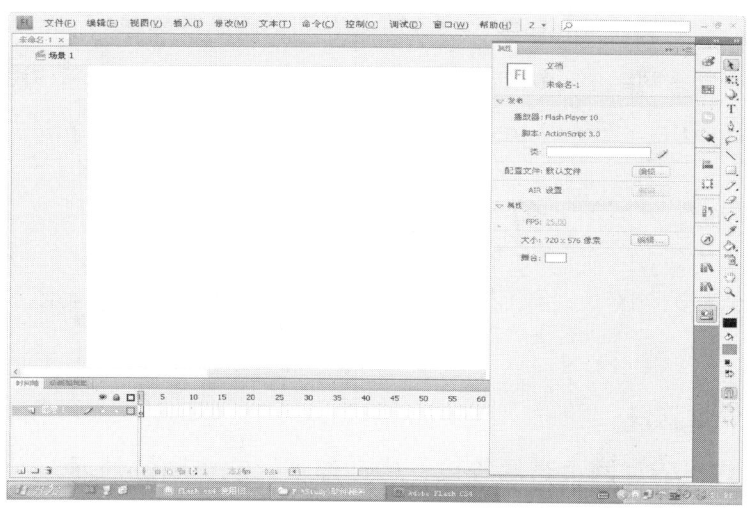

图 1–10　Flash 操作界面

三、网页制作软件

Dreamweaver 是最普遍的网站建设软件之一。它的特点是可以迅速创造动、静不同的网页，并且生成的代码简短。Dreamweaver 可以编辑专业的可视化网页，同时也能够对网站进行管理和维护。它的特点和功能相对于其他软件非常完善和成熟，因此 Dreamweaver 也成为了设计师进行网页设计的首选，其操作界面如图 1–11 所示。

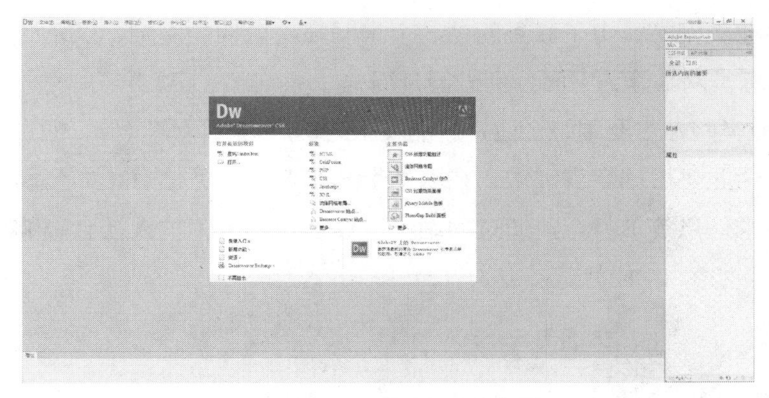

图 1–11　Dreamweaver 操作界面

第三节　网站建设的一般流程

1. 前期策划

在建立一个网站前，需要对网站有一个准确的定位，明确网站的目的与目标人群。针对以上要素开始收集相关资料并进行前期调研，根据结果进行归纳，在更大程度上发挥网站的作用。在进行前期定位时，要集众家之策，调动设计团队一起参与讨论，听取团队成员意见，针对这些意见进行调整，并将其结合到前期策划中。策划时需考虑全面，统筹全局。网站的最终服务对象是用户，因此前期收集用户的反馈及意见极为重要。这一步要进行整合调整，并根据网站的定位及用户心理找出侧重点，进行策划，并再次对用户进行投入反馈，这是一个循环往复的过程。

2. 网站的实施与建立

设计人员应根据前期策划来设计页面，把每个栏目的具体位置与网站的整体风格确定下来，使网站设计更具有整体性。设计人员同时应准备不同风格的设计方案，每种方案要与网站的定位及整体形象密切结合，兼顾用户心理。设计方案提出后由设计团队讨论决定。确定好网站的设计方案后，接下来是网站的实施与建立，将网页设计稿制作成网页，由网页制作人员负责实现网页并制作成模板。与此同时，栏目负责人要同步收集每个栏目的具体内容并整理。网页制作完成后，由栏目负责人向每个栏目中添加具体的网页内容。

在进行页面设计的同时，网站程序人员应编写网站开发程序，并选择合适的网站程序开发语言和数据库。

3. 后期维护

网站建成后并不代表制作流程的结束，后期维护这项工作必不可少，尤其是信息类网站要定期进行更新。后期维护是网站保持新鲜活力、吸引力及正常运行的保障。

一、网站的定位

网站就是把一个个网页系统地链接起来的集合，如新浪、搜狐和网易等。网站按其内容可分为企业类网站、电子商务网站、个人网站、机构类网站、娱乐游戏网站、门户网站和行业信息类网站等，下面分别进行介绍。

（1）企业类网站主要围绕企业、产品及服务信息进行网络宣传，通过网站树立企业的网络形象。企业可根据自身需求，在网站上发布各种业务信息（如公司信息、产品和服务信息及供求信息等）。企业通过网站可以展示其形象，扩大社会影响力，从而提高企业的知名度，如图 1–12 所示。

图 1–12　企业类网站

（2）电子商务网站是为浏览者搭建起的一个网络平台，浏览者和潜在用户在这个平台上可以实现整个交易过程。与营销应用型网站相比，电子商务网站更依赖于互联网，此时的网站将承担起整个营销角色，如图 1–13 所示。

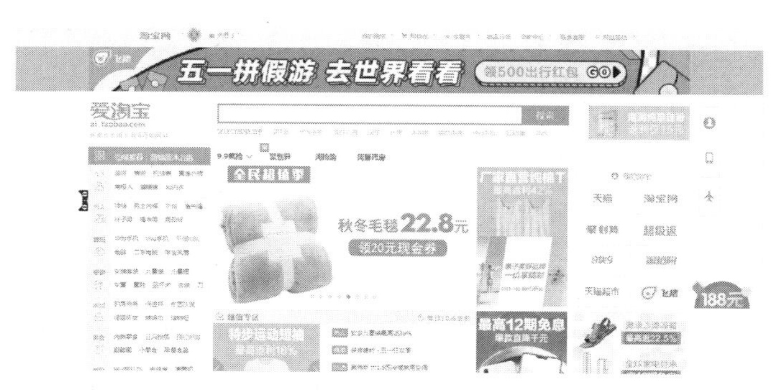

图 1–13　电子商务网站

（3）个人网站是以个人名义开发创建的个性化较强的网站，一般是个人出于兴趣爱好或展示自我等目的而创建的，带有很明显的个人色彩。这类网站一般不具有商业性质，通常规模不大，在互联网上随处可见，其中也有不少优秀的站点，如图 1–14 所示。

图 1–14　个人网站

（4）机构类网站通常指政府机关、相关社团组织或事业单位建立的网站，网站的内容多以机构或社团的形象宣传和政府服务为主。该类网站的设计通常风格一致且功能明确，受众面也较为明确，内容上相对较为专一，如图 1–15 所示。

图 1–15　机构类网站

（5）娱乐游戏网站大都是以提供娱乐信息和流行音乐为主的网站。例如，在线游戏网站、电影网站和音乐网站等，它们可以提供丰富多彩的娱乐内容。这类网站的特点也非常显著，通常色彩鲜艳明快、内容丰富，多配以大量图片，设计风格或轻松活泼，或时尚另类，如图 1–16 所示。

（6）门户网站将无数信息整合、分类，绝大多数网民通过门户网站来寻找感兴趣的信息资源。门户网站涉及的领域非常广泛，是一种综合性网站。此外这类网站还具有非常强大的服务功能，如搜索、论坛、聊天室、电子邮箱、虚拟社区和短信等。门户网站的外观通常整洁大方，用户所需的信息在上面基本都能找到。目前国内影响力较大的门户网站有很多，如新浪、搜狐和网易等。图 1–17 所示为新浪网的门户网站。

图 1-16　音乐网站

图 1-17　新浪网

二、规划站点结构

规划站点结构是指编排网站文件的目录结构。设置站点的常规做法是在本地磁盘上创建一个包含站点所有文件的文件夹，然后在该文件夹中创建和编辑文档。当准备好发布站点并允许公众查看时，再将这些文件上传到 Web 服务器上。目录结构的好坏，对站点本身的上传、维护以及后续内容的更新和维护有着重要的影响。

在建立目录结构时，尽量不要将所有文件都存放在根目录下，而是按栏目内容建立子目录。例如，时尚资讯站点可以根据时尚类别分别建立相应的目录，如服饰、家居、音像和美容等目录。其他如友情链接等需要经常更新的次要栏目，可以建立独立的子目录。而一些相关性强但不需要经常更新的栏目，如关于本站、联系我们等，可以合并放在统一的目录下。在默认情况下，站点根目录下都有 Images 目录，用于存放首页和次要栏目的图片。此外，为便于维护和管理，建立的目录结构的层次建议不要超过 4 层，且不要使用中文目录名或过长的目录名。

三、网站整体规划

网站整体规划往往是在建立网站之前进行，它是对网站的整体构思，包括网站的定位、栏目的规划和风格的确立等内容。网站整体规划的好坏不仅影响网站建设的速度，而且还影响后期网站管理与维护的难易程度，所以在建立一个网站之前，一定要进行详细的网站定位和规划。网站的定位是网站整体规划的第一步，在建设网站前必须首先了解其用途，然后进一步确定网站对象、主题、内容以及 CI 设计，所有这些统称为网站定位。

四、收集资料与素材

了解网站的主要目录结构以后，就可以创建和收集需要的建站资源，包括图像、文本和媒体。收集所有这些材料后，分门别类地存放在相应的文件夹中，以便于查找和管理。一个优秀的网站与实体公司一样，也需要整体的形象包装和设计。准确的、富有创意的 CI 设计，对网站的宣传推广有事半功倍的效果。在网站主题和名称定下来之后，需要思考的就是网站的标识。网站的标识，即网站 Logo，如同商品的商标，可以使网络浏览者快速、方便地识别和选择网站。一个好的 Logo 往往会反映网站及制作者的某些信息，特别是对一个商业网站来讲，可以从中大致了解到这个网站的类型。Logo 可以是中文，英文字母，可以是符号或图案，也可以是动物或者人物等。例如，IBM 网站是用 IBM 的英文作为标志；新浪网用字母 sina+ 眼睛作为标志；苹果公司的官网用一个苹果作为标志；搜狐网用一只卡通狐狸作为标志。

五、制作网页

制作网页是一个复杂而细致的过程，一定要按照先大后小、先简单后复杂的顺序来制作。所谓先大后小，就是在制作网页时，先把大的结构设计好，然后再逐步完善小的结构设计。所谓先简单后复杂，就是先设计出简单的内容，然后再设计复杂的内容，以便出现问题及时修改。网页设计要根据站点目标和用户对象来设计网页的版式及网页的内容。一般来说，至少应该对一些主要的页面设计好布局，确定网页的风格。在设计网页时，保持排版和设计的一致性是很重要的，要尽量保持网页风格一致，使用户在网页间跳转时，不会因外观不同或导航栏在每页的地方不同而感到困惑。在制作网页时灵活运用模板，可以大大提高制作效率。将相同版面的网页做成模板，基于模板创建网页，以后想改变网页时，只需修改模板就可以了。

六、切图并制作成页面

切图并制作成页面时，需要规划网站的布局和划分结构，包括对站点中所使用的素材和资料进行管理和规划，对网站中栏目的设置、颜色的搭配、版面的布局、文字图片的运用等进行规划，便于日后管理。

七、开发动态功能模块

页面设计制作完成后，如果还需要动态功能的话，就需要开发动态功能模块。网站中常用的功能模块有新闻发布系统、搜索功能、产品展示管理系统、在线调查系统、在线购物、会员注册管理系统、统计系统、留言系统、论坛及聊天室等。对大型购物网站而言，完善的动态管理系统是必不可少的，它是管理和维护网站的核心所在。一个基本的购物系统包括客户管理系统、商品展示管理系统、购物车系统、订单管理系统等。

八、网站的发布与上传

1. 通过新闻媒体进行宣传

可以借助电视、广播、报刊杂志及其他印刷品等对网站进行宣传。目前，电视是最大的宣传媒体。如果在电视上做广告，一定能收到像其他电视广告商品一样家喻户晓的效果，但对于个人网站而言就不太合适了。

2. 注册搜索引擎

搜索引擎是一个进行信息检索和查询的应用系统，是网民查询网上信息的第一手段。所以在知名的网站中注册搜索引擎，可以提高网站的访问量，是推广和宣传网站的首选方法。注册的搜索引擎数目越多，主页被访问的可能性就越大。

3. 利用电子邮件

这个方法比较适合对自己熟悉的朋友使用，还可以在主页上提供网站更新的邮件订阅功能，以便于在网站更新后，及时通知朋友。如果随便向自己不认识的网友发送邮件宣传自己的主页，就不太友好了，有些网友会把它当成垃圾邮件，而给网友留下不好的印象，有可能还会被列入黑名单，这样的方式对提高网站访问量并无实质性的帮助。

4. 使用留言板

使用留言板也是一种很好的宣传方法，在网上浏览、访问别人的网站时，如果看到一个不错的网站，可以考虑在这个网站的留言板上留下赞美的话，并把自己的网站简介和地址写下来，将来其他网友看到这些留言的话，若有兴趣就会去浏览。

九、网站的后期更新与维护

一个好的网站，是不可能一次就制作完美的。由于市场环境在不断地变化，网站的内容也需要随之调整，给人常新的感觉，这样才会吸引更多的访问者，而且给访问者留下很好的印象。这就要求对站点进行长期的、不间断的维护和更新。网站维护一般包含内容的更新、网站风格的更新、网站重要页面设计制作、网站系统维护服务等。

十、网站的推广

网站推广的目的在于让尽可能多的潜在用户了解并访问网站，通过网站获得有关产品和服务的信息，为最终形成购买决策提供支持。常用的网站推广方法包括登录搜索引擎、交换广告条、使用 meta 标签、直接向用户宣传、传统方式、借助网络广告、登录网址导航站点和 BBS 宣传等。

本／章／小／结

本章简单介绍了网页设计和网站建设的基础知识。通过本章的学习，读者可以了解网页设计的基础内容，熟悉常用的网页设计软件，掌握网站建设的一般流程，为后续内容的学习奠定基础。

思考与练习

1. 网页的构成要素包括哪些？各有何特点？

2. 在网站宣传广告、网页布局等设计中，常用的图像处理软件是什么？

3. 建设网站的一般流程是什么？

第二章

网页版面设计和布局

章节导读

网页设计要讲究编排和布局，虽然网页设计不同于平面设计，但两者有许多相似之处，应加以利用和借鉴。为达到最佳的视觉表现效果，网页设计应讲究整体布局的合理性，使用户有一个流畅的视觉体验。

本章的学习重点如下。

1. 网页版面布局设计。
2. 网页布局方法。
3. 常见的网页结构类型。
4. 文字与版式设计。
5. 图像设计排版。
6. 网页色彩选择与搭配。

第一节　网页版面设计

一、网页版面设计原则

网页在设计上有许多共同之处，遵循一些设计的基本原则，再对网页的特殊性做一些考虑，便不难设计出美观大方的页面来。网页版面设计有以下基本原则，熟悉这些原则将对设计页面有所帮助。

1. 主次分明，中心突出

在一个页面上，必须考虑视觉中心。视觉中心一般在屏幕的中央或者在中间偏上的位置。因此，一些重要的文章和图像通常可以安排在这个位置，在视觉中心以外的地方就可以安排次要内容，这样在页面上就突出了重点，做到了主次有别，如图 2–1 所示。

图 2–1　主次有别

2. 大小搭配，相互呼应

较长的文章与标题之间要有一定的距离；同样，较短的文章和标题也要合理地设计版式。图像的安排也是这样，要互相错开，使大小图像之间有一定的间隔，这样可以使页面错落有致，避免重心的偏离，如图 2–2 所示。

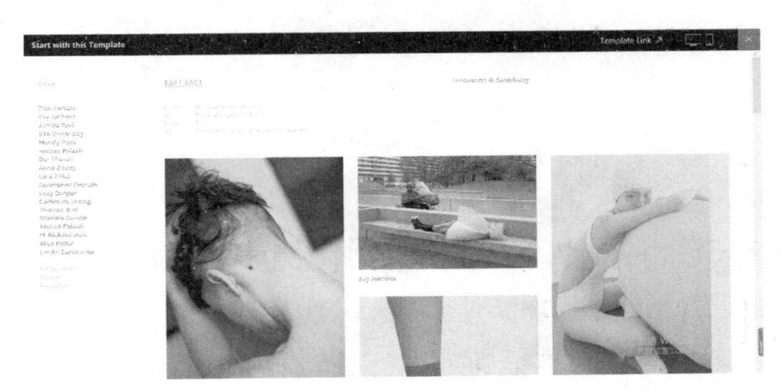

图 2–2　大小搭配

3. 图文并茂，相得益彰

文字和图像具有一种相互补充的视觉关系，页面上文字太多，就显得沉闷，缺乏生气。页面上图像太多，缺少文字，必然会减少页面的信息容量。因此，最理想的效果是文字与图像的配合，互为衬托，既能活跃页面，又使主页有丰富的内容，如图 2–3 所示。

图 2–3　图文并茂

4. 保持简洁

保持简洁的常用做法是使用醒目的图形来作标题，图形同样要求简洁。保持简洁的另一种做法是限制所用的字体和颜色的数量。一般每页使用的字体宜保持一致性，可以从页面的排版下手，各个页面使用相同的页边距，文本、图形之间保持相同的间距，主要图形、标题或符号旁边留下相同的空白，如图 2-4 所示。

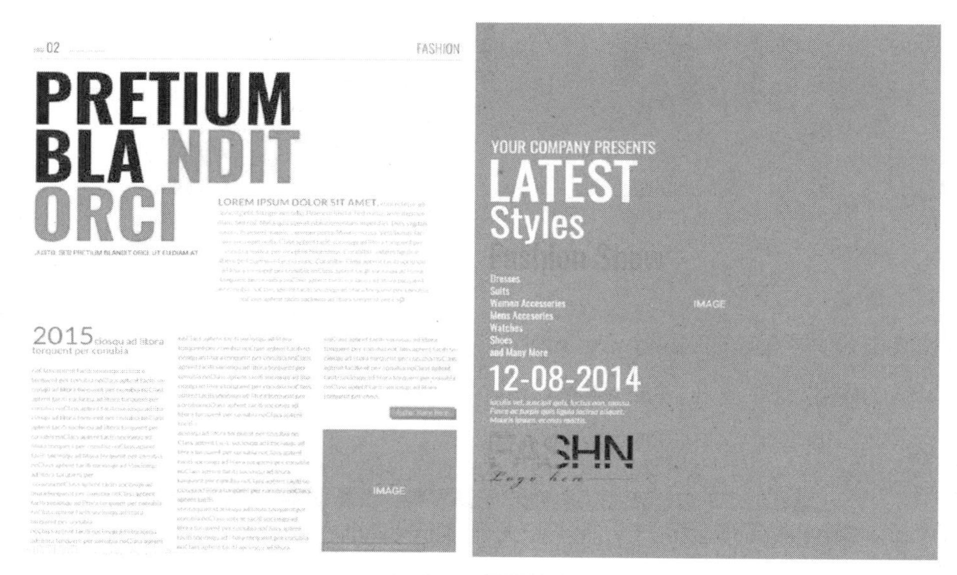

图 2-4　保持简洁

5. 布局合理

格式美观的正文、和谐的色彩搭配、较好的对比度，使得文字具有较强的可读性。要使页面具有生动的背景图案，页面元素应大小适中、布局匀称，不同元素之间有足够的空白，元素之间保持平衡，文字准确无误，无错别字和拼写错误，如图 2-5 所示。

图 2-5　页面元素

6. 文本和背景的色彩

考虑到大多数用户的显示屏采用 256 色显示模式，因此一个页面显示的颜色不宜过多。主题颜色通常只需要 2 ～ 3 种，并采用一种标准色，如图 2–6 所示。

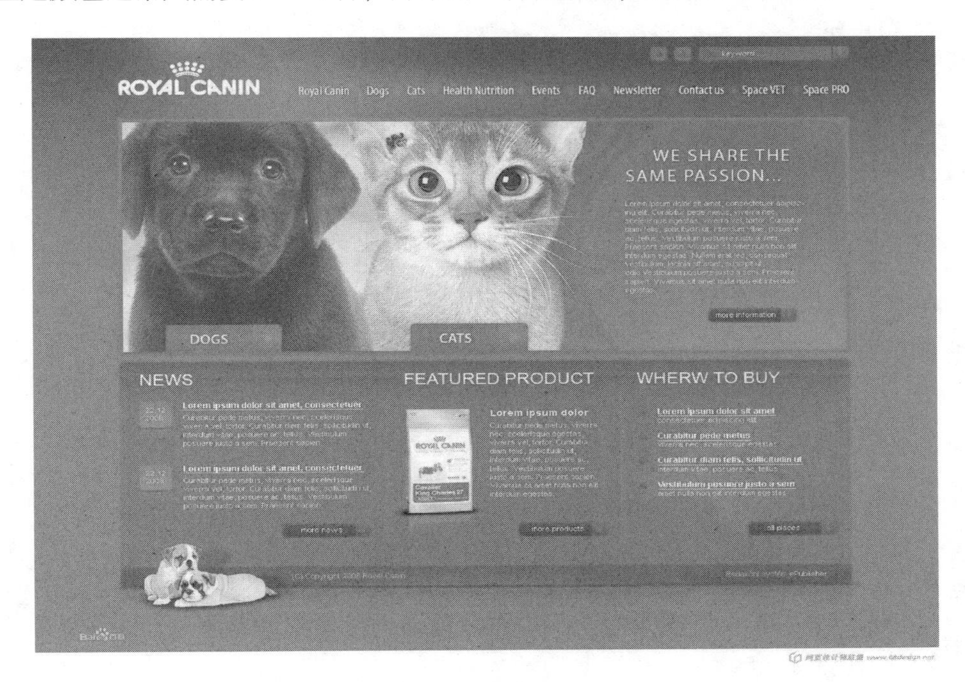

图 2–6　页面显示的颜色

二、点、线、面的视觉构成

在网页的视觉构成中，点、线、面既是最基本的造型元素，又是最重要的表现手段。在设计网页时，点、线、面是需要最先考虑的因素。只有合理安排点、线、面的关系，才能设计出具有最佳视觉效果的页面，充分表达出网页的最终目的。网页设计就是处理好点、线、面这三者的关系，因为不管是视觉形象还是版式构成，归结到底，都可以归纳为点、线、面的视觉构成。

1. 点的视觉构成

在网页中，一个单独而细小的形象可以称为点，如汉字可以称为一个点。点也可以是网页中相对微小单纯的视觉形象，如按钮、Logo 等。点是构成网页的基本单位，能使页面达到活泼生动的效果，使用得当，甚至可以起到画龙点睛的作用。一个网页往往由数量不等、形状各异的点来构成。点的形状、大小、位置以及聚集、发散方向，能够给人带来不同的心理感受，如图 2–7 所示。

2. 线的视觉构成

点的延伸形成线，线在页面中的作用在于表示方向、位置、长短、宽度、形状、质量和情绪。线是分割页面的主要元素之一，是决定页面形象的基本要素。线分为直线和曲线两种。线的形状有垂直、水平、倾斜、弯曲等。线是具有情感的，如水平线给人开阔、安宁、平静的感觉；斜线具有动力、不安、速度和现代意识的感觉；垂直线具有庄严、挺拔、

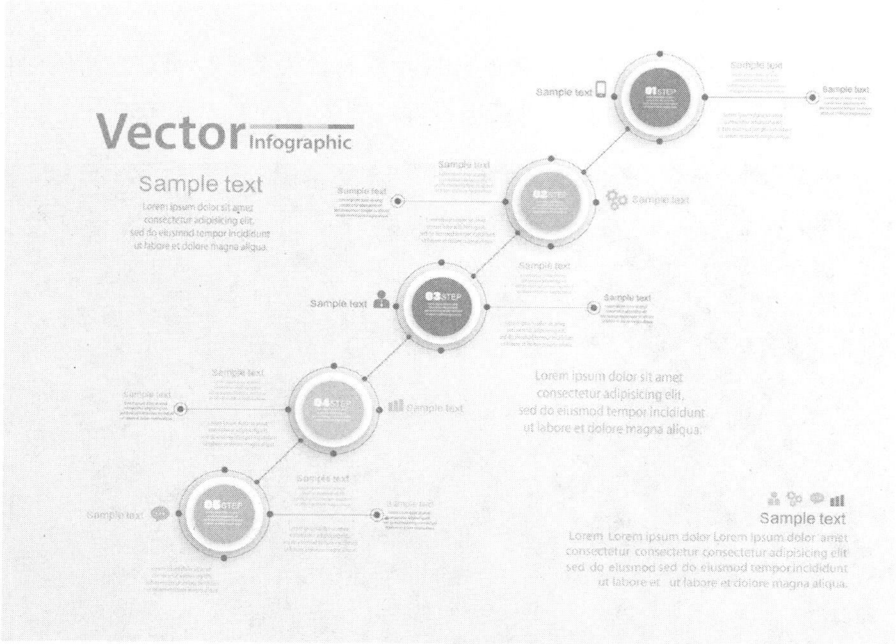

图 2-7　点的视觉构成

力量、向上的感觉；自由曲线具有柔软流畅的特征，是情感抒发的有效手段。将不同形状的线运用到页面设计中，会获得不同的效果。水平线的重复排列形成一种强烈的形式感和视觉冲击力，能够让访问者在第一眼就产生兴趣，达到吸引访问者注意力的目的。自由曲线的运用打破了水平线的庄严和单调感，给网页增加了丰富、流畅、活泼的气氛。水平线和自由曲线的组合运用，形成新颖的形式和不同情感的对比，从而将视觉中心有力地衬托出来，如图 2-8 所示。

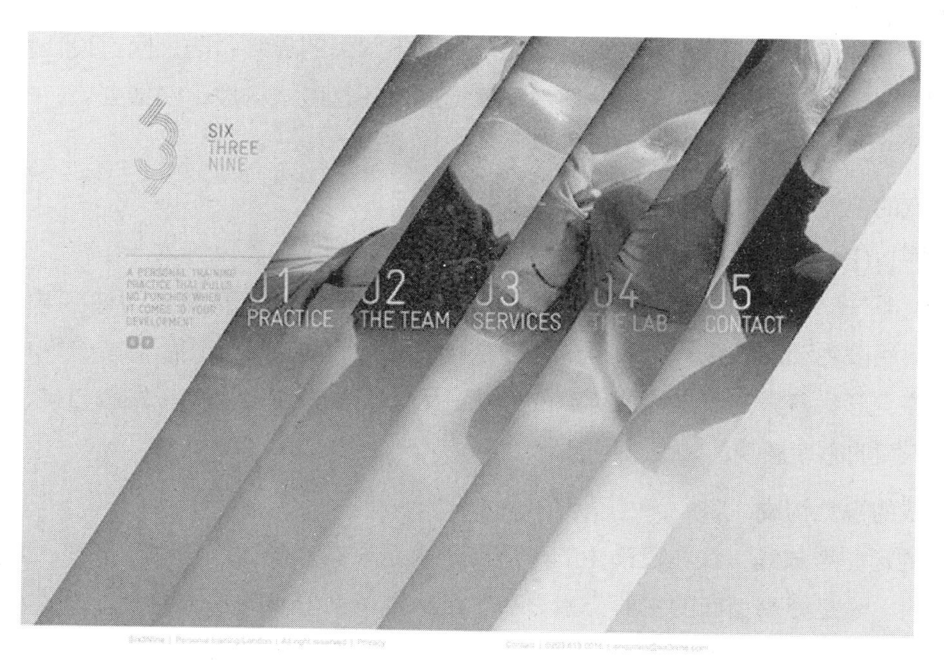

图 2-8　自由曲线的运用

3. 面的视觉构成

面是无数点和线的组合。面具有一定的面积和质量，占据空间的位置更多，因而比点和线的视觉冲击力更大、更强烈。面的形状可以大致分为方形、圆形、三角形、多边形。面具有鲜明的个性和情感特征，只有合理地安排好面的关系，才能设计出充满美感的网页页面，如图 2–9 所示。

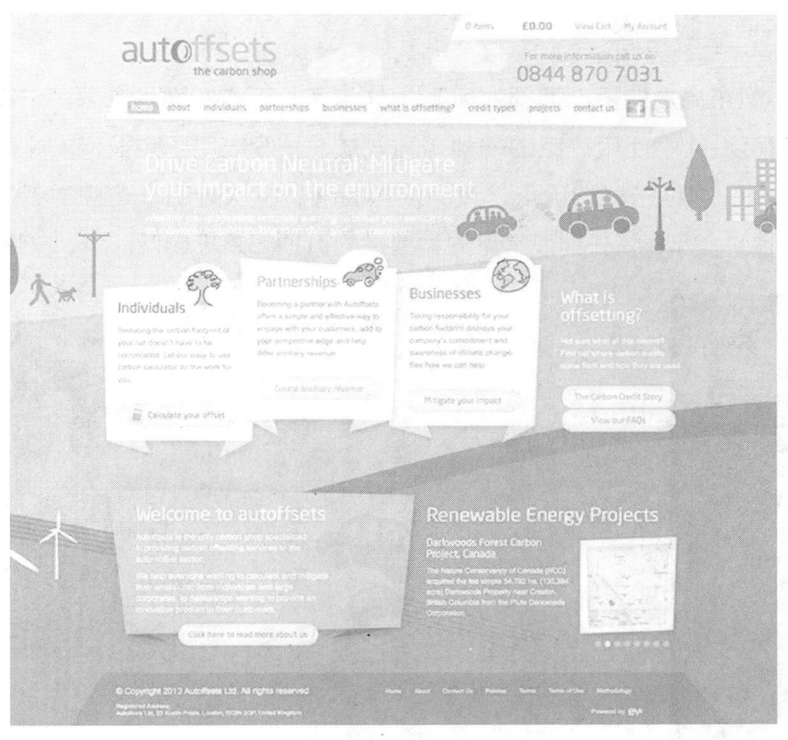

图 2–9　面的视觉构成

第二节　网页布局方法

在制作网页前，可以先将网页的草图进行布局。网页布局的方法有两种：一种为纸上布局法，另一种为软件布局法。下面分别对这两种布局进行介绍。

一、纸上布局法

设计版面布局前要先画出版面的布局草图，然后对版面布局进行细化和调整，反复细化和调整后确定最终的布局方案。新建的页面就像一张白纸，没有任何表格、框架和约定俗成的东西，尽可能地发挥想象力，将想到的“景象”画上去。这属于创造阶段，不必讲究细腻工整，也不必考虑细节功能，只要用粗略的线条勾画出创意的轮廓即可。此外，应尽可能地多画几张草图，最后选定一个满意的来创作。

二、软件布局法

如果不喜欢用纸来画布局示意图，那么还可以利用 Photoshop、 Fireworks 等软件来完成这些工作。利用软件使用颜色和图形较为方便，并且可以利用层的功能设计出用纸张无法实现的布局意念。

第三节 常见的网页布局类型

一、“厂”字型布局

“厂”字型布局是指页面顶部为标志 + 广告条，下方左面为主菜单，右面显示正文信息。这是网页设计中使用广泛的一种布局方式，一般应用于企业网站中的二级页面，如图 2–10 所示。这种布局的优点是页面结构清晰、主次分明，是初学者最容易上手的布局方法。在这种类型中，一种很常见的类型是网页顶部是标题及广告，左侧是导航链接。

图 2–10 “厂”字型布局

二、“国”字型布局

“国”字型布局顶部是网站的标志、广告以及导航栏，接下来是网站的主要内容，左右分别列出一些栏目，中间是主要部分，底部是网站的一些基本信息。这种结构是国内一些大中型网站常用的布局方式，如图 2–11 所示。这种布局的优点是充分利用版面，信息量大；缺点是页面显得拥挤，不够灵活。

三、“框架”型布局

“框架”型布局一般分成上下或左右布局，一栏是导航栏目，一栏是正文信息。复杂的框架结构可以将页面分成许多部分，常见的是三栏布局，如图 2–12 所示。上边一栏放置图像广告，左边一栏显示导航栏，右边一栏显示正文信息。

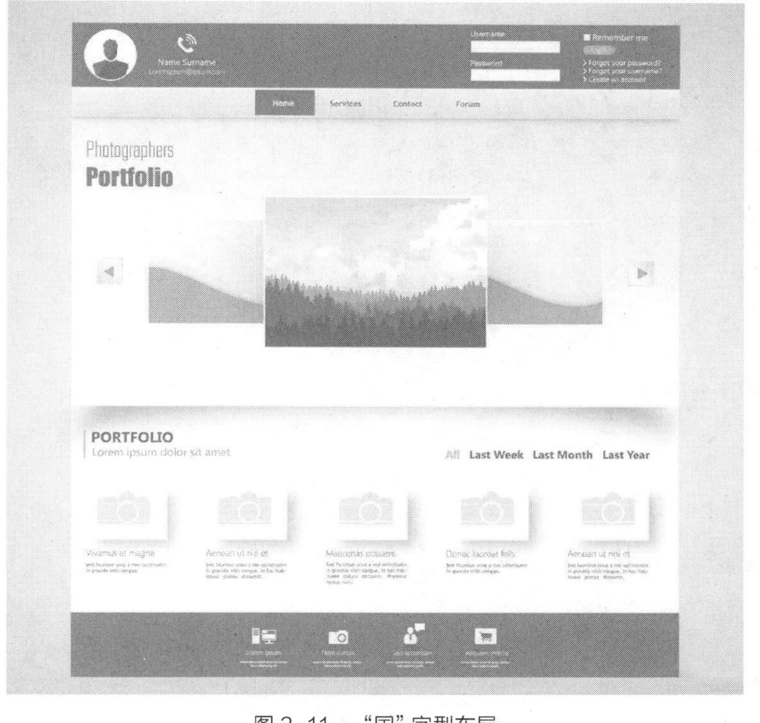

图 2-11　“国”字型布局

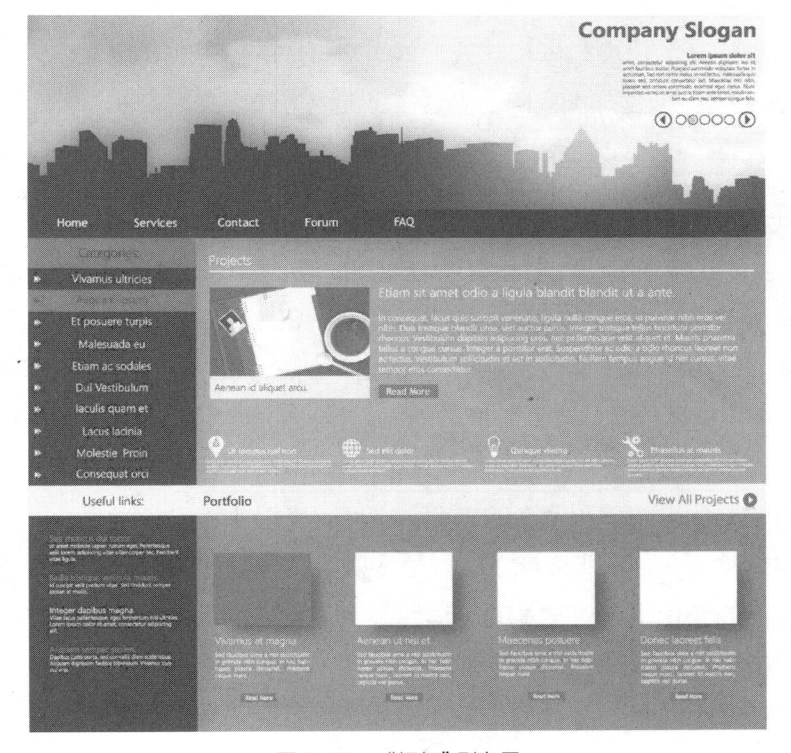

图 2-12　“框架”型布局

四、“封面”型布局

“封面”型布局一般应用在网站的主页或广告宣传页上，为精美的图像加上简单的文字链接，指向网页中的主要栏目，如图 2-13 所示。

图 2-13 “封面”型布局

五、Flash 型布局

这种布局跟封面型的布局结构类似，不同的是页面采用了 Flash 技术，动感十足，可以大大增强页面的视觉效果。

第四节 文字与版式设计

文字是人类重要的信息载体和交流工具，网页中的信息也是以文字为主。虽然文字不如图像直观、形象，但是却能准确地表达信息的内容和含义。在确定网页的版面布局后，还需要确定文字的样式，如字体、字号和颜色等，还可以将文字图形化。

一、文字的字体、字号、行距

网页中中文默认的标准字体是“宋体”，英文默认的标准字体是“The New Roman”。如果在网页中没有设置任何字体，在浏览器中将以这两种字体显示。字号大小可以使用磅（point）或像素（pixel）来确定。一般网页常用的字号大小为 12 磅左右。较大的字体可用于标题或其他需要强调的地方，小一些的字体可以用于页脚和辅助信息。需要注意的是，小字号容易产生整体感和精致感，但可读性较差。无论选择什么字体，都要依据网页的总体设想和浏览者的需要。在同一页面中，字体种类少，则版面雅致，有稳重感；字体种类多，则版面活跃，丰富多彩。关键是如何根据页面内容来掌握这个比例关系。行距的变化也会对文本的可读性产生很大影响，一般情况下，接近字体尺寸的行距设置比较适合正文。行距的常规比例为 10 ：12，即字用 10 点（磅），则行距用 12 点（磅）。行距太小时，字体看着很不舒服，而行距适当放大后字体感觉比较合适。行距可以用行高（line-height）属性来设置，建议以磅或默认行高的百分数为单位，如（line-height：20pt）、（line-height：150%）。

二、文字的颜色

在网页设计中可以为文字、文字链接、已访问链接和当前活动链接选用各种颜色。

如正常字体颜色为黑色，默认的链接颜色为蓝色，鼠标点击之后又变为紫红色。使用不同颜色的文字可以使想要强调的部分更加引人注目，但应该注意的是，对于文字的颜色，只可少量运用，如果什么都想强调，反而达不到想要强调的效果。况且，在一个页面上运用过多的颜色，会影响浏览者阅读页面的内容。颜色的运用除了能够起到强调整体文字中特殊部分的作用之外，对于整个文案的情感表达也会产生影响。另外，需要注意的是文字颜色的对比度，它包括明度上的对比、纯度上的对比以及冷暖的对比。文字颜色的对比度不仅对文字的可读性产生作用，更重要的是，可以运用它实现想要的设计效果、设计情感和设计思想。

三、文字的图形化

所谓文字的图形化，即把文字作为图形元素来表现，同时又强化了原有的功能。作为网页设计者，既可以按照常规的方式来设置字体，也可以对字体进行艺术化的设计。无论怎样，一切都应该围绕如何更出色地实现自己的设计目标。将文字图形化，以更富创意的形式表达出深层的设计思想，能够克服网页的单调与平淡，从而打动人心，如图 2–14 所示。

图 2–14　文字的图形化

第五节　图像设计排版

图像是网页构成中最重要的元素之一，美观的图像会给网页增色不少。另一方面，图像本身也是传达信息的重要手段之一。与文字相比，它可以更直观、更容易地把那些文字无法表达的信息表达出来，易于被浏览者理解和接受，所以图像在网页中非常重要。

一、网页中应用图像的注意要点

网页设计与一般的平面设计不同，网页图像不需要有很高的分辨率，但是这并不代表任何图像都可以添加到网页上。在网页中使用图像还需要注意以下几点。

（1）图像不仅仅是修饰性的点缀，还可以传递相关信息。所以在选择图像前，应考虑以选择与文本内容以及整个网站相关的图像为主。

（2）除了图像的内容以外，还要考虑图像的大小。如果图像文件太大，浏览者在下载时会花费很长的时间，这将会大大影响浏览者的下载意愿，所以一定要尽量压缩图像的文件大小。

（3）图像的主体应清晰可见，图像的含义应简单明了，图像文字的颜色和图像背景的颜色应有鲜明对比。

（4）在使用图像作为网页背景时，以淡色系列的背景图为宜。背景图像的像素越少越好，这样既能降低文件的大小，又能制作出美观的背景图。

（5）对于网页中的重要图像，最好添加提示文本。这样做的好处是，即使浏览者关闭了图像显示或由于网速而使图像没有下载完，浏览者也能看到图像的说明，从而决定是否下载图像。

二、网页中图像的设计流程

网页中的图像文件由若干部分组成，可以将图像的不同部分理解为部件。设计人员了解图像中需要设计的部件后，才能考虑其如何设计。图像中每个部件都会具有相关的属性，有的属性可以用精确的数值来确定，如尺寸、形状和颜色等，而有的属性只能利用大概的方法来确定。当设计人员需要处理数量较多的图像或动画时，就有必要根据具体的情况，在设计初期制定出设计流程。使用设计流程能够在保证设计质量、规范化工作的同时，尽可能减少工作量，降低设计成本。设计流程具体步骤如下。

（1）确定图像所传递的信息。

（2）确定主要设计参数，包括各部件的尺寸、效果，并设置一些参考线。

（3）通过反复修改，获得理想的设计。

（4）根据之前的设计经验，总结出一个简练、有效的设计流程。

第六节　网页色彩选择与搭配

为了能更好地应用色彩来设计网页，首先要了解色彩的一些基本概念。自然界中的色彩千变万化，但是最基本的有 3 种（红、黄、蓝），其他的色彩都可以由这 3 种色彩调和而成，因此这 3 种色彩被称为“三原色”。平时所看到的白色光，经过分析在色带上都可以看到，它包括红、橙、黄、绿、青、蓝、紫这 7 种颜色，各颜色间自然过渡，其中，红、黄、蓝是三原色，三原色通过不同比例的混合可以得到各种颜色。现实生活中的色彩可以分为彩色和非彩色。其中黑、白、灰属于非彩色系列，其他的色彩都属于彩色。任何一种彩色都具备 3 种属性：色相、明度和纯度。非彩色只有明度属性。

一、色彩的三要素

1. 色相

色相指的是色彩的名称。色相是色彩最基本的特征，是区分色彩最主要的因素，如图 2–15 所示。如紫色、绿色、黄色等都代表了不同的色相。同一色相的色彩，调整亮度或者纯度就很容易搭配，如深绿、暗绿和草绿。最初的基本色相为红、橙、黄、绿、蓝、紫。在各色中间加插一两个中间色，其头尾色相按光谱顺序可分为红、橙红、黄橙、黄、黄绿、绿、绿蓝、蓝绿、蓝、蓝紫、紫、红紫。

2. 明度

明度也叫做亮度，指的是色彩的明暗程度，明度越大，色彩越亮，如图 2–15 所示。如一些购物、儿童类网站，用的是一些鲜亮的颜色，让人感觉绚丽多姿，生气勃勃。

3. 纯度

纯度指色彩的鲜艳程度，纯度高的色彩鲜亮，纯度低的色彩暗淡（含灰色）。相近色是指色环中相邻的 3 种颜色，相近色的搭配给人的视觉效果舒适、自然，所以相近色在网站设计中极为常用。如图 2–15 所示的深蓝色、浅蓝色和紫色为相近色。

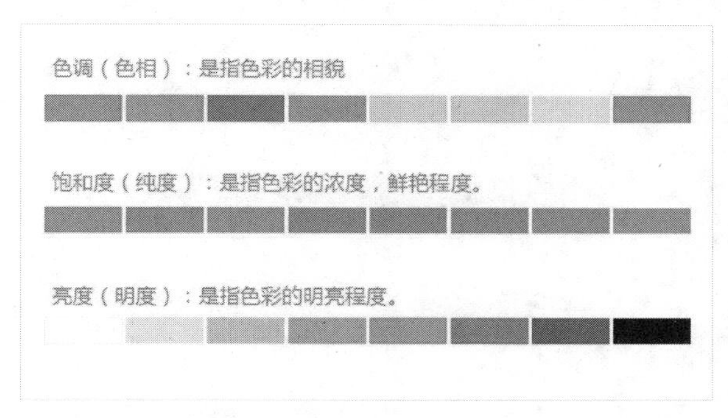

图 2–15　色相、明度、纯度

二、各种颜色的色彩搭配

1. 红色

红色的色感温暖、强烈而外向，是一种对人刺激性很强的颜色。红色容易引起人的注意，也容易使人兴奋、激动、紧张和冲动，它还是一种容易造成视觉疲劳的颜色。在众多颜色里，红色是最鲜明生动、最热烈的颜色。因此红色也是代表热情的情感之色。在网页颜色的应用中，根据网页主题内容的需求，纯粹使用红色为主色调的网站相对较少，多用于辅助色、点睛色，达到陪衬、醒目的效果。这类颜色的组合比较容易使人提升兴奋度。红色特性明显，这一醒目的特殊属性被广泛应用于食品、时尚休闲、化妆品、服装等类型的网站，容易营造出娇媚、诱惑、艳丽等气氛，如图 2–16 所示。

2. 黑色

黑色也有很强大的感染力，它能够表现出特有的高贵，且黑色还经常用于表现死亡和神秘。在商业设计中，黑色是许多科技产品的用色，电视、跑车、摄影机、音响、仪器的色彩大多采用黑色。在其他方面，黑色庄严的意象也常用在一些特殊场合的空间设计。生活用品和服饰设计大多利用黑色来塑造高贵的形象。黑色是一种永远流行的主要颜色，适合与多种色彩搭配，如图 2–17 所示。

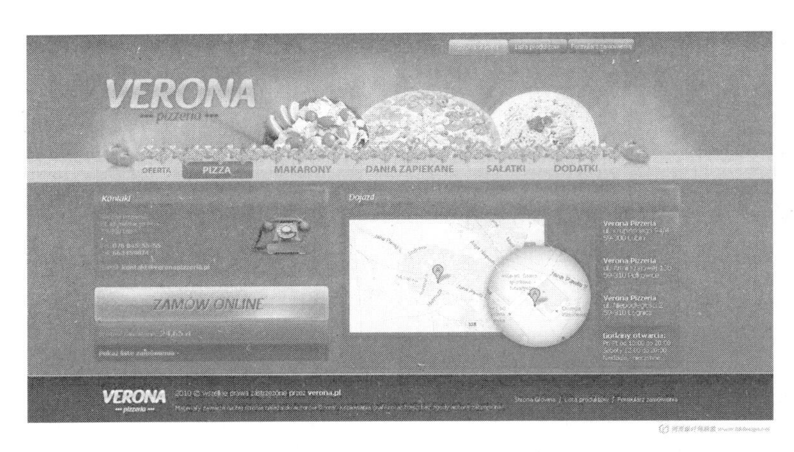

图 2-16　红色的运用

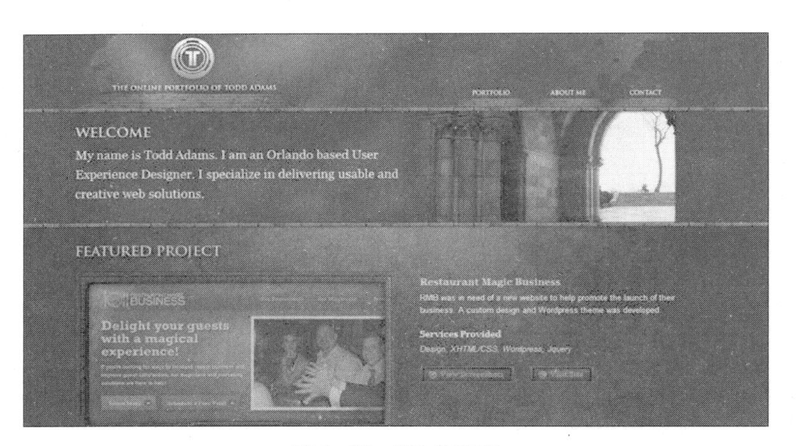

图 2-17　黑色的运用

3. 橙色

橙色具有轻快、欢欣、温馨、时尚的效果，是快乐而具有正能量的颜色。色谱里，橙色具有兴奋度，是最耀眼的色彩之一，给人以华贵而温暖、兴奋而热烈的感觉，具有健康、活力、勇敢、自由等象征意义。橙色在视觉效果上的穿透力仅次于红色，也容易造成视觉疲劳。在网页颜色里，橙色属于醒目的颜色，适用于视觉要求较高的时尚网站，也常用于对味觉要求较高的食品网站，如图 2-18 所示。

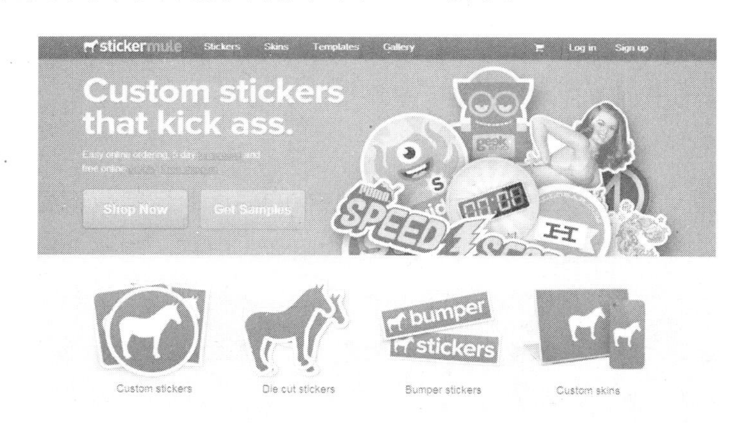

图 2-18　橙色的运用

4. 灰色

在商业设计中，灰色具有柔和、高雅的意象，而且属于中性色，男女皆能接受，所以灰色也是永远流行的主要颜色之一。许多高科技产品，尤其是和金属材料有关的产品，几乎都采用灰色来传达高级而充满技术感的形象。使用灰色时，大多利用不同层次的变化组合和与其他色彩搭配。图 2–19 所示为使用灰色为主的网页。

图 2–19　灰色的运用

5. 黄色

黄色是阳光的色彩，具有活泼与轻快的特点，给人十分年轻的感觉，象征光明、希望、高贵和愉快。它的亮度最高，和其他颜色配合很活泼，具有温暖感，具有快乐、希望、智慧和轻快的个性。黄色也代表着土地，象征着权力，并且还具有神秘的宗教色彩。浅黄色色彩明朗，属性雅致、清爽，较适合用于女性及化妆品类网站。在网页设计中，黄色给人以崇高、尊贵、辉煌的心理感受，深黄色给人高贵、温和、稳重的心理感受，如图 2–20 所示。

图 2–20　黄色的运用

6. 绿色

在商业设计中，绿色所传达的是清爽、理想、希望、生长的意象，符合服务业、卫生保健业、教育行业、农业的要求。在工厂中，为了避免长时间操作时眼睛疲劳，许多机械也采用绿色。一般的医疗机构场所，也常采用绿色来做空间色彩规划。图 2–21 所示为使用绿色为主的网页。

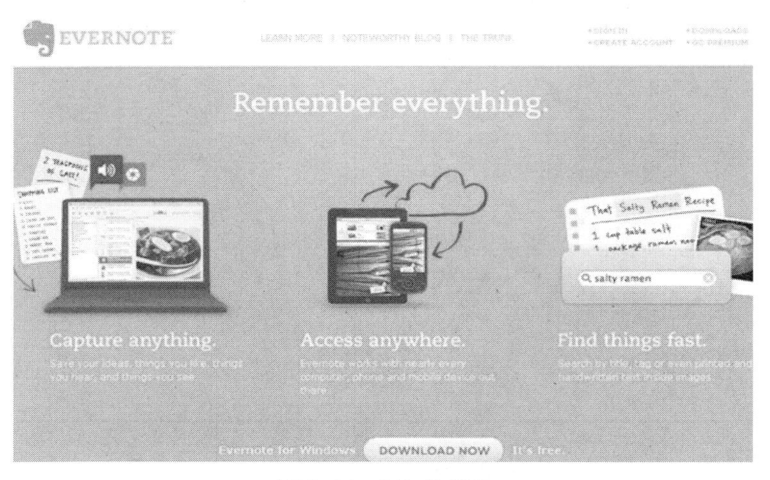

图 2–21　绿色的运用

7. 蓝色

由于蓝色给人以沉稳的感觉，且具有智慧、准确的意象，在商业设计中强调科技、高效的商品或企业形象，大多选用蓝色当标准色、企业色，如电脑、汽车、影印机和摄影器材等。另外，蓝色也代表忧郁和浪漫，这个意象也常运用在文学作品或有感性诉求的商业设计中，如图 2–22 所示。

图 2–22　蓝色的运用

8. 紫色

紫色由于具有强烈的女性化性格，在商业设计用色中，紫色受到相当大的限制，除了和女性有关的商品或企业形象外，其他类型的设计不常采用紫色为主色。图 2–23 所示为使用紫色为主的网页。

图 2-23 紫色的运用

三、网页页面色彩搭配

1. 确定网站的主题色

一个网站不可能单一的运用一种颜色，让人感觉单调、乏味，但是也不可能将所有的颜色都运用到网站中，让人感觉轻浮、花哨。一个网站必须有一种或两种主题色，不至于让客户觉得混乱，也不至于单调、乏味。所以确定网站的主题色也是设计者必须考虑的问题之一。页面色彩尽量不要超过 3 种，用太多的色彩让人没有方向，没有侧重。当主题色确定好以后，考虑其他配色时，一定要考虑其他配色与主题色的关系，要体现什么样的效果，另外还要考虑哪种色彩要素占主要地位。

2. 定义网页导航色彩

网页导航是网站的指路灯，浏览者在网页间跳转，了解网站的结构、内容，都必须通过导航或页面中的一些小标题。所以可以使用稍微具有跳跃性的色彩，吸引浏览者的视线，给他们留下清晰明了、层次分明的印象。

3. 定义网页链接色彩

一个网站不可能只是单一的页面，所以文字与图片的链接是网站中不可缺少的一部分。需要强调的是，如果是文字链接，链接的颜色不能跟其他文字的颜色一样。设置独特的链接颜色可以让用户感觉到了它的独特性，用户自然而然会移动鼠标单击链接。

4. 定义网页文字色彩

如果一个网站使用了背景颜色，必须要考虑到背景颜色的用色与前景文字的搭配等问题。一般的网站侧重的是文字，所以背景可以选择纯度或明度较低的色彩，文字用较为突出的亮色，让人一目了然。当然，有些网站为了让浏览者对网站留下深刻的印象，在背景上作了特别设计。例如，一个空白页的某个部分用了很亮的一个大色块，会给人以豁然开朗的感觉。此时设计者为了吸引浏览者的视线，突出的是背景，所以文字就要显得暗一些，这样文字才能跟背景分离开来，便于浏览者阅读文字。

5. 定义网页标志和横幅图片的颜色

网页标志是宣传网站最重要的部分之一，可以将商标和横幅图片设计得鲜亮一些，也就是色彩方面要跟网页的主体色分离开来。有时候为了更突出，也可以使用与主题色相反的颜色。

本 / 章 / 小 / 结

本章重点介绍了网页版面设计和布局的知识。通过本章的学习，读者应当了解、掌握网页版面布局设计的原则、方法，常见的网页结构类型，以及文字、图像、色彩等要素设计，为后续内容的学习奠定基础。

思考与练习

1. 网页版面设计原则有哪些?

2. 网页布局方法有哪些?

3. 常见的网页结构类型有哪些?

4. 在网页中应用图像应注意哪些要点?

5. 色彩的三要素是什么?

6. 在网页中，各种颜色的色彩应如何选择和搭配?

第三章
Dreamweaver 网页制作基础

章节导读

本章将重点介绍 Dreamweaver 的新功能与用户界面、创建与管理站点的方法、页面的总体设置方法等内容。

本章的学习重点如下。

1. 认识 Dreamweaver 的工作界面。
2. 创建与管理站点。
3. 创建与编辑网页。
4. 在网页中添加文字内容。
5. 在网页中添加图像。
6. 在网页中添加多媒体文件。
7. 超链接的应用。

第一节　认识 Dreamweaver 的工作界面

一、文件工具栏

使用文件工具栏可以在文件的不同视图之间进行切换，如【代码】视图和【设计】视图等。在工具栏中还包含各种查看选项和一些常用的操作，文件工具栏中的常用按钮的功能如下。

（1）【代码】：单击该按钮，仅在文件窗口中显示和修改 HTML 源代码。

（2）【拆分】：单击该按钮，可在文件窗口中同时显示 HTML 源代码和页面的设计效果。

（3）【设计】：单击该按钮，仅在文件窗口中显示网页的设计效果。

（4）【在浏览器中预览 / 调试】：单击该按钮，在弹出的下拉菜单中选择一种浏览器，用于预览和调试网页。

（5）【文件管理】：单击该按钮，在弹出的下拉菜单中包括“消除只读属性”“获取”“上传”和“设计备注”等命令。

（6）【检查浏览器兼容性】：单击该按钮，在弹出的下拉菜单中包括“检查浏览器兼容性”“显示所有问题”和“设置”等命令。

（7）【标题】：用于设置或修改文件的标题。

二、常用菜单命令

（1）【文件】：在该下拉菜单中包括“新建”“打开”“关闭”“保存”和“导入”等常用命令，用于查看当前文件或对当前文件进行操作。

（2）【编辑】：在该下拉菜单中包括“拷贝”“粘贴”“全选”“查找和替换”等用于基本编辑操作的标准菜单命令。

（3）【查看】：在该下拉菜单中包括设置文件的各种视图命令，如“代码”视图和“设计”视图等，还可以显示或隐藏不同类型的页面元素和工具栏。

（4）【插入】：用于将各种网页元素插入到当前文件中，包括“图像媒体”和“表格”等下拉选项。

（5）【修改】：用于更改选定页面元素或项的属性，包括“页面属性”“合并单元格”和“将表格转换为 APD”等下拉选项。

（6）【格式】：用于设置文本的格式，包括“缩进”“对齐”和“样式”等下拉选项。

（7）【命令】：提供对各种命令的访问，包括“开始录制”“扩展管理”和“应用源格式”等下拉选项。

（8）【站点】：用于创建和管理站点。

三、插入面板

网页元素虽然多种多样，但是它们都可以被称为对象。大部分对象都可以通过【插入】面板插入到文件中。【插入】面板包括【常用】、【布局】、【表单】、【数据】、【spy】、【jquery Mobile】、【In Context Editing】、【文本】和【收藏夹】等选项。在面板中还包含用于创建和插入对象的按钮，其中【常用】选项用于创建和插入常用对象，例如表格、图像和日期等。

四、【属性】面板

【属性】面板是网页中非常重要的面板，用于显示在文件窗口中所选元素的属性，并且可以对选择的元素的属性进行修改，该面板中的内容因选定的元素不同会有所不同。

五、面板组

面板组位于工作窗口的右侧，用于帮助用户监控和修改工作，其中包括【插入】面板、

【CSS 式样】面板和【组件】面板等。

第二节 创建与管理站点

一、创建本地站点

【示例 1】创建本地站点

（1）执行【站点】→【新建站点】命令，弹出【站点设置对象】对话框，如图 3–1 所示。在该对话框中的【站点名称】文本框中输入站点的名称。单击【本地站点文件夹】文本框右侧的【浏览】按钮，弹出【选择根文件夹】对话框，这样可以浏览本地站点的位置，如图 3–2 所示。

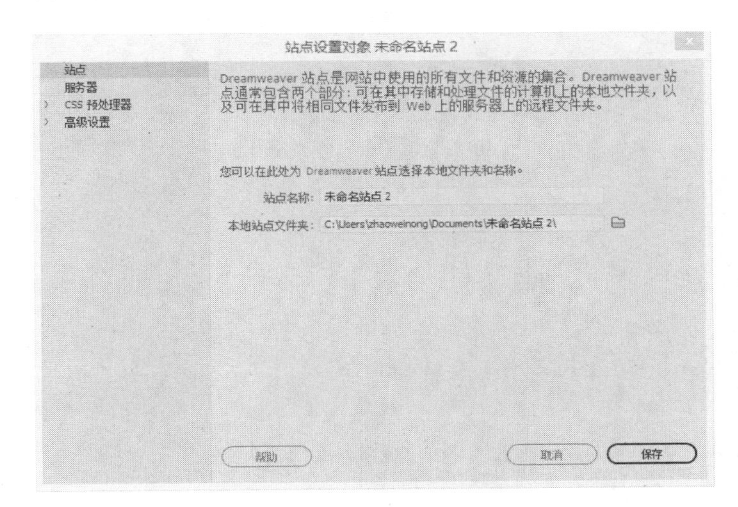

图 3–1 【站点设置对象】对话框

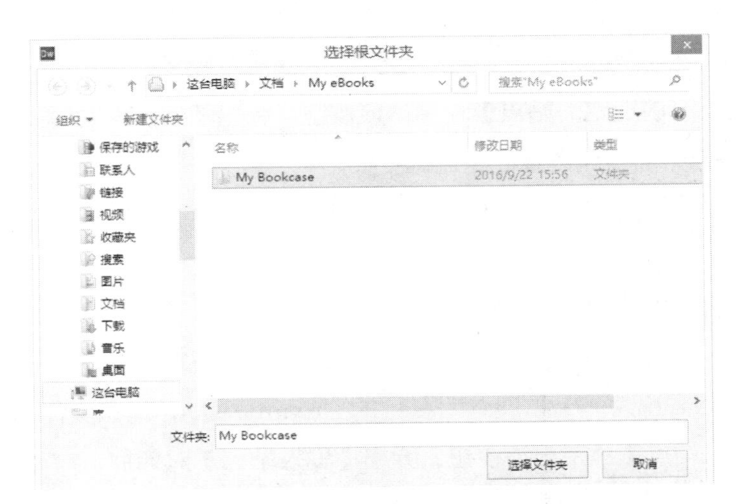

图 3–2 【选择根文件夹】对话框

（2）单击【选择文件夹】按钮，确定本地站点根目录的位置后，单击【保存】按钮，即可完成本地站点的创建。执行【窗口】→【文件】命令，打开该面板，在该面板中显示出刚创建的本地站点。

二、管理站点

创建站点的主要目的就是有效地管理站点文件。无论是创建空白文件还是利用已有的文件创建站点时，都需要对站点中的文件夹或文件进行操作。利用【文件】面板，可以对本地站点中的文件夹和文件进行创建、删除、移动和复制等操作。

对 Dreamweaver 中的站点进行编辑、删除、复制等操作，可以执行【站点】→【管理站点】命令，在弹出的【管理站点】对话框中即可实行对 Dreamweaver 站点全面的管理操作。

（1）【管理站点】：该对话框中显示了当前在 Dreamweaver 中创建的所有站点，并且显示了各个站点的类型，可以在其中选中需要管理的站点，如图 3–3 所示。

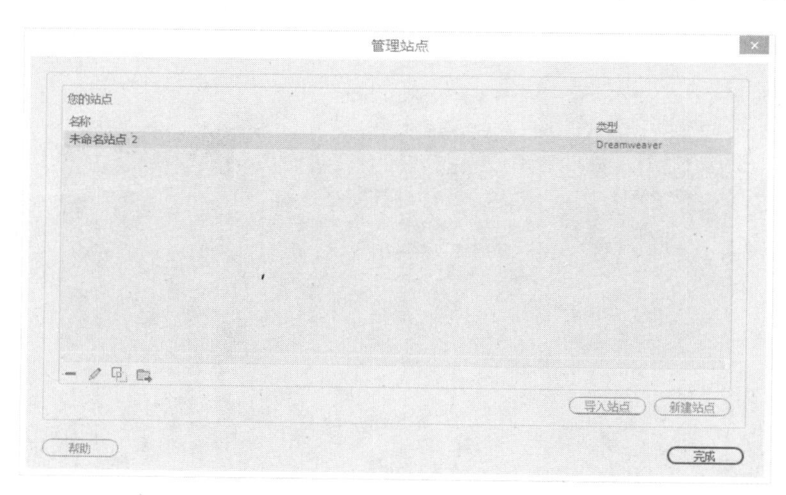

图 3–3 【管理站点】对话框

（2）【删除当前选定的站点】：单击该按钮，弹出提示框，点击【是】按钮，即可删除当前选中的站点。这里删除的只是在 Dreamweaver 中创建的站点，该站点中的文件并不会被删除。

（3）【编辑当前选定的站点】：单击该按钮，弹出【站点设置对象】对话框，在该对话框中可以对选中的站点设置信息进行修改。

（4）【复制当前选定的站点】：单击该按钮，即可复制选中的站点并得到该站点的副本。

（5）【导出当前选定的站点】：单击该按钮，弹出【导出站点】对话框，选择导出站点的位置，在【文件名】文本框中为导出的站点文件设置名称。单击【保存】按钮，即可将选中的站点导出为一个扩展名为 .set 的 Dreamweaver 站点文件。

（6）【导入站点】：单击该按钮，弹出【导入站点】对话框，在该对话框中选择需要导入的站点文件，单击打开按钮，即可将该站点文件导入 Dreamweaver 中。

（7）【导入 Business Catalyst 站点】：单击该按钮，弹出【Business Catalyst】对话框，显示当前用户所创建的 Business Catalyst 站点，选择需要导入的 Business Catalyst 站点，单击【Import Site】按钮，即可将选中的 business catalyst 站点导入

到 Dreamweaver 中。

（8）【新建站点】：单击该按钮，弹出【站点设置对象】对话框，可以创建新的站点。

（9）【新建 Business Catalyst 站点】：单击该按钮，弹出【Business Catalyst】对话框，可以创建新的 Business Catalyst 站点。

三、站点的结构规划

制作一个网站要从构建站点开始，在构建站点前，需要对站点的结构进行规划，这样可以使网站的结构目录更加清晰。如果制作的网站规模非常大，分类多且栏目复杂，站点的规划就显得尤为重要。

1. 划分站点目录

将网站中相关联、分类相同的文件放在各自的目录中，而涉及网站具体内容的部分分别放置在各自的文件夹中。

2. 不同种类的文件放在不同的文件夹中

现今的互联网网站结构复杂、种类多样，除了具有标准的 HTML 格式文件外还有其他图像格式文件，如 Flash 文件、视频文件等。这些不同种类的文件应分门别类放置在各自的文件夹中，这样能更有效率地对文件进行管理。

第三节　创建与编辑网页

一、创建网页

文本是制作网页中最基本的内容，也是网页中的重要元素。一个网页，主要是靠文本内容来传达信息的。

【示例 2】网页文件的新建、保存

（1）启动 Dreamweaver CC 软件，打开项目创建窗口，如图 3-4 所示。

图 3-4　打开项目创建窗口

（2）在菜单栏中执行【文件】→【新建】命令，打开【新建文件】对话框，在【空白页】选项卡的【页面类型】项目列表中选择【HTML】选项，然后在右边的【布局】列表中选择【无】选项，如图 3-5 所示。

（3）单击【创建】按钮，即可创建一个空白的 HTML 网页文件。

图 3-5 【新建文件】对话框

二、编辑和保存网页

【示例 3】编辑和保存网页

（1）启动 Dreamweaver CC 软件，打开项目创建窗口。

（2）在菜单栏中执行【文件】→【保存】命令，打开【另存为】对话框，在该对话框中为网页文件选择存储的位置和文件名，并选择保存类型，如 HTML Documents，如图 3-6 所示。

图 3-6 【另存为】对话框

第四节　在网页中添加文字内容

一、输入文字

在 Dreamweaver 中插入普通文本有以下两种方式：直接在文档的窗口中输入文本和使用其他文本编辑器中带格式的文本。

【示例 4】直接在文档的窗口中输入文本

复制所需的文本到 Dreamweaver 的编辑窗口中，选择【编辑】→【粘贴】命令即可。在编辑器中粘贴的文本可以按以下操作步骤确定是否粘贴了文本的源格式。

（1）在工具栏选择【编辑】→【选择性粘贴】命令，弹出【选择性粘贴】对话框，此时可以进行多种粘贴操作。例如，可以选择【仅文本】或【带结构的文本（段落、列表、表格等）】等选项，如图 3–7 所示。

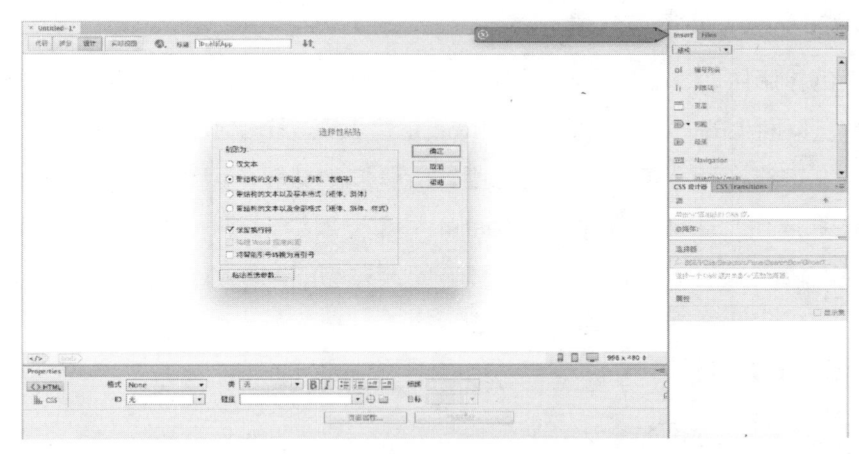

图 3–7　【选择性粘贴】对话框

（2）在【选择性粘贴】对话框左下方点击【粘贴首选参数】按钮，可清理在 Word 中复制文本的行间距和选择保留换行符，如图 3–8 所示。

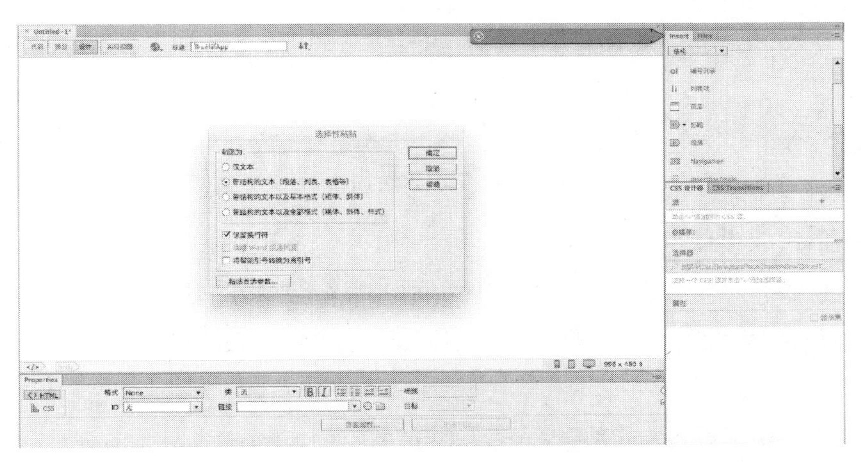

图 3–8　【粘贴首选参数】按钮

如果使用其他文本编辑器中带格式的文本，例如，在 word 中选择一段带格式的文本，然后在 Dreamweaver 编辑窗口中粘贴文本，则效果如图 3–9 所示。

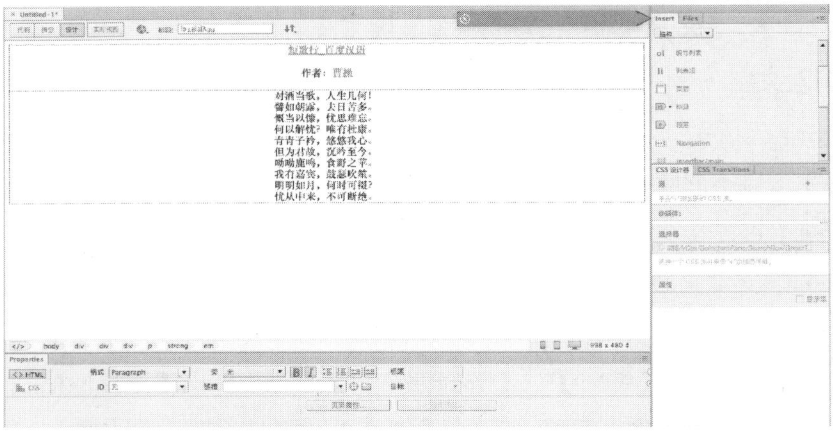

图 3–9　粘贴文本效果

二、添加空格、换行与分段

在页面的排版中，经常会用到空格键。但是在 HTML 代码中直接用键盘敲击空格键，是无法显示在页面上的。HTML 使用“ ；”表现 1 个空格字符（英文的空格字符），由于 1 个中文字符占两个英文字符的宽度，所以按中文写作习惯，如果在段落的首行空格 2 个中文字符，则需加上 4 个“ ；”。一般情况下，当 HTML 页面中的文字到达浏览器的边界后将自动换行。但是当调整浏览器的宽度时，文字换行的位置也相应发生变化，格式会显得相当混乱。为了规范格式，在编写代码时，应在需要换行的位置用
 标签设置文字换行。

三、使用日期和水平线

如果需要在网页中插入水平线，可以单击【插入】面板，选择【常用】选项卡中的【水平线】按钮，即可在网页中光标的所在位置插入水平线。单击选中刚插入的水平线，即可在【属性】面板中对其相关属性进行设置，如图 3–10 所示。

图 3–10　【属性】面板

面板中各参数含义如下。

①【水平线】：在该选项的文本框中可以设置该水平线的 ID 值。

②【宽】：用来设置水平线的宽度，右侧的下拉列表用来设置宽度的单位，包括“%”和“像素”两个选项。

③【高】：用来设置水平线的高度，单位为像素。

④【对齐】：设置水平线的对齐方式，其中包括“默认”“左对齐”“居中对齐”和“右对齐”4 种选项。下方的【阴影】复选框用来为水平线设置阴影效果，默认为勾选状态。

⑤【类】：在该选项的下拉列表中可以为水平线应用已经定义好的 CSS 样式。

如果需要在网页中插入时间，可以将光标移至需要插入日期的位置，单击【插入】面板中的【日期】按钮，在弹出的【插入日期】对话框中进行设置，如图 3–11 所示。设置完成后，单击【确定】按钮，即可在页面中插入日期。

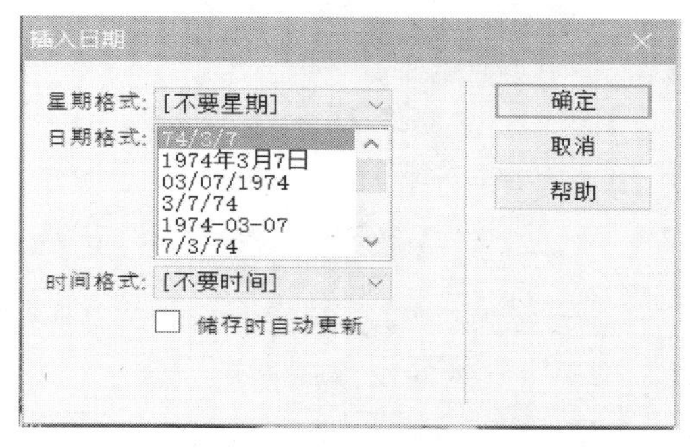

图 3–11 【插入日期】对话框

a.【星期格式】：该选项可以用来设置星期的格式，在它的下拉列表中包含 7 个选项。由于星期格式不能很好地支持中文，一般情况下都选择“[不要星期]”选项，这样在插入的日期中不显示当前是星期几。

b.【日期格式】：该选项可以用来设置日期的格式，共有 12 个选项，只要选择其中一个选项，日期的格式就会按照所选选项的格式插入到网页中。

c.【时间格式】：用来设置时间的格式，共有 3 个选项，分别为“[不要时间]”“10 ： 18PM”和“22 ： 18”。【储存时自动更新】复选框如果被勾选中，则插入的日期将在网页每次保存时自动更新为最新的日期。

四、插入列表

项目列表和编号列表就是将页面中的内容信息进行整合分类，使用项目符号来标记无序的项目，使用编号来标记有序的项目。Dreamweaver 允许设置多种项目列表格式，例如项目、符号和编号列表。设置段落信息的项目列表是 Dreamweaver 中可视化操作的一个重要的格式设置内容。如果想将网页内容排序，可在【属性】面板的【HTML】选项中选择两个设置列表的按钮，分别是【项目列表】按钮 和【编号列表】按钮 ，用两种不同的方式编辑列表信息。

【示例 5】创建项目列表

在项目列表中，各个列表项之间没有顺序、级别之分，即使用一个项目符号作为每条列表的前缀。创建项目列表的操作步骤如下。

（1）新建网页，在页面中输入几段文本，其中第一行文本在【属性】面板中的【格式】选项卡中设置为标题（heading），其他几行文本设置为段落文本（paragraph），如图 3–12 所示。

（2）选中所有的段落文本，在【属性】面板的【HTML】选项中单击【项目列表】按钮，此时段落文本就具有了前缀符号，如图 3–13 所示。

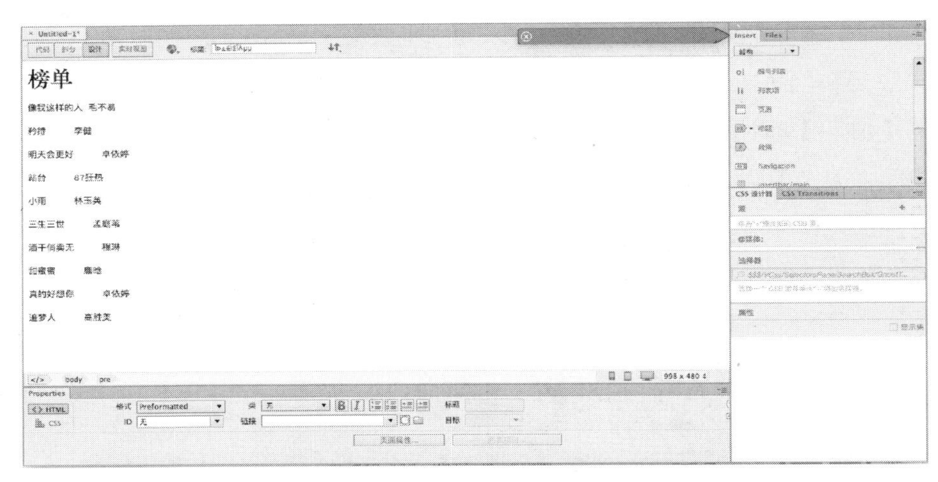

图 3-12　新建网页

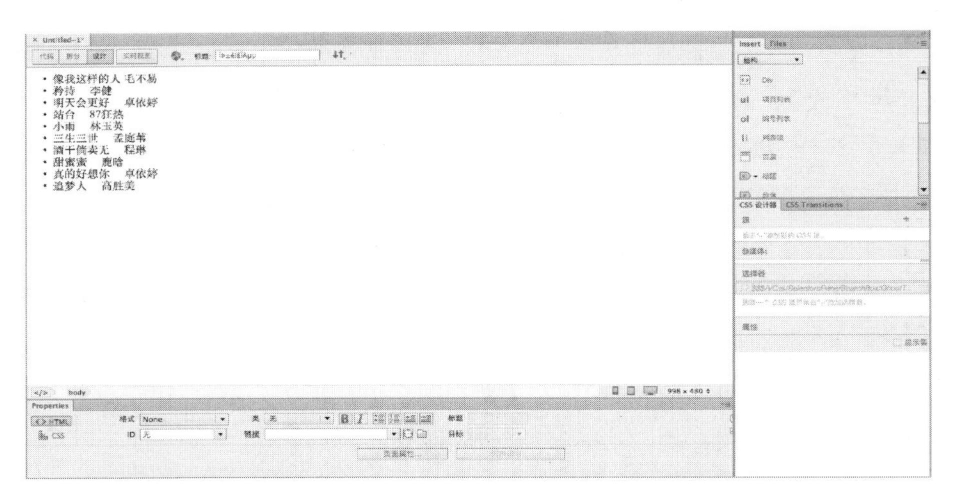

图 3-13　创建项目列表

【示例 6】创建编号列表

（1）选中段落文本，然后在【属性】面板的【HTML】选项中单击【编号列表】按钮。将项目列表文本转化为有序的编号列表文本，如图 3-14 所示。

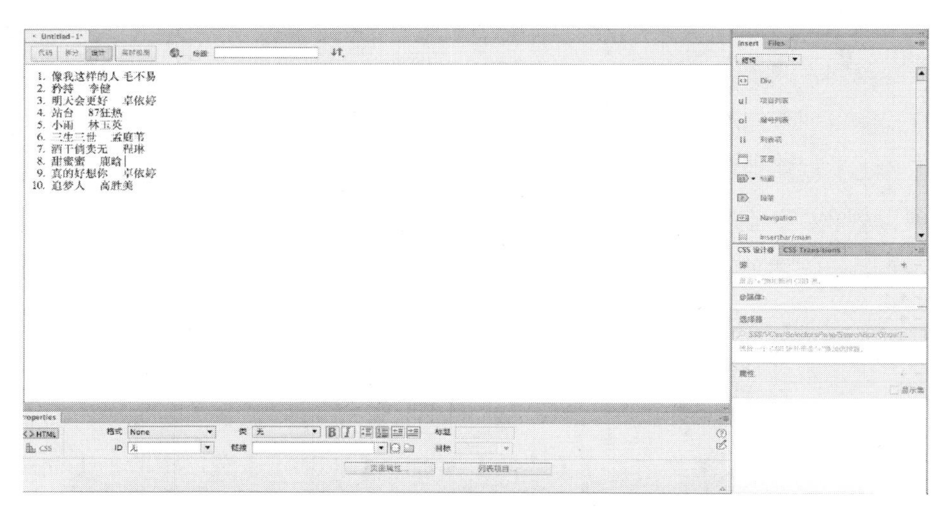

图 3-14　有序的编号列表文本

（2）当【属性】面板【HTML】选项卡中的【列表项目】按钮显示为有效状态，单击【列表项目】按钮可以打开【列表属性】对话框，设置如图 3–15 所示。

列表属性
列表类型: Numbered List
样式: [Default]
开始计数: (数字)
列表项目
新建样式: [Default]
重设计数: (数字)
确定
取消
帮助

图 3–15　【列表属性】对话框

通过设置项目列表的属性，可以选择列表的类型、项目列表中项目符号的类型、编号列表中项目编号的类型。

【列表类型】：用于选择列表的类型，该选择将影响插入点所在位置的整个项目列表的类型，主要包括如下各项。

①项目列表，生成的是带有项目符号式样的无序列表。

②编号列表，生成的是有序列表。

③目录列表，生成目录列表，用于编排目录。

④菜单列表，生成菜单列表，用于编排菜单。

【样式】：选择相应的项目列表样式。

【开始计数】：前提是选择编号列表，则在【开始计数】文本框中，可以选择有序的起始数字。

【新建样式】：允许为项目列表中的列表项指定新的样式，这时从插入点所在行及其后的行会使用新的项目列表样式。

【重设计数】：如果前面选择的是编号列表，在【重设计数】文本框中可以输入新的起始编号数字。

五、设置文本属性

输入普通文本之后，可以设置文本的属性以及特殊的文本对象，如文字的字体、大小、颜色、对齐方式等。这些文本的特殊格式一般在【属性】面板中设置，【属性】面板一般位于编辑窗口的下方。如果界面中没有显示【属性】面板，可以选择【窗口】→【属性】命令打开【属性】面板。【属性】面板将根据选中的对象的不同，把面板分为 CSS 和 HTML 两种类型的面板选项状态。在【属性】面板左上角会显示两个按钮：【HTML】和【CSS】。

【HTML】：可以切换到 HTML 状态，如图 3–16 所示，在这里可以使用 HTML 属性来自定义所选对象的样式。

图 3–16　切换到 HTML 状态

【CSS】：可以切换到 CSS 状态，如图 3–17 所示，在这里可以使用 CSS 样式来自定义所选对象的样式。

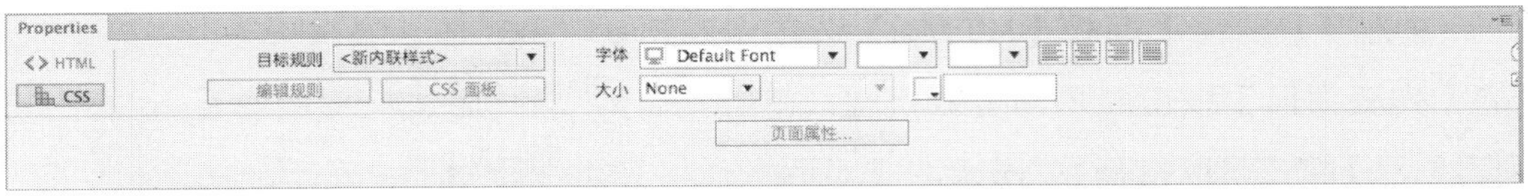

图 3-17　切换到 CSS 状态

要设置文本属性，应先在编辑窗口中选中需要设置属性的文本，然后根据需要自定义文本的属性样式。

第五节　在网页中添加图像

一、常用的图像类型

图像格式众多，但能在网页中使用的格式只有 GIF、JPEG 和 PNG 三种，这三种图像格式各有优势，下面分别进行简单说明。

GIF 图像：GIF 的原义是“图像互换格式”，其压缩率一般在 50% 左右。GIF 分为静态 GIF 和动画 GIF 两种，扩展名为 .gif，是一种压缩位图格式，支持透明背景图像，最多可现实的颜色有 256 种，适用于多种操作系统，“体型”很小，网上很多小动画都是 GIF 格式。其实 GIF 是将多幅图像保存为一个图像文件，从而形成动画，最常见的就是通过一帧帧的动画串联起来的搞笑 gif 图，所以归根到底 GIF 仍然是图片文件格式。

JPEG 图像：JPEG 图像支持 1670 万种颜色，可以很好地再现摄影图像，尤其是反映大自然的色彩丰富的图片。JPEG 图像支持最高级别的压缩，不过，这种压缩是有损耗的，文件大小是以牺牲图像质量为代价的，压缩比率可以高达 100 ：1（JPEG 格式可在 10 ：1 到 20 ：1 的比率下轻松地压缩文件，而图片质量不会下降）。

PNG 图像：也称为“可移植网络图形格式”，是图像文件的存储格式，其设计目的是试图替代 GIF 和 JPEG 文件格式，同时增加一些 GIF 文件格式所不具备的特性。PNG 图像支持 Alpha 通道透明。

在网页设计中，如果图像颜色少于 256 色，则建议使用 GIF 格式，如 Logo 等。当图像颜色较为丰富的时候，则使用 JPEG 格式，如在网页中显示自然画面的图像。如果希望保留更多色彩细节，并能够保留半透明羽化效果，建议使用 PNG 格式。

二、在网页中插入图像

图像在网页中可以有多种存在方式，Dreamweaver 提供了多种插入图像的方法。

【示例 7】在网页中插入图像

（1）打开准备插入图像的文本页面。

（2）将光标定位在要插入图像的位置，然后选择【插入】→【图像】命令。

（3）打开【选择图像源文件】对话框，如图 3-18 所示，选择所需照片，单击【Open】按钮即可插入页面中。

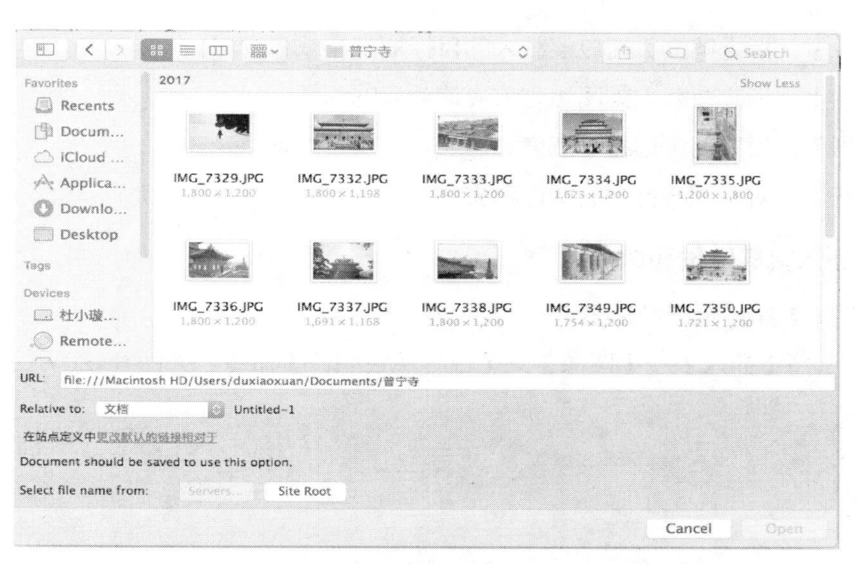

图 3-18 【选择图像源文件】对话框

三、设置图像属性

在 Dreamweaver 编辑窗口中插入图像之后，选中该图像，就可以在【属性】面板中查看和编辑图像的显示属性，如图 3-19 所示。

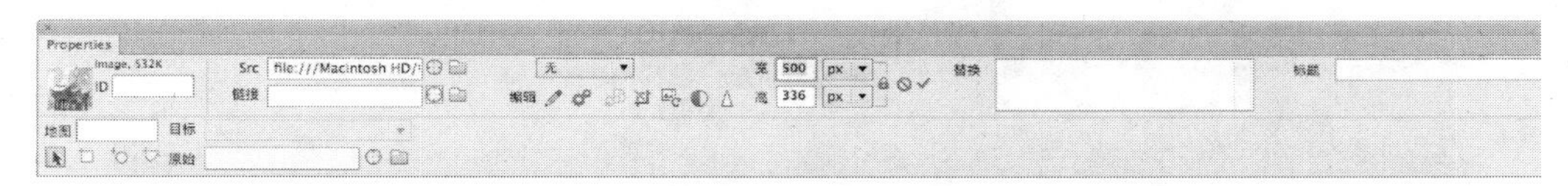

图 3-19 查看和编辑图像的显示属性

【ID】：设置图像的 ID 名称，以便在 CSS 或 JavaScript 等脚本中控制图像。在文本框的上方显示一些文件信息，如图像文件类型，图像大小为 1915K。如果插入占位符，则会显示“占位符”字符信息。

【宽】和【高】：设置选定图像的宽度和高度。默认以像素为单位，也可以设置为 pc（十二点活字）、pt（磅）、in（英寸）、mm（毫米）、cm（厘米）。

【Src】: 指定图像的源文件。在文本框直接输入文件的路径，可以直接找到所需图像。

【链接】：为图像指定的超级链接。拖住【指向文件】图表 到文件浮动面板站点内的一个文件上面，或者单击【选择文件】图标 ，在当前站点中选择一个文档，创建超链接。

【替换】：指定在图像位置上显示的可选文字。当浏览器无法显示图像时则显示这些文字，同时，鼠标移动到图像上面也会显示这些文字。

【类】：设置图像的 CSS 类样式。

【编辑】：进行快捷编辑图像、优化图像、转化图像格式等基本操作。该功能适合没有安装外部图像编辑的用户使用。

【地图】文本框和【热点工具】：用来创建客户端鼠标滑过的热点地图。

【垂直边距】和【水平边距】：可以设置沿图像的边缘添加边距。

【目标】：指定链接页面应该载入的目标框架和或者窗口。

【原始】：指定在载入主图像之前应该载入的图像。

【边框】：设置图像边框的宽度。

【对齐】：对齐同一行上的图像和文本。

四、插入鼠标经过图像

【示例 8】插入鼠标经过图像

（1）选择【插入】→【图像】→【鼠标经过图像】命令，如图 3-20 所示。

图 3-20　鼠标经过图像

（2）在弹出的对话框中，【原始图像】选项为鼠标未经过时显示的图像；【鼠标经过后图像】选项是在点击【浏览】按钮后弹出的站点内指定的文件夹中选择所需图像；【替换文本】文本框内是指定在图像位置上显示的可选文字。当浏览器无法显示图像时，则显示这些文字，同时，鼠标移动到图像上面也会显示这些文字。在【按下时，前往的 URL】文本框中输入指定地址，则会在鼠标点击照片时前往，如图 3-21 所示。

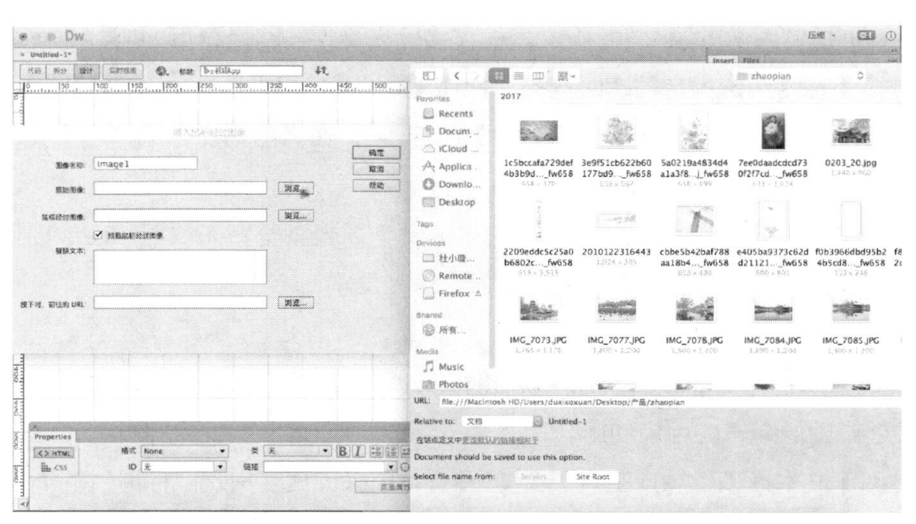

图 3-21　输入指定地址

五、插入 Fireworks HTML

【示例 9】插入 Fireworks HTML

（1）选择【插入】→【图像对象】→【Fireworks HTML】命令，如图 3-22 所示。

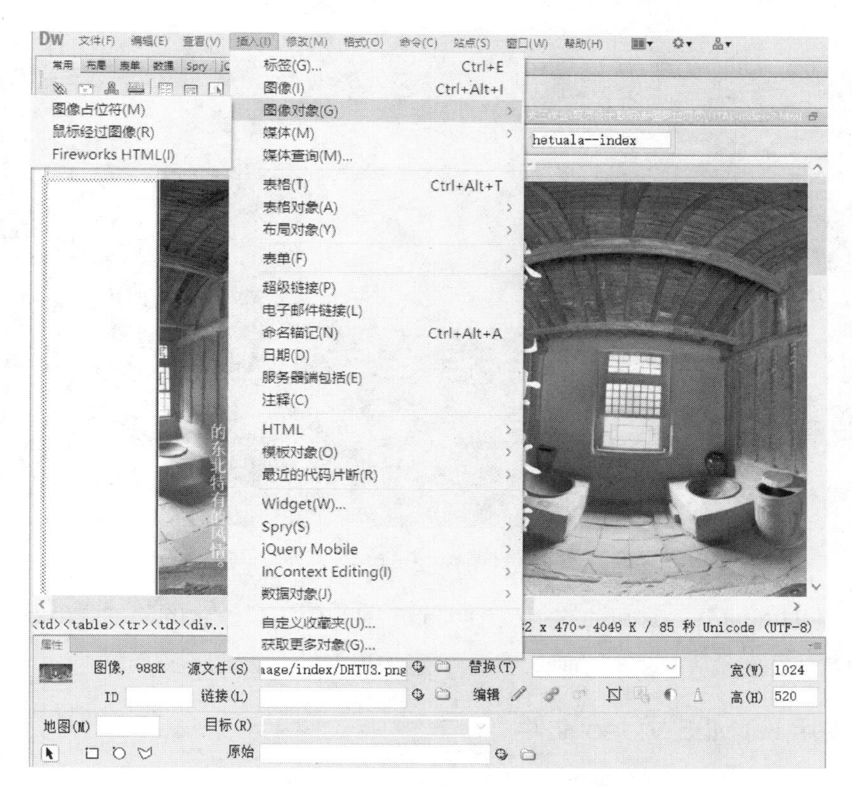

图 3-22　Fireworks HTML

（2）在弹出的【插入 Fireworks HTML】对话框中，点击【浏览】按钮，选择需要插入的 Fireworks HTML 文件，然后点击【确定】按钮，如图 3-23 所示。

图 3-23　选择需要插入的 Fireworks HTML 文件

第六节　在网页中添加多媒体文件

一、使用 Edge Animate 作品

Edge Animate 的界面如图 3-24 所示。

（1）【属性】：可以将该面板理解成为指定的元素添加 CSS 修饰。

（2）【资源】：主要是显示一些视频、图片、音频等资源文件，里面的文件除了可以从软件中添加，还可以自己手动在当前的文件夹中创建一个对应的文件夹名称来实现添加资源。例如，我们可以在这个文件夹中创建一个 Images 文件夹用来存放图片，那么在资源面板中的图像中就可以看到图片已经自动添加上去了。

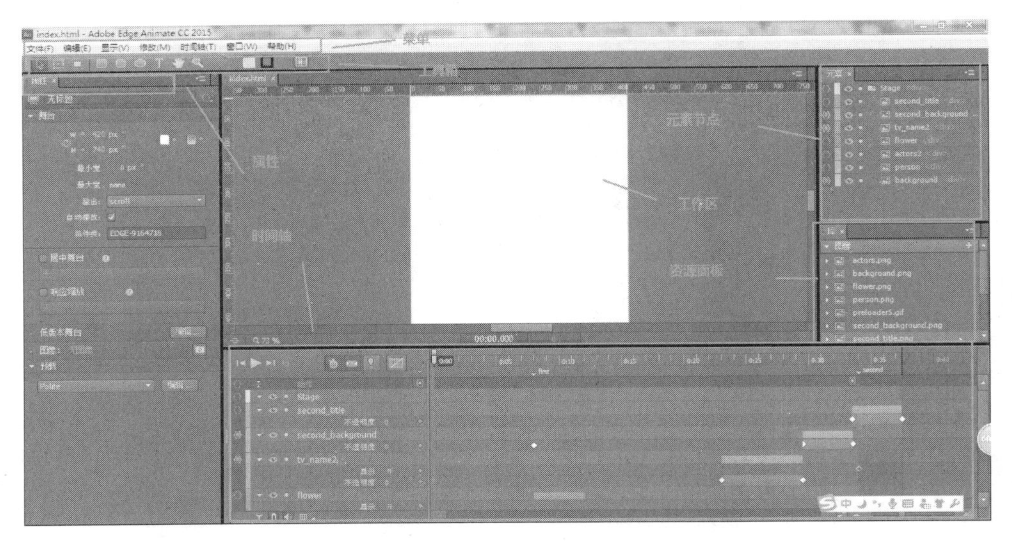

图 3-24　Edge Animate 的界面

（3）【时间轴】：时间轴的用法和 Flash 中的用法是一致的，主要就是通过连续地播放每一帧的图像，从而生成动画，具体的用法见 Flash 章节。

二、使用 HTML5 Video 文件

视频文件的格式有很多种，常见的有 MPEG 格式、AVI 格式、WMV 格式、RM 格式和 MOV 格式。

◆ MPEG 格式：MPEG（Moving Picture Experts Group）是国际标准组织（ISO）认可的媒体封装形式，得到大部分机器的支持。其储存方式多样，可以适应不同的应用环境。

◆ AVI 格式：AVI 格式是由微软公司开发的，其含义是 Audio Video Interactive，就是把视频和音频编码混合在一起储存。AVI 格式也是使用时间较长的视频格式，已存在 10 余年了，曾经发布过改版（V2.0 于 1996 年发布）。AVI 格式限制比较多，只能有一个视频轨道和一个音频轨道（现在有非标准插件可加入最多两个音频轨道），还可以有一些附加轨道，如文字等。AVI 格式不提供任何控制功能，副档名为 avi。

◆ WMV 格式：WMV（Windows Media Video）是微软公司开发的一组数位视频编解码格式的统称，ASF（Advanced Systems Format）是其封装格式。ASF 封装的 WMV 档具有“数位版权保护”功能，副档名为 wmv/asf、wmvhd。

◆ RM 格式：称为 Real Video 或者 Real Media（RM）档，是由 RealNetworks 开发的一种档容器，它通常只能容纳 Real Video 和 Real Audio 编码的媒体。该档容器带有一定的交互功能，允许编写脚本以控制播放。RM 格式，尤其是可变比特率的 RMVB 格式，体积很小，非常受网络下载者的欢迎，副档名为 rm/rmvb。

◆ MOV 格式：Quick Time 视频格式，它是由苹果公司开发的。由于苹果电脑在专业图形领域占据领先地位，Quick Time 格式基本上成为电影制作行业的通用格式。

【示例 10】在网页中插入视频

（1）在编辑窗口中，将光标定位在要插入的视频的位置。

（2）选择【插入】→【媒体】→【插件】命令，或者选择【插入】工具栏中【媒体】菜单的【插件】选项，打开【选择文件】对话框。

（3）在【选择文件】对话框里选择要插入的插件文件，单击【确定】按钮即可。

（4）选中插入的插件图标，在属性面板中设置视频的播放器大小，如图 3-25 所示。

图 3-25 设置视频的播放器大小

（5）设置完整后，点击【F12】键在浏览器中预览。

三、HTML5 Audio 的应用

声音是多媒体网页中的重要组成部分，其中音频的格式很多，常见的有 WAV 格式、MP3 格式、AIF 格式、MID 格式等。

WAV 格式文件具有较高的声音质量，文件较大，能够被大多数浏览器支持，并且不需要插件。

MP3 格式是一种压缩格式的声音，文件大小比 WAV 格式小，是网络中流行的音乐格式。

AIF 格式具有较高的质量，和 WAV 格式音质相似。

MID 格式是一种乐器声音格式，能够被大多数浏览器支持，并且不需要插件。

【示例 11】链接声音文件

链接声音文件首先要选择用来指向声音文件链接的文本或者图像，然后在属性面板的【链接】文本框中输入声音文件地址，或者单击后面的【选择文件】按钮直接选择文件，如图 3-26 所示。

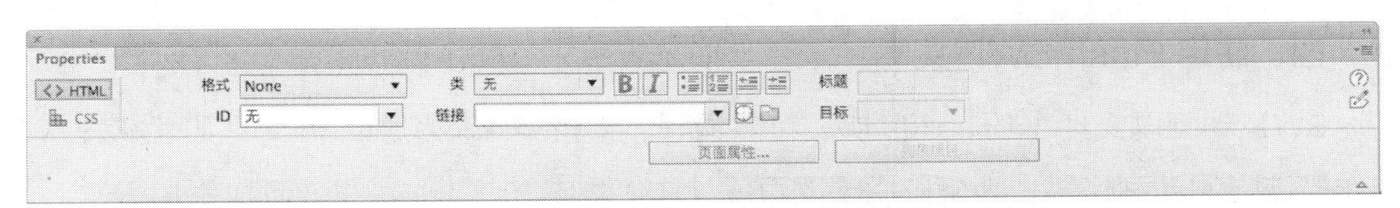

图 3-26 【选择文件】按钮

【示例 12】嵌入声音文件

嵌入声音文件是将声音插入到页面中，但是只有浏览器安装了适当插件后才可以播放。

（1）在编辑窗口中，将光标定位在要插入的音频位置。

（2）选择【插入】→【媒体】→【媒体】命令，或者选择【插入】工具栏中的【媒

体】菜单中的【插件选项】，打开【选择文件】对话框。

（3）在【选择文件】对话框里选择要插入的插件文件，单击【确定】按钮即可。

（4）在选中插入的插件图标中会出现属性面板设置的详细内容，如图 3–27 所示。

图 3–27　属性面板设置的详细内容

【示例 13】插入 HTML5 音频

Dreamweaver 允许在网页中插入和预览 HTML5 音频。HTML5 音频元素提供一种将音频内容嵌入网页中的标准方式。

（1）在编辑窗口中，确保光标位于要插入音频的位置。

（2）选择【插入】→【媒体】→【HTML5 Audio】命令，音频文件将会插入到指定位置，如图 3–28 所示。

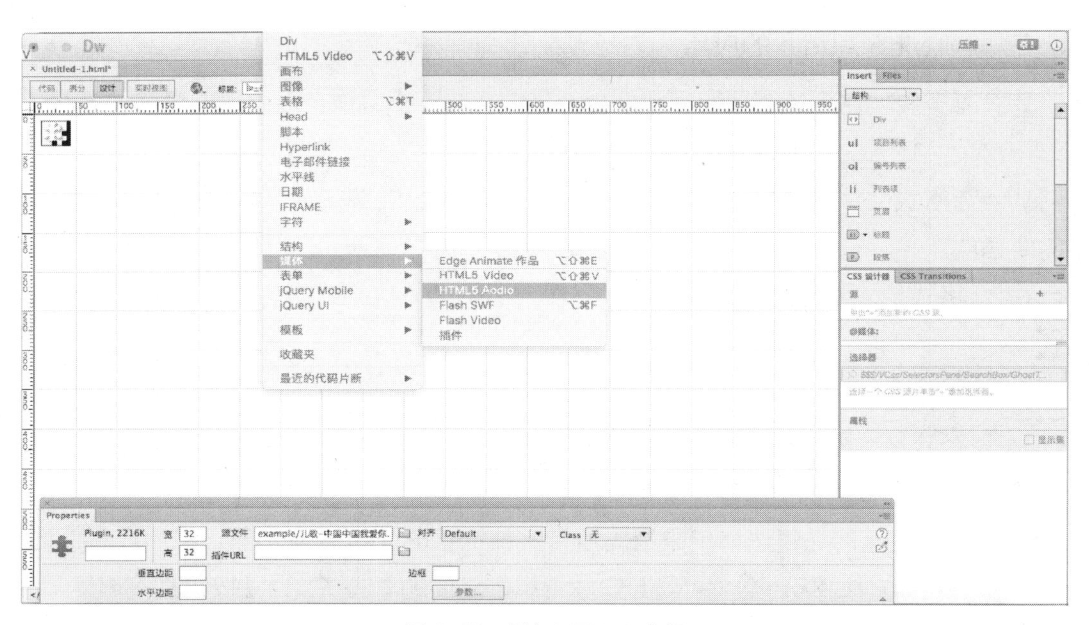

图 3–28　插入 HTML5 音频

四、使用 Flash SWF 文件

SWF 动画以文件小巧、速度快、特效精美、支持多媒体和强大的交互功能成为网页制作最流行的动画格式，大量应用于网页设计中。

【示例 14】使用 Flash SWF 文件

（1）选择【插入】→【媒体】→【SWF】命令，打开【选择 SWF】对话框。

（2）单击【确定】按钮，关闭【选择 SWF】对话框，在弹出的【对象标签辅助功能属性】对话框中对 SWF 进行设置。

（3）单击【确定】按钮，即可在当前位置插入一个 SWF 动画，此时编辑窗口中出现了字母 F 的灰色区域，只有在预览状态下才能观看到 SWF 动画的效果。

（4）插入 SWF 动画后，选中动画就可以在属性面板中设置 SWF 动画的属性。

【Flash ID】：显示 SWF 动画的名称，同时在旁边显示插入动画的大小。

【宽】和【高】：设置 SWF 动画的宽度和高度，默认单位是像素，也可以设置单位为 pc、pt、in、mm、cm 或者 %。单击右侧的【重设大小】按钮可以恢复原始尺寸。

【文件】：设置 SWF 动画的文件地址。

【编辑】：可以使用 Adobe Flash 对 SWF 动画进行编辑。

【背景颜色】：指定区域内的背景颜色。

【循环】：SWF 动画循环播放。

【自动播放】：网页打开后自动播放选中的 SWF 动画。

【垂直边距】和【水平边距】：设置 SWF 动画上下方和左右方与其他页面元素的距离。

【品质】：设置 SWF 动画的品质，分别有【低品质】、【自动低品质】、【自动高品质】和【高品质】4 个选项。

【比例】：设置 SWF 动画的显示比例。

【对齐】：设置 SWF 动画的对齐方式。

【参数】：先打开【参数】对话框，再集中输入传递给影片的附加参数，对动画进行初始化的设计，影片必须先设置完成才可以接收到附加的参数。

五、插入并设置 Flash Video

FLV 是 Flash Video 的简称，它生成的视频文件极小，加载速度极快，使在网络上观看视频文件成为可能，它的出现有效地解决了视频文件导入 Flash 后，导出的 SWF 文件过大，不能在网络上很好的使用的问题。

【示例 15】插入 FLV 视频

（1）在页面中选择【插入】→【媒体】→【FLV】命令，打开【插入 FLV】对话框。

（2）在【视频类型】复选框中，包括【累进式下载视频】和【流视频】两个选项。当选择【流视频】选项后，页面如图 3-29 所示。

（3）如果希望累进下载浏览视频，则应该从【视频类型】下拉菜单中选择【累进式下载视频】命令。

六、使用插件

利用 Dreamweaver 附加功能的第三方插件，不仅可以把网页制作得更加美观，还可以制作动态的页面。第三方插件可以根据功能和保存的位置进行分类，在 Dreamweaver 中使用的第三方插件大体上可以分为行为插件、命令插件、对象插件 3 种。

①行为插件：用来在【行为】面板中添加新的行为，在网页上实现动态的交互功能。例如，使用层插件可以让访问者根据自己的意愿摆放层。

②命令插件：用来在命令菜单上添加命令，添加的命令用于在编辑网页的时候实现一定的功能。

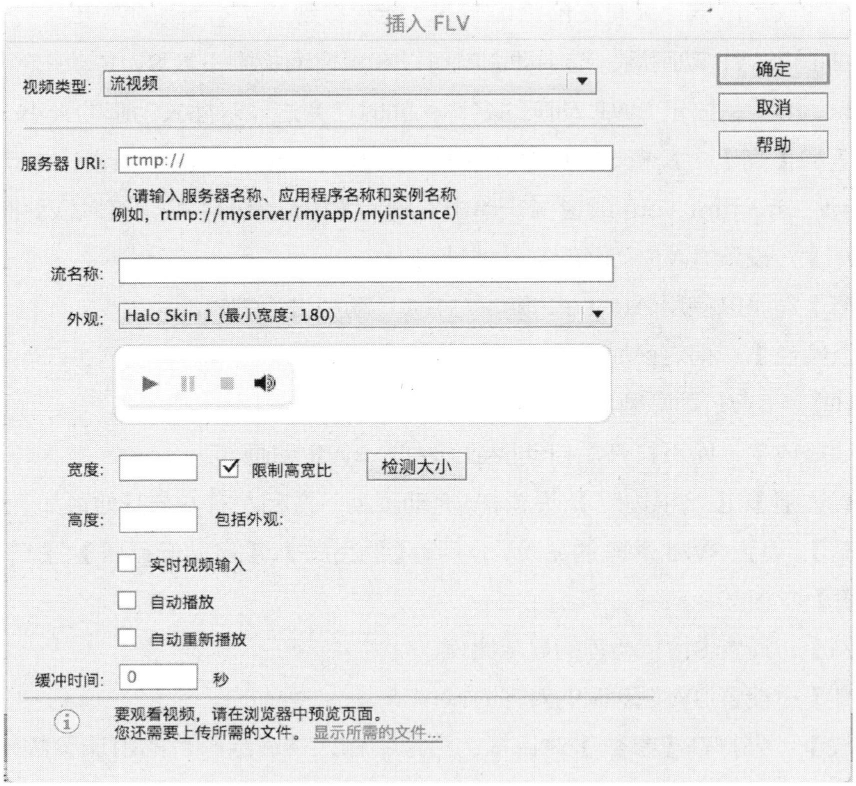

图 3-29　选择【流视频】后的页面

③对象插件：用来在【插入】栏中添加新的行为。该对象具有在文档中快速插入一定格式的表单的功能。

使用 Macromedia 功能扩展管理器可以方便地在 Macromedia 应用程序中安装和删除插件。下载安装了 Extension Manager 以后，可以启动扩展管理器，在扩展管理器中安装插件，具体操作步骤如下。

（1）选择菜单中的【开始】→【所有程序】→【Adobe Extension Manager CS6】命令，打开【Adobe Extension Manager CS6】对话框。

（2）单击【安装新扩展】按钮，打开【选取要安装的扩展】对话框。在对话框中选取要安装的扩展包文件（.mxp）或者插件信息文件（.mxi），单击【打开】按钮或直接双击扩展包文件，自动启动扩展管理器进行安装。

第七节　超链接的应用

一、认识超链接和路径

简单来讲，超链接就是指按内容链接，其本质是一种允许我们同其他网页或站点之间进行连接的元素。各个网页链接在一起后，才能真正构成一个网站。所谓的超链接是指从一个网页指向一个目标的连接关系，这个目标可以是另一个网页，也可以是相同网页上的不同位置，还可以是一个图片，一个电子邮件地址，一个文件，甚至是一个应用程序。而在一个网页中用于超链接的对象，可以是一段文本或者是一个图片。当浏览者单击已经链接的文字或图片后，链接目标将显示在浏览器上，并且根据目标的类型来打开或运行。每个网页面都有一个唯一地址，称作统一资源定位器（URL）。不过，在创建本地链接（即从一个文档到同一站点上另一个文档的链接）时，通常不指定作为链接目标的文档的完整 URL，而是指定一个始于当前文档或站点根文件夹的相对路径，其链接路径有三种：绝对路径（例如 http://www.adobe.com/cn/support/dreamweaver/contents.html）；文档相对路径（例如 dreamweaver/contents.html）；站点根目录相对路径（例如 /support/dreamweaver/contents.html）。

使用 Dreamweaver 可以方便地选择要为链接创建的文档路径的类型。

1. 绝对路径

绝对路径提供所链接文档的完整 URL，其中包括所使用的协议。在网页界面中，通常为 http://。对于图像资产，完整的 URL 可能会类似于 http://www.adobe.com/cn/support/dreamweaver/images/image1.jpg。

在网页设计中，必须使用绝对路径，才能链接到其他服务器上的文档或资产。尽管对本地链接（即到同一站点内文档的链接）也可以使用绝对路径链接，但通常情况下，不建议采用这种方式。因为一旦将此站点移动到其他域，则所有本地绝对路径链接都将断开。在本地链接中使用相对路径，还能够在需要在站点内移动文件时提高灵活性。

2. 文档相对路径

对于大多数 Web 站点的本地链接来说，文档相对路径通常是最合适的路径。文档相对路径还可用于链接到其他文件夹中的文档或资产，方法是利用文件夹层次结构，指定从当前文档到所链接文档的路径。文档相对路径的基本思想是省略对于当前文档和所链接的文档或资产都相同的绝对路径部分，而只提供不同的路径部分。若成组地移动文件，例如移动整个文件夹时，该文件夹内所有文件保持彼此间的相对路径不变，此时不需要更新这些文件间的文档相对链接。但是，在移动包含文档相对链接的单个文件，或移动由文档相对链接确定目标的单个文件时，则必须更新这些链接。

如果使用【文件】面板移动或重命名文件，Dreamweaver 将自动更新所有相关链接。

3. 站点根目录相对路径

站点根目录相对路径描述从站点的根文件夹到文档的路径。如果处理使用多个服务器的大型 Web 站点，或者在使用承载多个站点的服务器时，则可能需要使用这些路径。站点根目录相对路径是以一个正斜线开始的，该正斜线表示站点根文件夹。例如，/support/tips.htm 是文件（tips.html）的站点根目录相对路径，该文件位于站点根文件夹的 support 子文件夹中。如果经常在 Web 站点的不同文件夹之间移动 HTML 文件，那么站点根目录相对路径通常是指定链接的最佳方法。移动包含站点根目录相对链接的文档时，不需要更改这些链接，因为链接是相对于站点根目录的，而不是文档本身。例如，如果某HTML文件对相关文件(如图像)使用站点根目录相对链接,则移动HTML文件后,其相关文件链接依然有效。但是,如果移动或重命名由站点根目录相对链接所指向的文档,则即使文档之间的相对路径没有改变,也必须更新这些链接。即如果移动某个文件夹,则必须更新指向该文件夹中文件的所有站点根目录相对链接。

如果使用【文件】面板移动或重命名文件,Dreamweaver将自动更新所有相关链接。

二、创建常见的超链接

创建链接前,要清楚绝对路径、文档相对路径以及站点根目录相对路径的工作方式。在一个文档中,一般可以创建如下几种类型的链接。

(1)到其他文档或文件(如图形、影片、PDF或声音文件)的链接。

(2)命名锚点链接:此类链接跳转至文档内的特定位置。

(3)电子邮件链接:此类链接新建一封空白电子邮件,其中填有收件人的地址。

(4)空链接和脚本链接:此类链接用于向对象附加行为或创建执行JavaScript代码的链接。

Dreamweaver使用文档相对路径创建站点中其他页面的链接,还可以让Dreamweaver使用站点根目录相对路径创建新链接。

【示例16】创建图像、对象或文本的超链接

使用属性检查器的文件夹图标或【链接】选项,可以创建从图像、对象或文本到其他文档或文件的链接。

(1)在【文档】窗口的【设计】视图中选择文本或图像。

(2)打开属性检查器(【窗口】→【属性】),然后从如下两种方法中选择其中之一执行。

①单击【链接】文本框右侧的文件夹图标,如图3-30所示,浏览并选择一个文件后点击【打开】按钮。指向所链接的文档的路径会显示在【URL】文本框中,如图3-31所示。若点击【选择文件】对话框中的【选项】按钮,将弹出【相对于】菜单选项,使路径成为文档相对路径或根目录相对路径,然后单击【确定】按钮。注意,选择的路径类型只适用于当前链接。

图3-30 文件夹图标

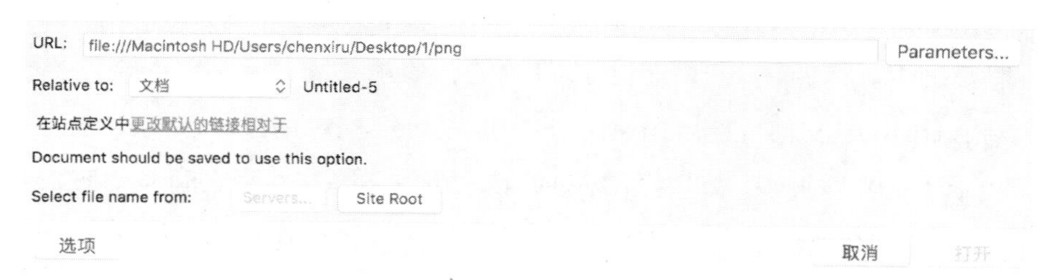

图3-31 【选择文件】对话框

②在【链接】文本框中键入文档的路径和文件名。若要链接到站点内的文档，需要输入文档相对路径或站点根目录相对路径。若要链接到站点外的文档，需要输入包含协议（如 http://）的绝对路径。此种方法可用于输入尚未创建的文件的链接。

（3）从【目标】下拉列表中，选择文档的打开位置。

【_blank】：将链接的文档载入一个新的、未命名的浏览器窗口。

【_parent】：将链接的文档加载到该链接所在框架的父框架或父窗口。如果包含链接的框架不是嵌套框架，则所链接的文档加载到整个浏览器窗口。

【_self】：将链接的文档载入链接所在的同一框架或窗口。此目标是默认的，所以通常不需要指定它。

【_top】：将链接的文档载入整个浏览器窗口，从而删除所有框架。

【_new】：将链接文档载入一个新的窗口。

【示例 17】使用【指向文件】图标链接文档

使用【指向文件】图标链接文档，同样可以创建从图像、对象或文本到其他文档或文件的链接。具体步骤如下。

（1）在【文档】窗口的【设计】视图中选择文本或图像。

（2）以下列两种方法之一创建链接。

①拖动属性检查器中【链接】文本框右侧的【指向文件】图标（目标图标），指向当前文档中的可见锚点、另一个打开文档中的可见锚点、分配有唯一 ID 的元素或【文件】面板中的文档，如图 3-32 所示。

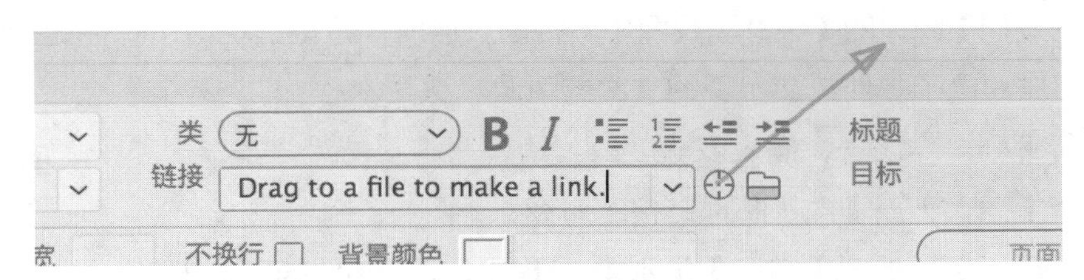

图 3-32　指向文件

②按住【Shift】键拖动所选内容，使其指向当前文档中的可见锚点、另一打开的文档中的可见锚点、分配有唯一 ID 的元素或【文件】面板中的文档。

【示例 18】链接到命名锚点

在文档的特定位置创建命名锚点后，命名锚点会在文档中设置标记，这些标记通常处于文档的特定主题处或顶部。通过使用属性检查器进行链接，命定锚点可以将访问者快速带到指定位置。快速链接到命名锚点的过程分为两步：创建命名锚点和创建到命名锚点的链接。

（1）创建锚点。

①在【文档】窗口中，选择并突出显示要设置为锚点的项目。

②打开属性检查器并检查所选项目是否具有 ID。如果 ID 字段为空，需要添加 ID。例如，锚点添加 ID 后，需要注意代码所发生的更改，“id=【<ID name>】”表示已插

入到选择的代码中。

（2）链接回锚点。

①在【文档】窗口的【设计】视图中，选择要从其创建链接的文本或图像。

②在属性检查器的【链接】文本框中，输入一个数字符号（#）和锚点名称。注意，锚点名称区分大小写。

（3）使用指向文件方法链接到命名锚点。

①打开包含对应命名锚点的文档。如果未看到锚点，可从【设计】视图中，选择【视图】→【设计视图选项】→【可视化助理】→【不可见元素】命令，使锚点可见。

②在【文档】窗口的【设计】视图中，选择要从其创建链接的文本或图像（如果这是其他打开文档，则必须切换到该文档），执行下列操作之一：

a. 单击属性检查器中【链接】文本框右侧的【指向文件】图标，然后将它拖到要链接的锚点上，可以是同一文档中的锚点，也可以是其他打开文档中的锚点；

b. 在【文档】窗口中，按住【Shift】键将所选文本或图像拖至要链接的锚点，可以是同一文档中的锚点，也可以是另一打开的文档中的锚点。

【示例 19】创建电子邮件链接

单击电子邮件链接时，如果使用的是与用户浏览器相关联的邮件程序，该链接将打开一个新的空白信息窗口。在电子邮件消息窗口中，【收件人】文本框自动更新为显示电子邮件链接中指定的地址。

（1）使用【插入电子邮件链接】命令创建电子邮件链接。

①在【文档】窗口的【设计】视图中，将插入点放在希望出现电子邮件链接的位置，或者选择要作为电子邮件链接出现的文本或图像。

②执行下列操作之一，插入该链接：

a. 选择【插入】→【电子邮件链接】命令；

b. 在【插入】面板的【常用】类别中，单击【电子邮件链接】按钮；

c. 在【文本】文本框中，输入或编辑电子邮件的正文；

d. 在【E-mail】文本框中，输入电子邮件地址，然后单击【确定】按钮。

（2）使用属性检查器创建电子邮件链接。

①在【文档】窗口的【设计】视图中选择文本或图像。

②在属性检查器的【链接】文本框中，键入“mailto：”，后跟电子邮件地址。在冒号与电子邮件地址之间不能输入空格。

③自动填充电子邮件的主题行。如上所述，使用属性检查器创建电子邮件链接。

在属性检查器的【链接】文本框中，在电子邮件地址后添加“?subject=”，并在等号后输入一个主题。在问号和电子邮件地址结尾之间不能输入空格。

完整输入如下所示：mailto：someone@yoursite.com?subject=Mail from Our Site。

本／章／小／结

本章重点介绍了 Dreamweaver 网页制作的相关知识。通过本章的学习，读者应当了解 Dreamweaver 的工作界面，掌握创建与管理站点的方法、页面的总体设置方法，为后续内容的学习奠定基础。

思考与练习

1. 如何创建本地站点?

2. 在网页中如何添加文字内容?

3. 在网页中如何添加图像?

4. 在网页中如何插入视频?

5. 在网页中如何插入 HTML5 音频?

6. 有哪几种类型的链接路径?

第四章
使用行为和 JavaScript 添加网页特效

章节导读

动画特效是网页设计中非常重要的设计元素，合理地使用 JavaScript 动画可以有效地增加网页设计的视觉效果与用户体验。

本章的学习重点如下。

1. 认识特效中的行为。
2.AP 元素。
3.Spry 框架。
4. 使用 Dreamweaver 内置行为。
5. 利用脚本制作特效网页。

第一节　认识特效中的行为

行为是指在网页中进行的一系列动作，通过这些动作，可以实现用户同网页的交互，也可以通过动作执行某个任务。在 Dreamweaver 中，行为由事件和动作两个基本元素组成。这一切都是在【行为】面板中进行管理的，选择【窗口】→【行为】命令，可以打开【行为】面板等。Dreamweaver 提供的许多动作需要在 Dreamweaver 中添加更多的行为，可以在 Adobe Exchange 官方网站下载，网址为 http://www.adobe.com/cn/exchange。

第二节　AP 元素

一、应用 AP Div 创建 AP 元素

Dreamweaver 可以很方便地在网页上创建 AP Div，并精确地定位 AP Div 的位置。

方法一：在菜单栏中选择【插入】→【布局对象 AP Div】命令，就可以创建一个 AP Div。

方法二：在【布局】插入面板中拖住【绘制 AP Div】按钮到文档窗口中，即可创建一个 AP Div，在文档窗口中单击鼠标左键并拖动到合适大小后释放，就可以绘制一个 AP Div，如图 4-1 所示。

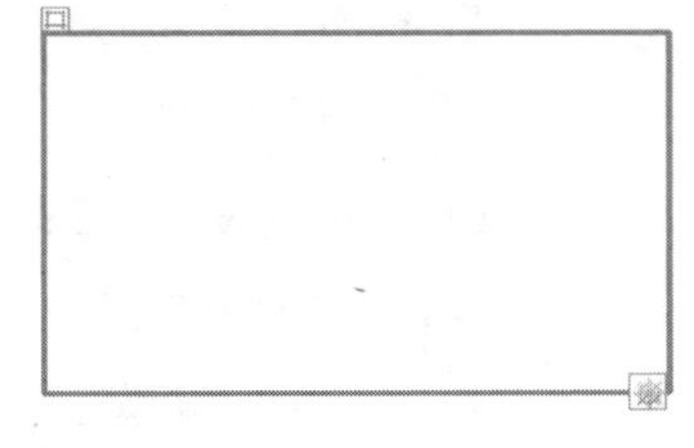

图 4-1　绘制一个 AP Div

二、AP 元素的属性详解

在文档窗口中单击创建的 AP Div 的边框线，即可选中该 AP Div，此时，【属性】面板中会显示出当前 AP Div 的属性。

【属性】面板中的各选项参数功能说明如下。

（1）【CSS-P 元素】：在此文本框中输入一个新的名称，用于标识选中的 AP Div。AP Div 名称只能包含字母和数字，并且只能以字母开头。

（2）【左】：用于设置 AP Div 的左边界与浏览器窗口左边界的距离。

（3）【右】：用于设置 AP Div 的右边界与浏览器窗口右边界的距离。

（4）【宽】：设置 AP Div 的宽度，在改变数值时必须加后缀，即 px。

（5）【高】：设置 AP Div 的高度，在改变数值时必须加后缀，即 px。

（6）【z 轴】：设置 AP Div 在垂直方向上的索引值，主要用于设置 AP Div 的堆叠顺序，值大的 AP Div 位于上方，值可以为正，也可以为负，还可以为 0。

（7）【可见性】：用于设置 AP Div 在浏览器上的显示状态，包括“default”“inherit”“visible”“hidden”4 个选项。

①【default（默认）】：此选项不指定 AP Div 的可见性，但大多数情况下，此选项会继承父级 AP Div 的可见性属性。

②【inherit（继承）】：选择该选项，会继承父级 AP Div 的可见性属性。

③【visible（可见）】：选择该选项，会显示 AP Div 及其中的内容。

④【hidden（隐藏）】：选择该选项，会隐藏 AP Div 及其中的内容。

（8）【背景图像】：指定 AP Div 的背景图像。单击文本框右侧的【浏览文件】按钮，在弹出的【选择图像源文件】对话框中浏览并选择图像文件，或者在文本框中直接输入图像文件的路径。

（9）【背景颜色】：为 AP Div 指定背景颜色，单击【色块】选项，在弹出的颜色选择器中选择一种颜色，还可以在右侧的文本框中输入颜色的十六进制数值。

（10）【类】：可以在下拉列表中选择要添加的样式。

（11）【溢出】：用于设置当 AP Div 中内容超出原 AP Div 的大小时，在浏览器中如何显示 AP Div，包括“visible”“hidden”“scroll”和“auto”4 个选项。

①【visible（可见）】：选择该选项时，AP Div 内容会自动符合原 AP Div 的大小，便于所有的 AP Div 内容都能在浏览器中显示出来。

②【hidden（隐藏）】：选择该选项时，当 AP Div 内容超出原 AP Div 的大小时，AP Div 大小保持不变，多余的 AP Div 内容在浏览器显示时将会被裁掉，不会显示出来。

③【scroll（滚动）】：选择该选项时，不管 AP Div 内容是否超出原 AP Div 的大小，在浏览器中 AP Div 的右侧和下方都会显示滚动条。

④【auto（自动）】：选择该选项时，会自动控制 AP Div。当 AP Div 内容超过原 AP Div 的大小时，在 AP Div 的右侧或者下方会出现滚动条，如果 AP Div 内容没有超过原 AP Div 的大小，便不会为 AP Div 添加滚动条。

（12）【剪辑】：用于设置 AP Div 可见区域的大小。在“左”“右”“上”和“下”文本框中，可以指定 AP Div 的可见区域的左、右、上、下端相对于 AP Div 左、右、上、下端的距离。剪辑后，只有指定的矩形区域才是可见的。

三、AP 元素拖动效果

使用【拖动 AP 元素】行为可以在网页中创建一个可拖动的 AP 元素。

【示例 1】在网页中添加【拖动 AP 元素】行为

（1）启动Dreamweaver 软件，打开【插入】面板，在该面板中单击【绘制 AP Div】选项，在文档窗口中绘制一个 AP Div，如图 4-2 所示。

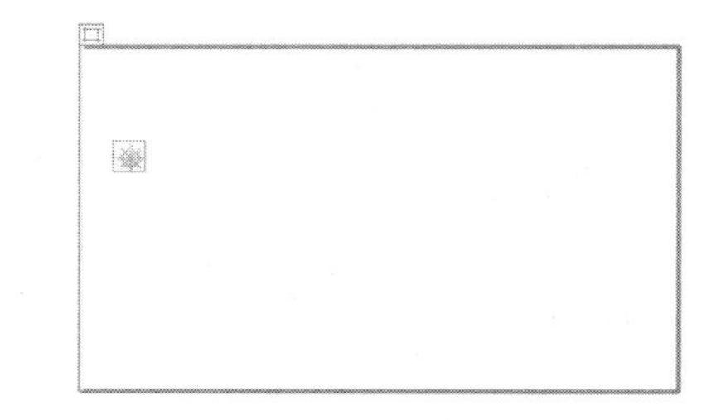

图 4-2　绘制 AP Div

（2）将光标置入绘制的 AP Div 中，在菜单栏中选择【插入】→【图像】命令，在弹出的对话框中选择需要插入的文件，如图 4-3 所示。

（3）单击【确定】按钮，确认图片处于选中状态，在【属性】面板中将“宽”设为 286，“高”设为 203，在页面中适当调整 AP Div 的大小，并调整其位置，在文档窗口的底部单击【body】。

（4）打开【行为】面板，在该面板中单击【添加行为】按钮，在弹出的下拉菜单中选择【拖动 AP 元素】命令，如图 4-4 所示。

（5）在打开的【拖动 AP 元素】对话框中将【放下目标】选项组中的“左”设置为“350”，“上”设置为“450”，“靠齐距离”设置为“30”，像素接近放下目标。

（6）单击【确定】按钮，即可将【拖动 AP 元素】行为添加到【行为】面板中。

（7）保存文件，点击【F12】键在浏览器窗口中预览添加行为后的效果，如图 4-5 所示。

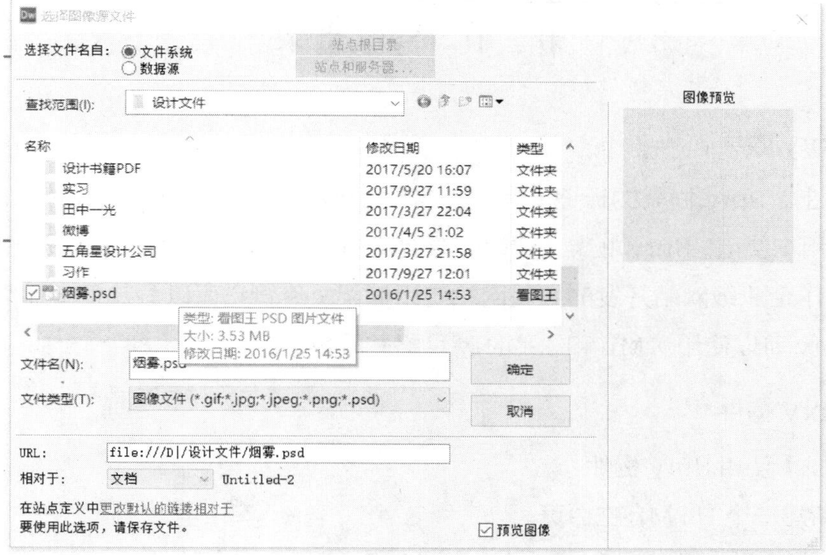

图 4-3　选择需要插入的文件

图 4-4　【拖动 AP 元素】行为

图 4-5　添加行为后的效果

第三节　Spry 框架

一、Spry 效果

在设计上，Spry 框架的标记非常简单且便于那些具有 HTML、CSS 和 JavaScript 基础知识的用户使用。Spry 框架主要面向专业网站设计人员或高级非专业网站设计人员。它不应当用作企业级网站开发的完整网站应用框架（尽管它可以与其他企业级页面一起使用）。Spry 可以使用 XML 和 JSON 两种格式的数据源。

二、Spry 构件

【示例 2】使用 Spry 构件

（1）新建一个 HTML 空白页。

（2）在菜单栏中选择【插入】→【布局对象】→【Spry 菜单栏】命令，如图 4–6 所示。

（3）在弹出的 Spry 菜单中选择需要的样式，如图 4–7 所示。

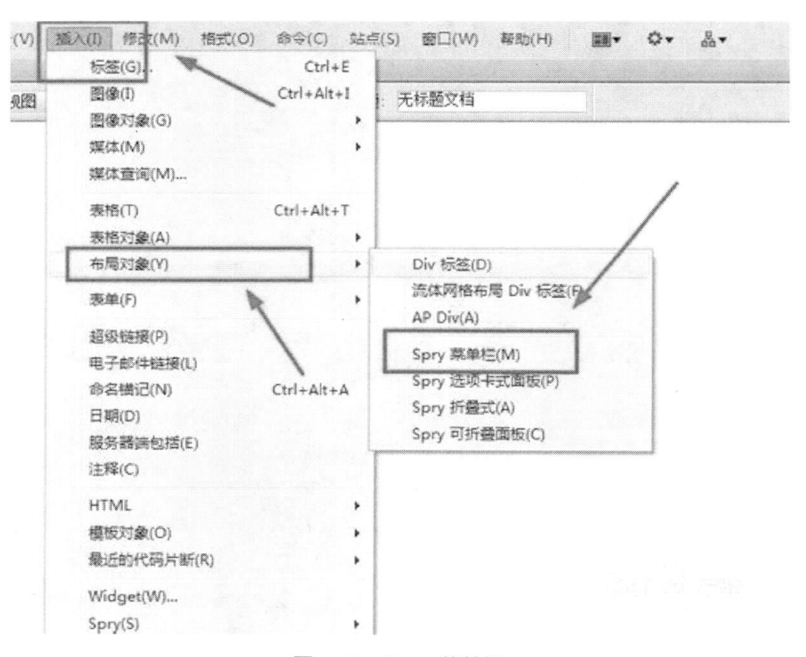

图 4–6　Spry 菜单栏

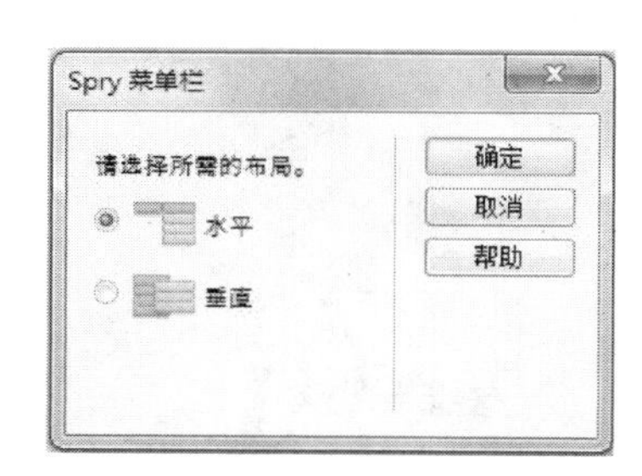

图 4–7　选择需要的样式

（4）选中 Spry 菜单栏，在【属性】面板中输入相应参数，如图 4–8 所示。

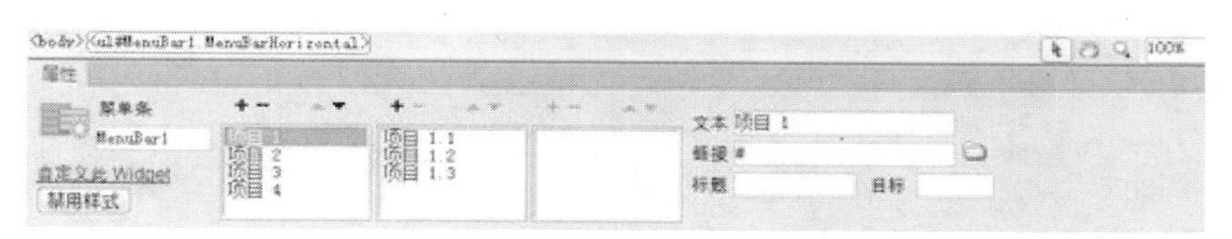

图 4-8　输入相应参数

（5）在【属性】面板中可以修改项目名称和插入链接地址，如图 4-9 所示。

图 4-9　修改项目名称和插入链接地址

（6）点击【F12】键预览效果，如图 4-10 所示。

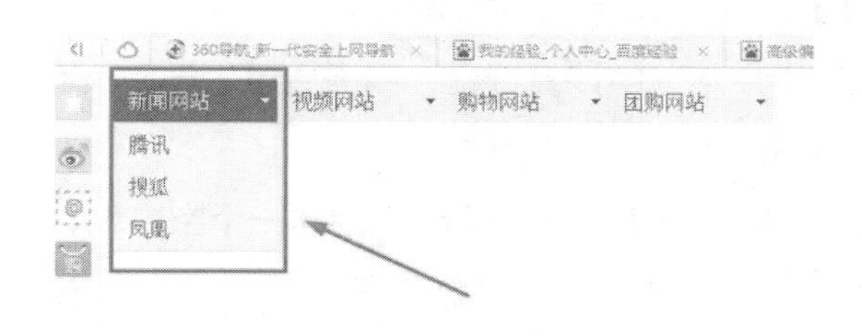

图 4-10　预览效果

第四节　使用 Dreamweaver 内置行为

用户在使用 Dreamweaver 时经常需要替换图像，这就需要用到交换图像行为。在 Dreamweaver 中，应用交换图像行为和恢复交换图像行为，设置拖动鼠标经过图像时的效果或使用导航条菜单，可以轻易制作出光标移动到图像上方时图像更换为其他图像而光标离开时再返回到原来图像的效果。交换图像行为和恢复交换图像行为并不是只能在 on mouse over 事件中使用。如果单击菜单时需要替换其他图像，可以使用 on clicks 事件。同样，也可以使用其他多种事件。

一、交换图像

在 Dreamweaver 文档窗口中选中图像后，按下【Shift】+【F4】组合键，打开【行为】面板，单击【+】按钮，在弹出的列表中选择【交换图像】选项，即可打开如图 4-11 所示的【交换图像】对话框。

在【交换图像】对话框中，通过设置用户可以将指定图像替换为其他图像。该对话框中各个选项的功能说明如下。

【图像】：列出了插入当前文档中的图像名称。“unnamed<img>”是没有另外赋予名称的图像，赋予了名称后才可以在多个图像中选择应用【交换图像】行为替换图像。

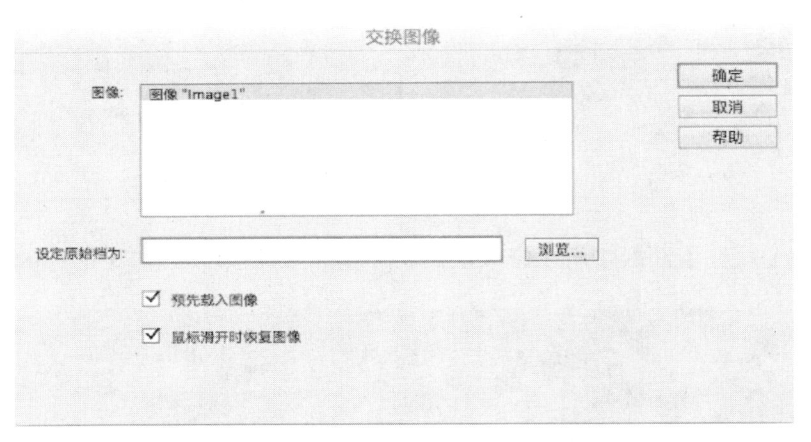

图 4-11 【交换图像】对话框

【设定原始档为】：用于指定替换图像的文件名。

【预先载入图像】：在网页服务器中读取网页文件时，选中该复选框，可以预先读取要替换的图像；如果用户不选中该复选框，则需要重新到网页服务器上读取。

【示例 3】【交换图像】行为的设置方法

（1）按下【Ctrl】+【Shift】+【N】组合键创建一个空白网页，按下【Ctrl】+【Alt】+【L】组合键在网页中插入图像，并在【属性】面板的【ID】文本框中将图像的名称命名为“Image1”。

（2）选中页面中的图像，按下【Shift】+【F4】组合键打开【行为】面板，如图 4-12 所示，单击【+】按钮，在弹出的列表中选择【交换图像】选项，如图 4-13 所示。

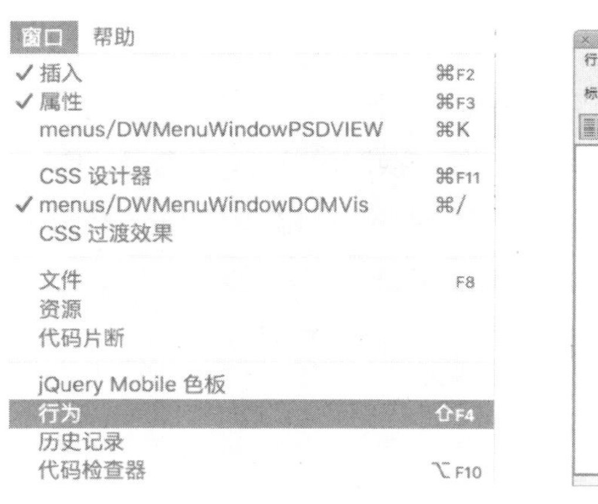

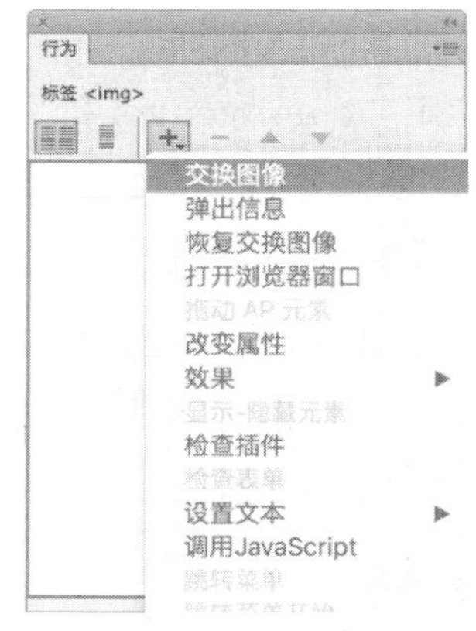

图 4-12 打开【行为】面板　　图 4-13 【交换图像】选项

（3）打开【交换图像】对话框，单击【设定原始档为】文本框后的【浏览】按钮，在打开的【选择图像源文件】对话框中选中如图 4-14 所示的图像文件，单击【确定】按钮。

（4）返回【交换图像】对话框后，单击该对话框中的【确定】按钮，即可在【行为】面板中为图像“Image1”添加如图 4-14 所示的【交换图像】行为和【恢复交换图像】行为。

（5）利用【恢复交换图像】行为可以将所有被替换显示的图像恢复为原始图像。在【行为】面板中双击【恢复交换图像】选项，将打开如图 4-15 所示的对话框，提示【恢复交换图像】行为的作用。

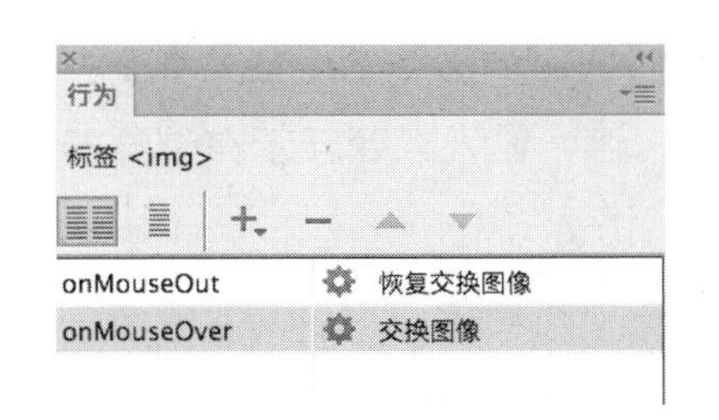

图 4–14　选中图像文件

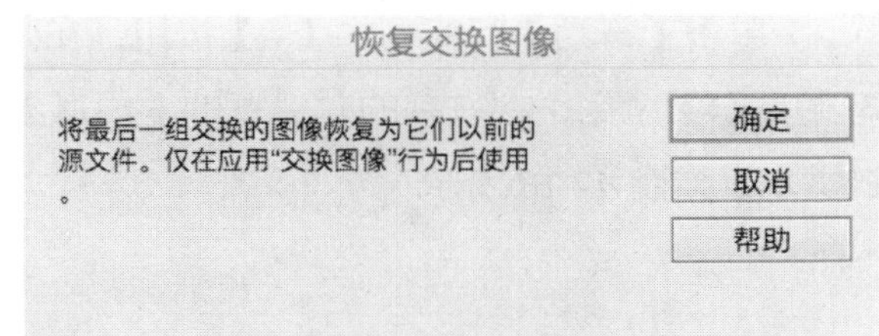

图 4–15　【恢复交换图像】行为

二、弹出提示信息

当需要设置从一个网页跳转到另一个网页或特定的链接时，可以使用【弹出信息】行为，设置网页弹出消息框。消息框是具有文本消息的小窗口，例如在登录信息错误或即将关闭网页等情况下，使用消息框能够快速、醒目地在 Dreamweaver 中实现信息提示。

【示例 4】设置【弹出信息】行为

（1）选中网页中需要设置【弹出信息】行为的对象，按下【Shift】+【F4】组合键，打开【行为】面板。

（2）单击【行为】面板中的【+】按钮，在弹出的列表中选择【弹出信息】选项。

（3）打开【弹出信息】对话框，在文本区域中输入弹出信息，单击【确定】按钮，如图 4–16 所示。

图 4–16　输入弹出信息

（4）此时，即可在【行为】面板中添加如图 4–17 所示的【弹出信息】行为。

（5）按下【Ctrl】+【S】组合键保存网页，再点击【F12】键预览网页，单击页面中设置【弹出信息】行为的网页对象，即可显示弹出信息内容。

【示例 5】设置浏览器中的状态栏是否显示

浏览器的状态栏可以作为表示文档状态的空间，用户可以直接指定画面中的状态栏是否显示。要在浏览器中显示状态栏（以 IE 浏览器为例），可在浏览器窗口中选择【查看】→【工具】→【状态栏】命令。

（1）打开网页文档后，按下【Shift】+【F4】组合键打开【行为】面板。

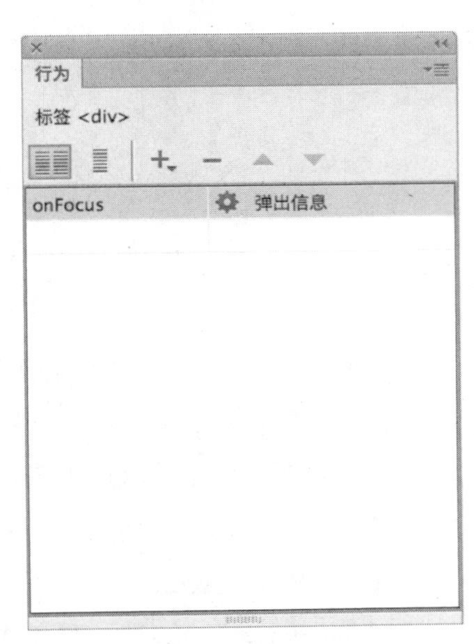

图 4–17　【弹出信息】行为

（2）单击【行为】面板中的【+】按钮，在弹出的列表中选择【设置文本】→【设置状态栏文本】命令，在打开的对话框的【消息】文本框中输入需要显示在浏览器状态栏中的文本，如图 4-18 所示。

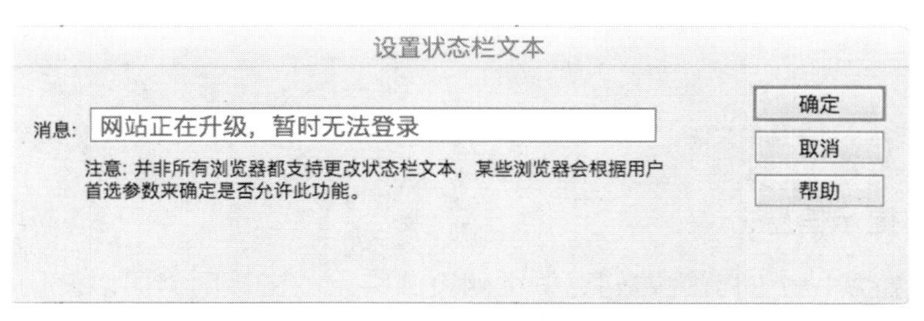

图 4-18 【设置状态栏文本】对话框

（3）单击【确定】按钮，即可在【行为】面板中添加【浏览器状态栏文本】行为。

【示例 6】设置容器的文本

【设置容器的文本】行为将以用户指定的内容替换网页上现有层的内容和格式设置（该内容可以包括任何有效的 HTML 源代码），在 Dreamweaver 中设定【设置容器的文本】行为的具体操作方法如下。

（1）打开网页后，选中页面中的 <D> 标签内的图像，按下【Shift】+【F4】组合键打开【行为】面板。

（2）单击【行为】面板中的【+】按钮，在弹出的列表中选择【设置文本】→【设置容器的文本】命令。

（3）打开【设置容器的文本】对话框，如图 4-19 所示，在【新建 HTML】文本框中输入需要替换层显示的文本内容，单击【确定】按钮设置容器的文本。

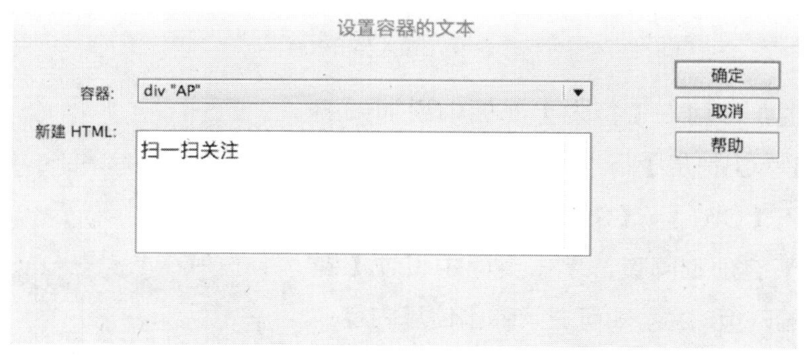

图 4-19 【设置容器的文本】对话框

（4）此时，即可在【行为】面板中添加【设置容器的文本】行为。

在【设置容器的文本】对话框中，两个选项的功能说明如下。

【容器】：用于从网页中所有的容器对象中选择要进行操作的对象。

【新建 HTML】：用于输入要替换内容的 HTML 代码。

【示例 7】设置文本域文字

在 Dreamweaver 中，使用【设置文本域文字】行为能够让用户在页面中动态地更新任何文本或文本区域。在 Dreamweaver 中设定【设置文本域文字】行为的具体操作方法如下。

（1）打开网页后，选中页面表单中的一个行为文本域，在【行为】面板中单击【+】按钮，在弹出的列表中选择【设置文本】→【设置文本域文本】命令。

（2）打开【设置文本域文字】对话框，在【新建文本】文本区域中输入要显示在文本区域内的文字，单击【确定】按钮。

（3）此时，即可在【行为】面板中添加【设置文本域文本】行为。单击【设置文本域文本】行为前的列表框按钮，在弹出的列表框中选择【onMousemove】选项。

（4）保存并按下【F12】键预览网页，将鼠标指针移动至页面中的文本域上，即可在其中显示相应的文本信息。

在【设置文本域文字】对话框中，两个主要选项的功能说明如下。

【文本域】：用于选择要改变内容显示的文本域名称。

【新建文本】：用于输入将显示在文本域中的文字。

三、打开浏览器窗口

创建链接时，若目标属性设置为“–blank”，则可以使链接文档显示在新窗口中，但是不可以设置新窗口的脚本。此时，利用【打开浏览器窗口】行为，不仅可以调节新窗口的大小，还可以设置是否显示工具箱或滚动条。

【示例 8】利用【打开浏览器窗口】行为

（1）选中网页中的链接文本，打开【行为】面板。

（2）单击【行为】面板中的【+】按钮，在弹出的列表中选择【打开浏览器窗口】选项，如图 4–20 所示。

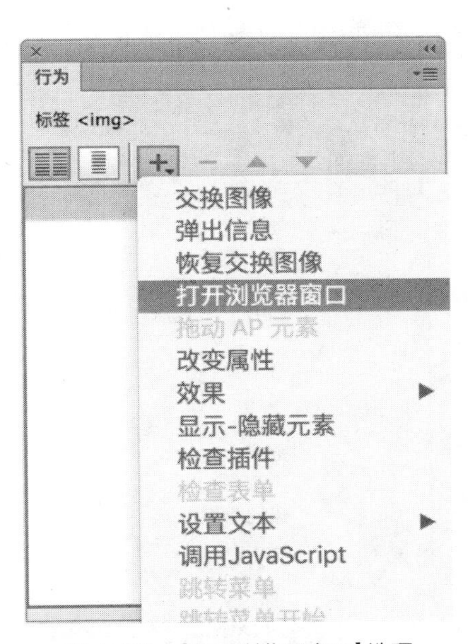

图 4–20 【打开浏览器窗口】选项

（3）打开【打开浏览器窗口】对话框，单击【浏览器】按钮。

（4）打开【选择文件】对话框，选择网页后，点击【确定】按钮。

（5）返回【打开浏览器窗口】对话框，在【窗口高度】和【窗口宽度】文本框中输入参数“500”，单击【确定】按钮，如图 4-21 所示。

（6）在【行为】面板中单击【事件】栏后的【v】按钮，在弹出的列表中选择【on Click】选项，如图 4-22 所示。

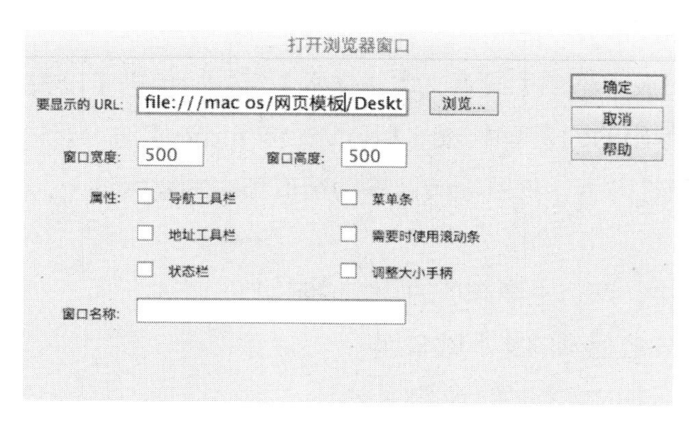

图 4-21　设置【窗口高度】和【窗口宽度】

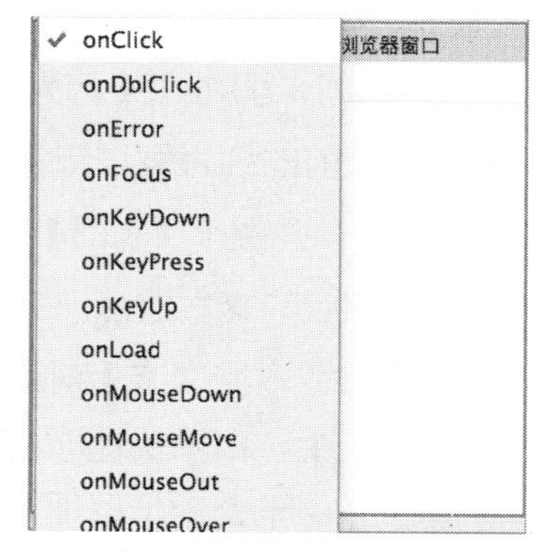

图 4-22　选择【onClick】选项

（7）按下【F12】键预览网页，单击其中的链接，即可打开一个新的窗口，显示本例所设置的网页文档。

四、转到 URL

应用【转到 URL】行为可以在当前窗口或指定的框架中打开一个新页面（该操作尤其适用于通过一次单击更改两个或多个框架的内容）。

【示例 9】转到 URL 行为

（1）选中网页中的某个元素（文字或图片），按下【Shift】+【F4】组合键打开【行为】面板，单击其中的【+】按钮，在弹出的列表中选择【转到 URL】选项，如图 4-23 所示。

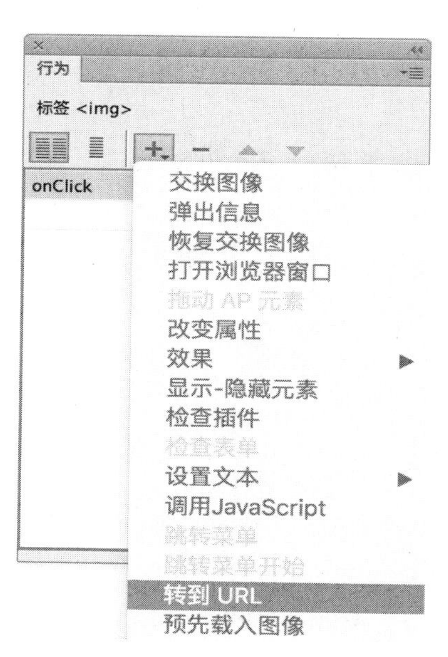

图 4-23　选择【转到 URL】选项

（2）打开【转到 URL】对话框，如图 4–24 所示，单击【浏览】按钮，在打开的【选择文件】对话框中选中一个网页文件，单击【确定】按钮。

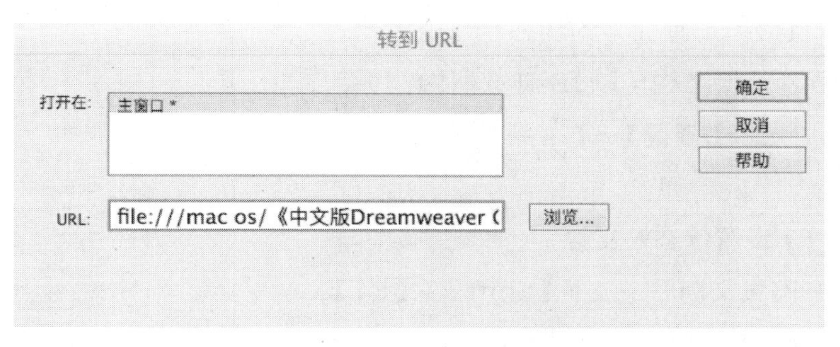

图 4–24　【转到 URL】对话框

（3）返回【转到 URL】对话框后，单击【确定】按钮，即可在网页中创建【转到 URL】行为。按下【F12】键预览网页，单击步骤（1）选中的网页元素，浏览器自动转到相应的网页。

五、预先载入图像

在【行为】面板中单击【+】按钮，在弹出的列表中选择【预先载入图像】选项，可以打开如图 4–25 所示的对话框，在网页中创建【预先载入图像】行为。

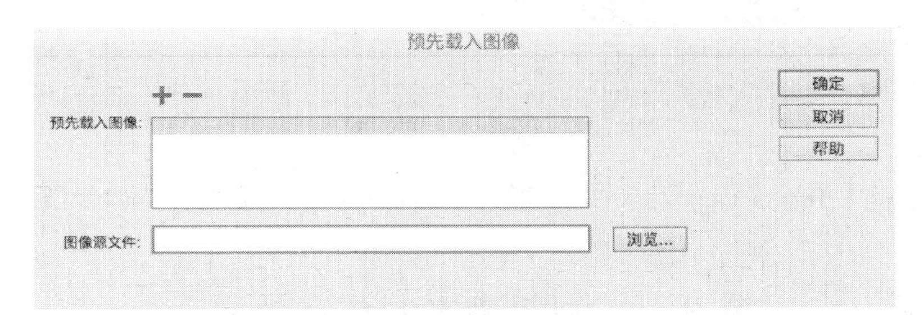

图 4–25　创建【预先载入图像】行为

六、检查表单

在 Dreamweaver 中使用【检查表单】动作，可以为文本域设置有效性规则，检查文本域中的内容是否有效，以确保输入数据正确。一般来说，可以将该动作附加到表单对象上，并将触发事件设置为“onSubmit”，当单击提交按钮提交数据时，会自动检查表单域中所有的文本域内容是否有效。

【示例 10】使用【检查表单】

（1）打开一个表单网页后，选中页面中的表单。

（2）按下【Shift】+【F4】组合键显示【行为】面板，单击【+】按钮，在弹出的列表框中选择【检查表单】选项，如图 4–26 所示，在打开的【检查表单】对话框中选择【域】列表框，选中【必需的】复选框和【任何东西】单选按钮。

（3）在【检查表单】对话框中单击【确定】按钮。保存网页后，按下【F12】键预览页面。

七、设置状态栏文本

浏览器的状态栏可以作为表示文档状态的空间，用户可以直接指定画面中的状态栏是否显示。要在浏览器中显示状态栏（以 IE 浏览器为例），在浏览器窗口中选择【查看】→【工具】→【状态栏】命令即可。

【示例 11】设置状态栏文本

（1）打开网页文档后，按下【Shift】+【F4】组合键打开【行为】面板。

（2）单击【行为】面板中的【+】按钮，在弹出的列表中选择【设置文本】→【设置状态栏文本】命令，打开【设置状态栏文本】对话框，在【消息】文本框中输入需要显示在浏览器状态栏中的文本，如图 4–27 所示。

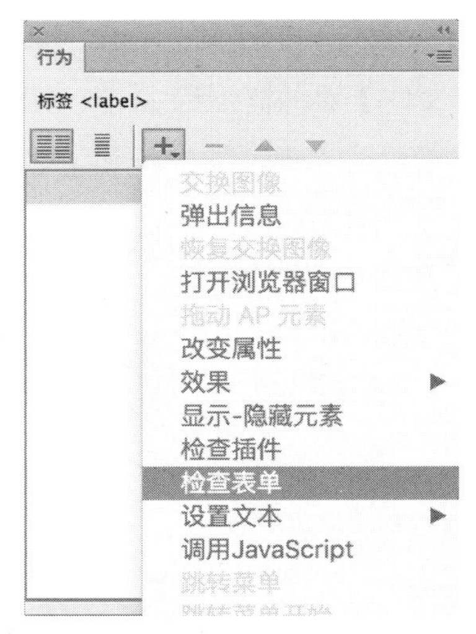

图 4–26 【检查表单】选项

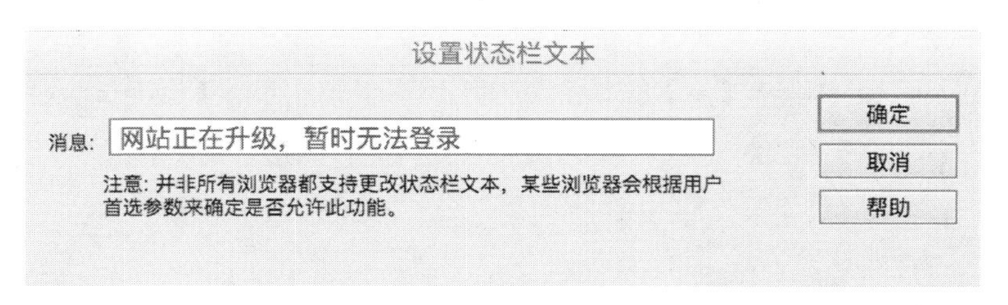

图 4–27 【设置状态栏文本】对话框

（3）单击【确定】按钮，即可在【行为】面板中添加【浏览器状态栏文本】行为。

第五节 利用脚本制作特效网页

一、制作滚动公告网页

制作滚动公告网页，可以使用标签选择器结合代码提示，在网页中插入滚动公告。

【示例 12】制作滚动公告网页

（1）打开素材文件，将光标放置在文档中，如图 4–28 所示。

（2）选择菜单中的【插入】→【标签】命令，打开【标签选择器】对话框，在对话框中选择【HTML 元素】→【页面元素】→【marquee】选项，如图 4–29 所示。

（3）单击【插入】按钮，插入标签 <marquee></marquee>，关闭该对话框，切换到【拆分】视图，在【拆分】视图中可以看到插入的标签 <marquee></marquee>，如图 4–30 所示。

（4）在 <marquee></marquee> 标签中输入文字，如图 4–31 所示。

（5）将光标放置在 <marquee> 标签内，按空格键显示该标签的属性列表，如图 4–32 所示。

图 4-28　打开素材文件

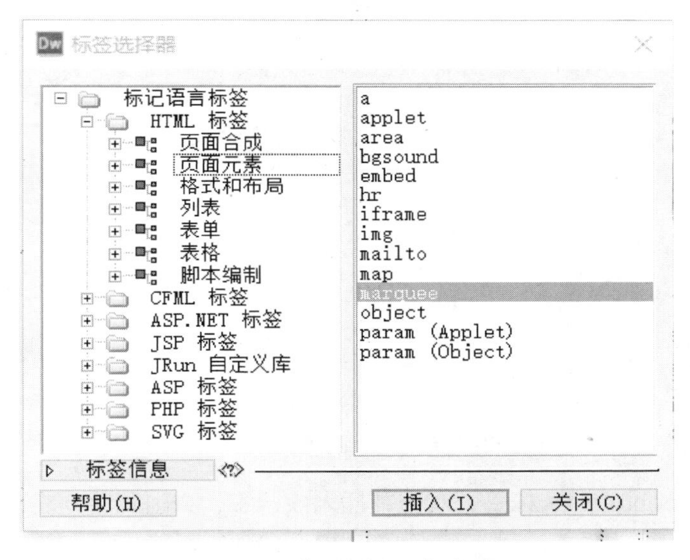

图 4-29　【标签选择器】对话框

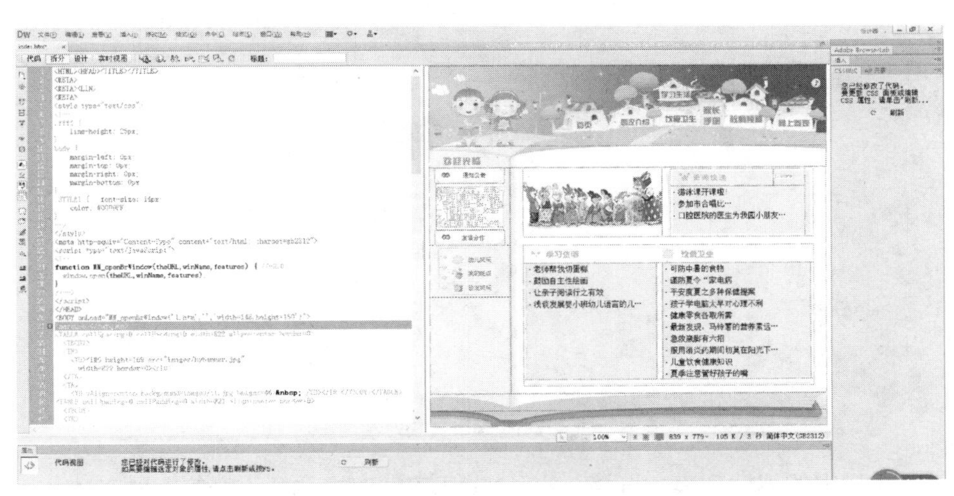

图 4-30　插入标签 <marquee></marquee>

图 4-31　输入文字

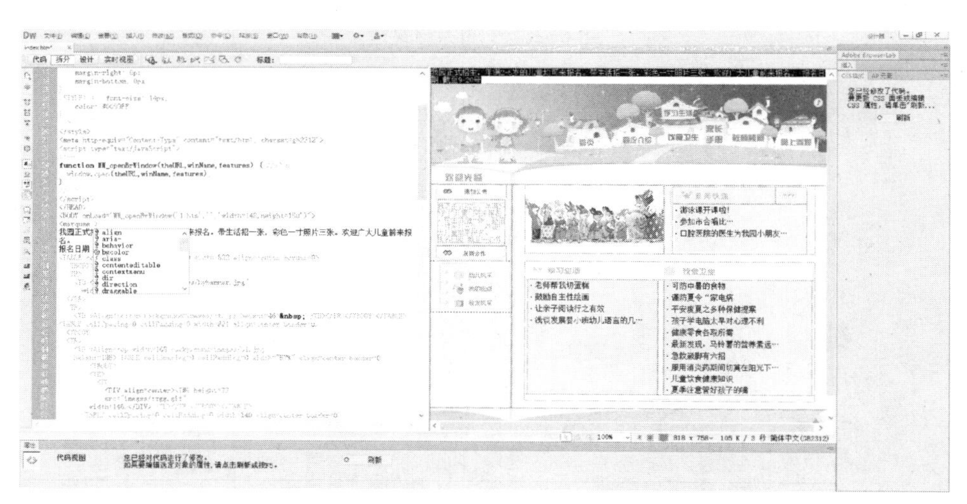

图 4-32　按空格键显示该标签的属性列表

（6）选择 <behavior> 标签，双击并插入该标签，弹出属性列表，如图 4-33 所示。

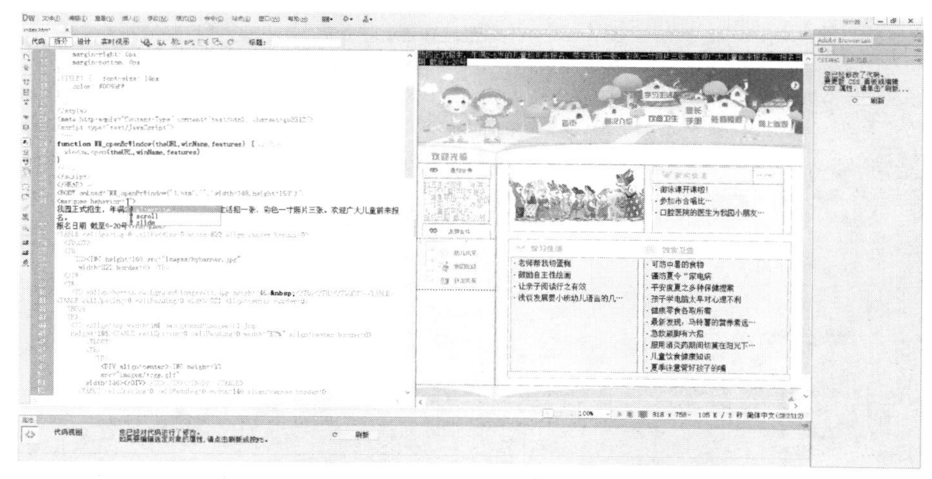

图 4-33　弹出属性列表

（7）在弹出的属性列表中选择 <scroll> 标签，双击并插入标签，如图 4-34 所示。

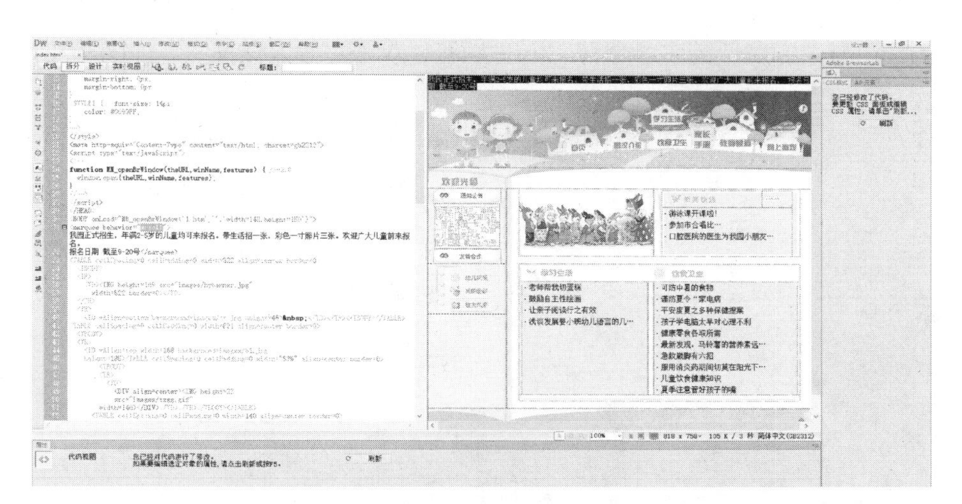

图 4-34　选择 <scroll> 标签

（8）将光标放置在标签右边，按空格键显示允许的属性列表，如图 4-35 所示。

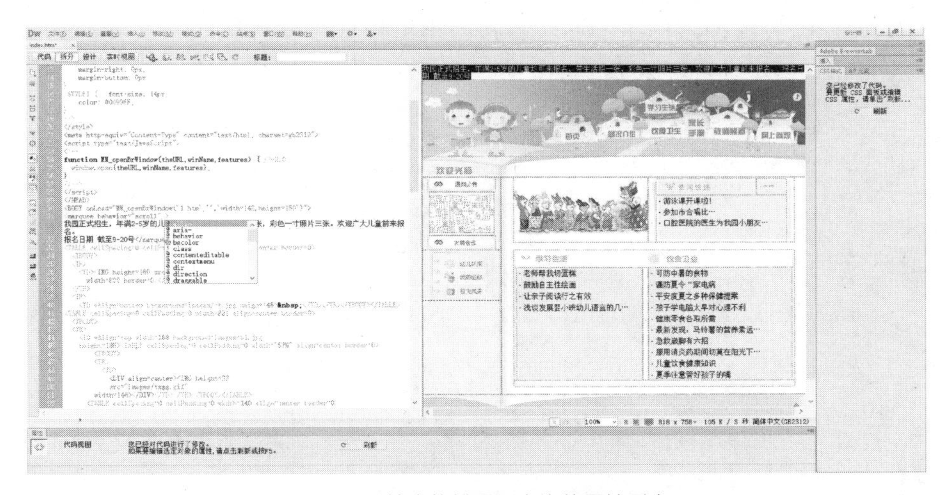

图 4-35　按空格键显示允许的属性列表

（9）在弹出的属性列表中选择 <calign> 标签，双击并插入该标签，再次弹出属性列表，如图 4-36 所示。

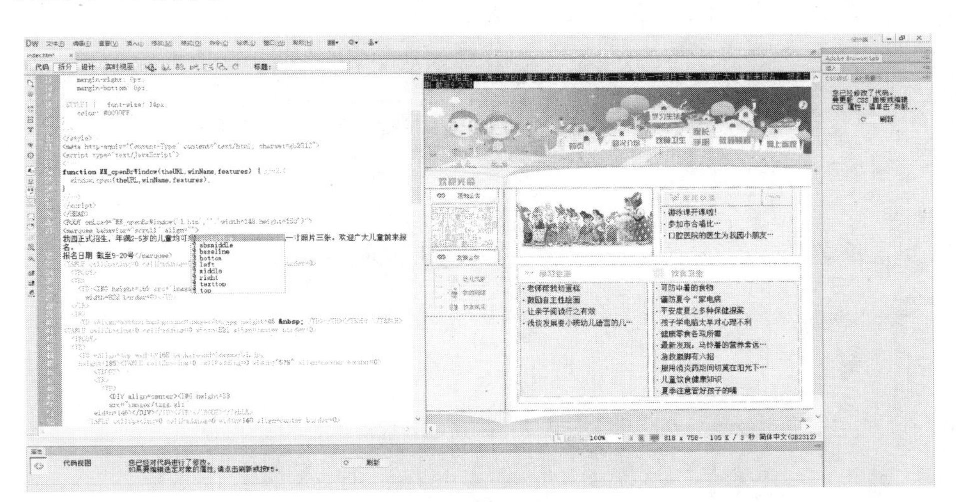

图 4-36　弹出属性列表

（10）在弹出的属性列表中选择 <lef> 标签，双击并插入该标签，如图 4–37 所示。

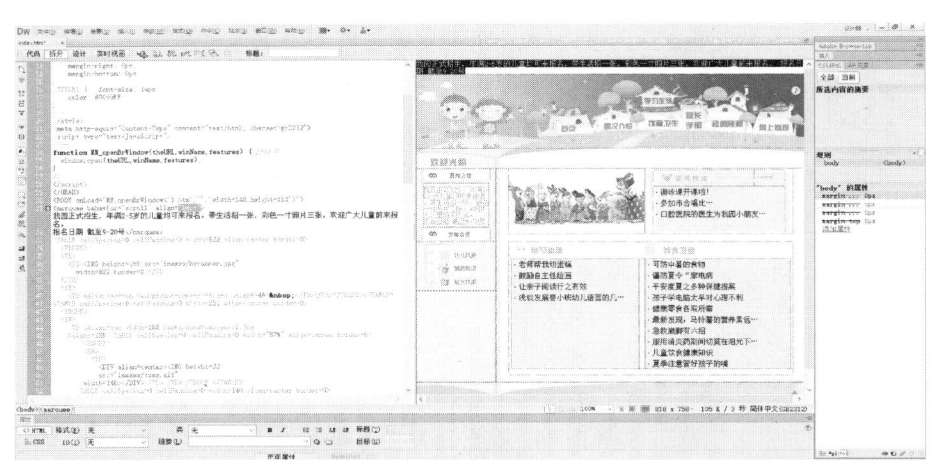

图 4–37　选择 <lef> 标签

（11）将光标放置在该标签的右边，按空格键以显示属性列表，在弹出的属性列表中选择 <width> 标签，如图 4–38 所示。

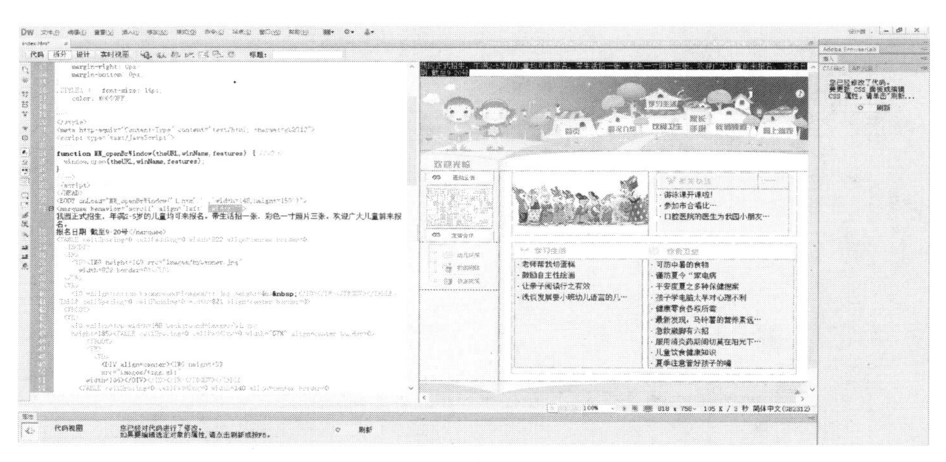

图 4–38　选择 <width> 标签

（12）双击插入该标签，在插入的标签内输入“140”，如图 4–39 所示。

图 4–39　在插入的标签内输入“140”

（13）将光标放置在标签右边，点击空格键以显示属性列表，在弹出的属性列表中选择 <height> 标签，双击插入该标签，在插入的标签内输入“100”，如图 4-40 所示。

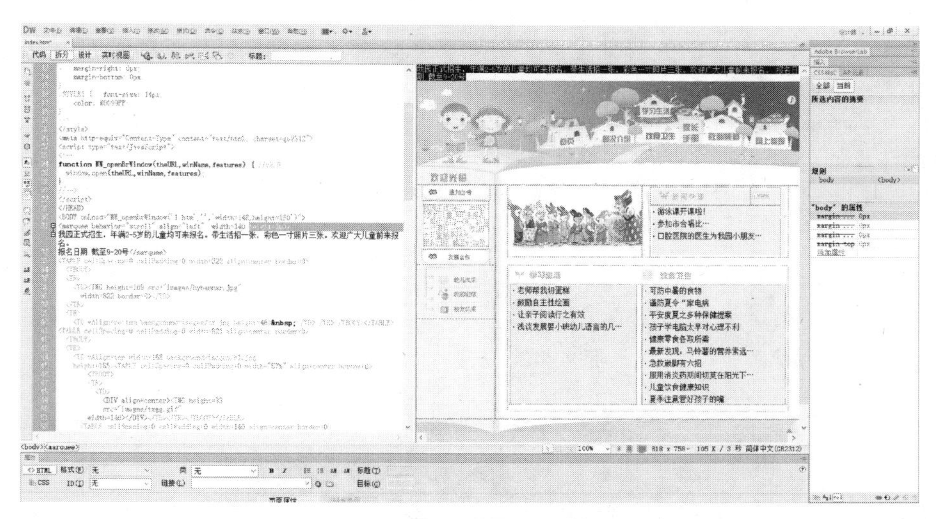

图 4-40　选择 <height> 标签

（14）将光标放置在标签右边，点击空格键以显示属性列表，在属性列表中选择 <direction> 标签，双击并插入该标签，弹出允许的属性列表，如图 4-41 所示。

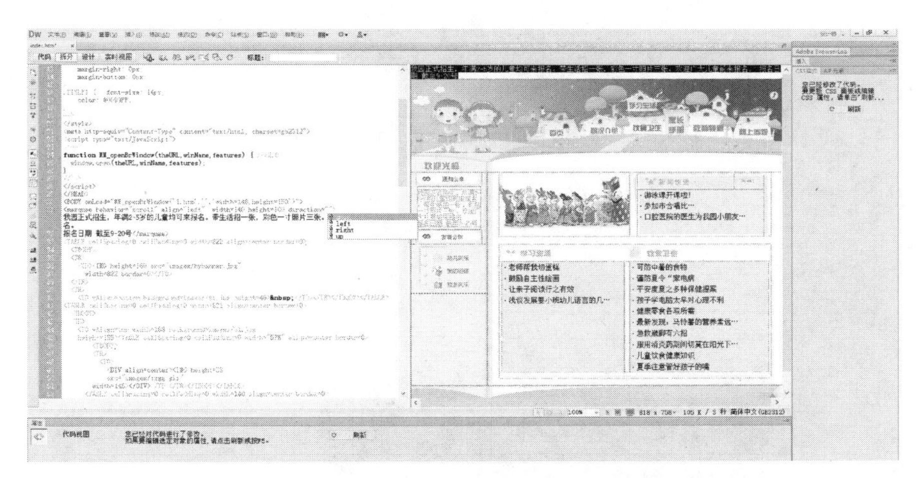

图 4-41　弹出允许的属性列表

（15）在弹出的属性列表中选择 <up> 标签，双击并插入该标签，如图 4-42 所示。

（16）保存文档，点击【F12】键在浏览器中预览效果，如图 4-43 所示。

二、制作自动关闭网页

【示例 13】制作自动关闭网页

（1）先定义一个关闭窗口函数 closeit（），利用 settimeout（"elf.close（）", 1000）设置一个定时器，规定 100 毫秒以后自动关闭当前窗口，然后在 <body> 内输入‘onload-"closet（）"’，当加载网页时自动调用关闭窗口函数 closeit（）。

（2）打开素材文件，如图 4-44 所示。

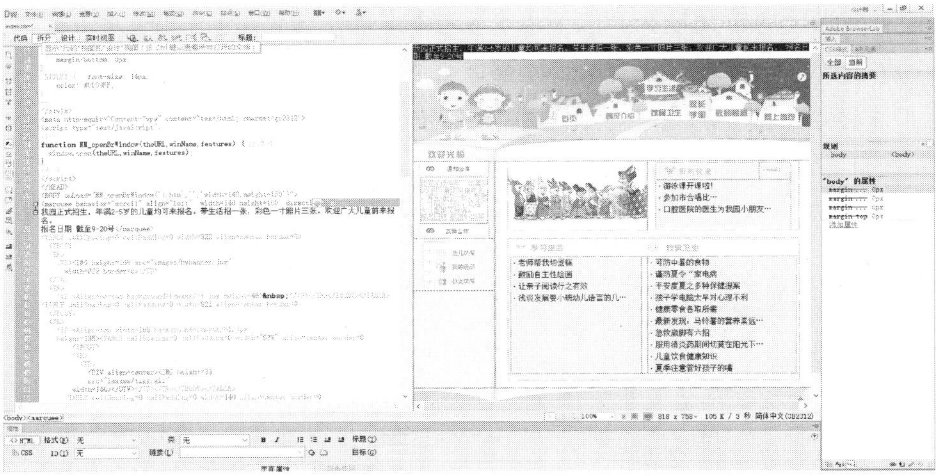

图 4-42　选择 <up> 标签

图 4-43　预览效果

图 4-44　打开素材文件

（3）打开【代码】视图，在 <head> 与 <head> 之间相应的位置输入代码，如图 4-45 所示。

图 4-45　输入代码

（4）在 <body> 语句中输入代码“onload-"closeit（ ）"”，如图 4-46 所示。

图 4-46　输入代码 onload-"closeit ( )"

（5）保存文档，点击【F12】键在浏览器中预览效果，如图 4-47 所示。

图 4-47　预览效果

本 / 章 / 小 / 结

本章重点介绍了使用行为和 JavaScript 添加网页特效的知识。通过本章的学习，读者应当了解和掌握行为、AP 元素、Spry 框架，熟练使用 Dreamweaver 内置行为，能够利用脚本制作特效网页，为后续内容的学习奠定基础。

思考与练习

1. 练习在网页上创建 AP Div。

2. 在网页中创建一个可拖动的 AP 元素。

3. 怎样使用 Spry 构件?

4. 怎样使用 Dreamweaver 内置行为?

5. 练习制作滚动公告网页。

6. 练习制作自动关闭网页。

第五章
在网页中应用表格和表单

章节导读

表格是现代网页制作的一个重要组成部分，主要用于布局；表单是用于实现网页浏览者与服务器（或者说网页所有者）之间信息交互的一种页面元素，主要用于传输数据。在使用Dreamweaver 制作网页时，要灵活使用表格和表单。

本章的学习重点如下。

1. 在网页中应用表格。
2. 表格的基本操作。
3. 表格的其他功能。
4. 插入输入类表单对象。

第一节　在网页中应用表格

一、插入表格

以一个 3 行 3 列的基本表格为例，快速创建表格的基础方法参考以下示例。

【示例 1】创建 3 行 3 列表格

（1）在【插入】下拉栏中点击【表格】选项。

（2）在弹出的【表格】对话框中调整表格属性，如图 5–1 所示。

【行数】、【列】：决定表格内单元格的数量。在此表格中，【行数】框内输入“3”，【列】框内输入“3”。

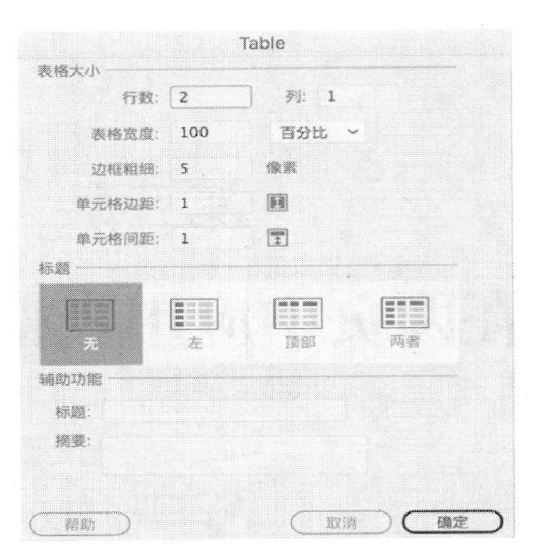

图 5-1 【表格】对话框

【表格宽度】：即表格整体的宽度，在 Dreamweaver 中，表格宽度的单位有两种可供选择，分别是像素和百分比。值得注意的是，如果选择以像素为单位，表格会以键入的数值固定呈现，不会因浏览器的变更而产生变化；如果选择的单位是百分比，表格会跟随浏览器的视窗宽度而发生改变，将表格的大小调整成相应的百分比。在此表格中，【表格宽度】文本框内输入“400”，选择单位“像素”。

【边框粗细】：表格边框线条的厚度。通常情况下，如果用表格进行页面布局，应该将该值设置为 0，这样在浏览器中表格边框不会显示出来。在此表格中，【边框粗细】文本框内键入“2”。

【单元格边距】：即单元格边框与单元格内容之间的距离。在使用表格工具进行布局时，建议将此项设置为 0，以保证表格内插入的内容都是无缝嵌套。在此表格中，【单元格边距】为 0。

【单元格间距】：即单元格与边框以及其他单元格之间的距离。在使用表格工具对页面进行布局时，通常会把该项数值设置为 0，防止网页内单元格之间有距离。在此表格中，【单元格间距】应设置为 0。

【标题】：提供四种表格样式以供选择。在此表格中，选择【无】样式。

【辅助功能】选项下的【标题】即表格名称。在文本框内输入文字，会以标题的形式最终显示在表格的外侧。

【辅助功能】选项下的【摘要】是对表格的说明，输入到文本框中的内容在源代码中呈现，对用户并不起说明作用，不会显示在页面中。

（3）表格的相关基础参数调整好之后，点击【确定】按钮。此时，一个基础的 3 行 3 列、表格宽度 400 像素、边框粗细 2 像素的基础表格就创建完成，如图 5-2 所示。

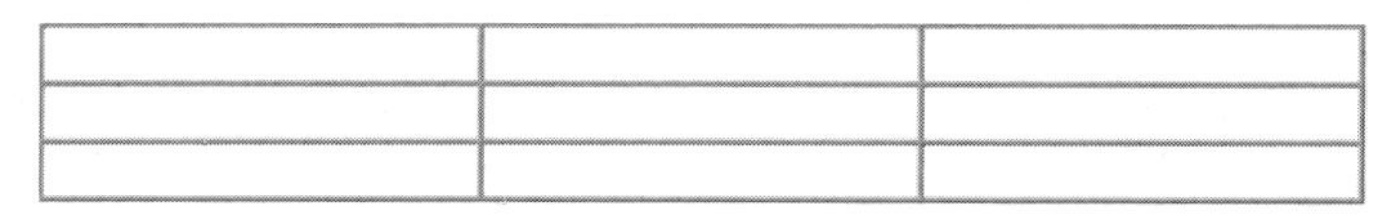

图 5-2 基础表格

【示例 2】创建嵌套表格

在上面的表格基础上，尝试创建一个嵌套表格。嵌套表格就是在已经存在的表格中插入的表格，如图 5–3 所示。插入嵌套表格的方法与创建一个表格的方法类似。

（1）在【实时视图】界面下，选择一个单元格，在【插入】下拉栏中点击【表格】选项。

（2）在弹出的对话框中选择【嵌套】选项，如图 5–4 所示。

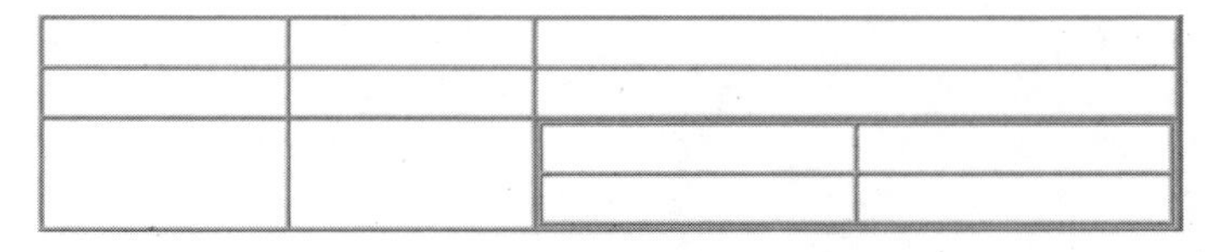

图 5–3　嵌套表格

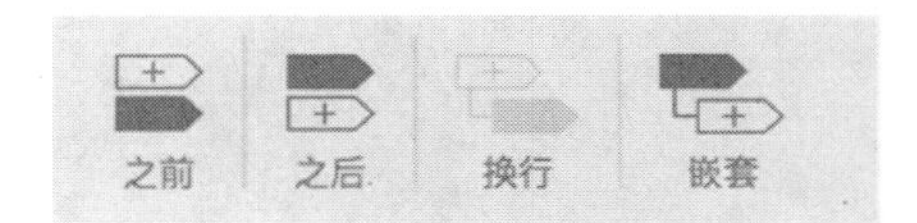

图 5–4　嵌套对话框

（3）调整数据，创建一个 2 行 2 列、表格宽度 100%、边框粗细 1 像素的嵌套表格，如图 5–5 所示。

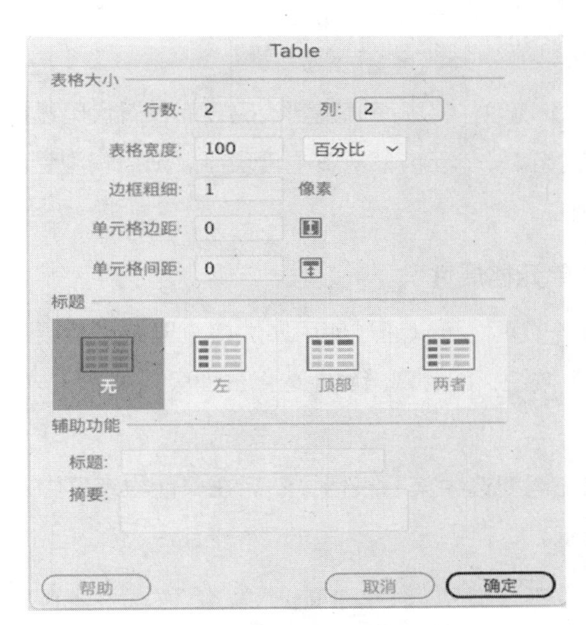

图 5–5　嵌套表格基础参数设置

二、添加内容到单元格

建立表格后，需要在表格中输入各种元素。文本是网页设计中重要的元素之一。

【示例 3】在表格中输入文本

输入文本有多种方法，现介绍几种常用方式。

（1）在表格中选择某一单元格，双击后输入文本内容。

（2）在表格中选择某一单元格，在【插入】下拉栏中选择【段落】菜单选项，点击【嵌套】选项后输入文本内容，如图 5–6 所示。

12	233	3456
432	5	

图 5–6 【实时】视图中的文本内容

点击【代码】视图，将界面调整到代码界面，对代码进行修改与输入，如图 5–7 所示。

```
10 ▼    <tbody>
11 ▼      <tr>
12          <td>12</td>
13          <td>233</td>
14          <td>3456</td>
15        </tr>
16 ▼      <tr>
17          <td>432</td>
18          <td>5</td>
19          <td> </td>
20        </tr>
21      </tbody>
22    </table>
```

图 5–7 代码界面中的文本内容

【示例 4】在单元格中插入图像

（1）在表格中选择某一单元格，在【插入】下拉栏中选择【图像】选项，点击【嵌套】选项后选择图像。

（2）点击【代码】视图，将界面调整到代码界面，对代码进行修改与输入。

（3）在表格中选择某一单元格，从资源管理器、站点资源管理器或桌面上直接将图像文件拖到此单元格中。

三、设置表格和单元格属性

表格及单元格的各项属性可以通过使用属性检查器来进行更改与调整。在【窗口】下拉栏中点击【属性】按钮，即可调出属性选择器面板。

1. 设置表格属性

设置表格属性首先需要选中某一表格，然后在属性检查器中对该表格的各项属性进行调整，如图 5–8 所示。

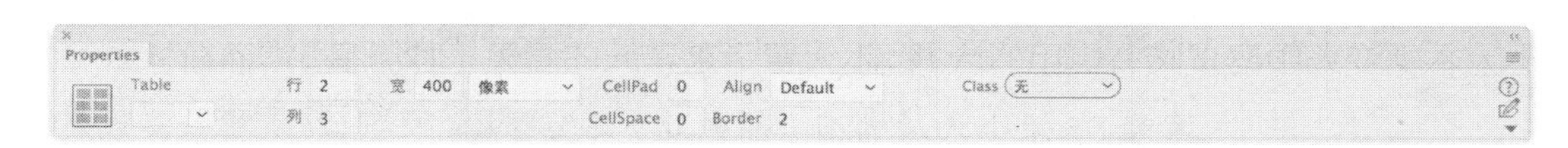

图 5–8 表格的属性检查器面板

还有一些表格属性需要单击属性检查器右下角的展开箭头才能看到，如图 5–9 所示。

2. 设置单元格属性

设置单元格属性首先需要选中需要设置的单元格，接着在属性检查器面板对单元格各项属性进行修改，如图 5–10 所示。

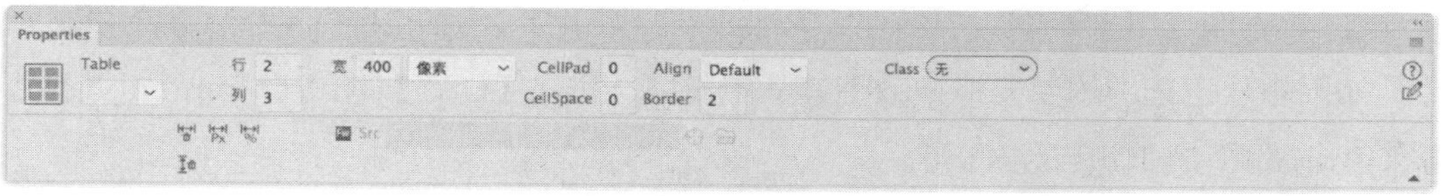

图 5-9　展开后的表格属性

图 5-10　单元格的属性检查器面板

第二节　表格的基本操作

一、选定表格

在 Dreamweaver 中，可以对整个表格、行、列，甚至一个或多个单独的单元格进行选择。需要特别注意的是，这些选择通常是在【设计】视图中完成的，如图 5-11 所示。因此在选择表格或单元格之前，首先需要将视图调整到【设计】状态。

1. 选择表格

通常情况下，选择表格有如下几种方法可供使用。

图 5-11　【设计】视图

（1）单击表格左上角选中。

（2）单击某个表格单元格，然后在【文档】窗口左下角的标签选择器中选择标签。

（3）单击某个表格单元格，然后单击表格标题菜单，选择【选择表格】选项。

（4）单击某个表格单元格，然后选择【编辑】→【表格】→【选择表格】命令。

2. 选择单个单元格

通常情况下，选择单个单元格有如下几种方法可供使用。

（1）单击单元格，然后在【文档】窗口左下角的标签选择器中选择 <td> 标签。

（2）Windows 系统按住【Ctrl】键并单击该单元格。

（3）Mac 系统按住【Command】键并单击该单元格。

3. 选择相邻的单元格

选择相邻的、呈矩形的单元格有如下几种方法。

（1）从一个单元格直接拖选到另一单元格，两个单元格在选定的矩形区域中呈对角。

（2）单击一个单元格，然后按住【Ctrl】键或【Command】键并单击以选中该单元格，接着按住【Shift】键并单击另一个单元格。

4. 选择不相邻的单元格

选择不相邻的单元格，可以按住【Ctrl】键或【Command】键并逐个单击要选择的单元格。

如果想从已选中的单元格中取消某一单元格，按住【Ctrl】键或【Command】键，再次单击需要取消的单元格即可。

二、添加、删除行或列

【示例 5】添加行或列

（1）选择【编辑】→【表格】→【插入行】命令或【编辑】→【表格】→【插入列】命令，在该单元格的上方（左侧）出现一行（列）单元格。

（2）选择【编辑】→【表格】→【插入行或列】命令，在该单元格的上方（左侧）出现一行（列）单元格。在弹出的对话框内进行选择与修改，最后单击【确定】按钮，如图 5-12 所示。

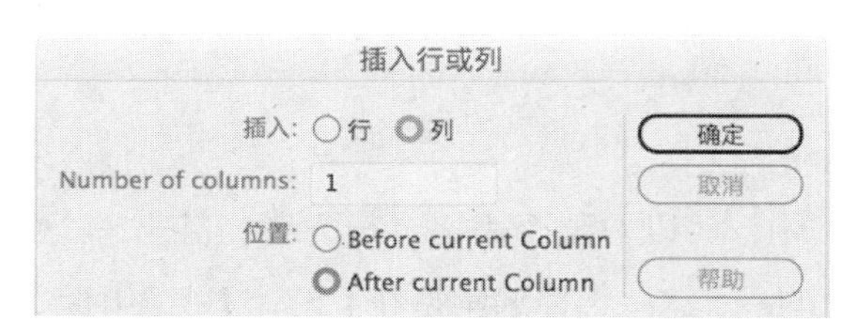

图 5-12 【插入行或列】对话框

（3）选择某一单元格或某一列，单击右键，选择【表格】菜单选项，然后选择【插入行】或【插入列】或【插入行或列】选项。

【示例 6】删除行或列

删除多余的行或者列是 Dreamweaver 中的常规操作，有以下几种方法可供选择。

（1）单击要删除的行或列中的一个单元格，然后选择【编辑】→【表格】→【删除行】命令或【编辑】→【表格】→【删除列】命令。

（2）选择完整的一行或一列，然后点击【Delete】键。

（3）在属性检查器（【窗口】→【属性】）中对行、列的值进行更改。

三、合并、拆分单元格

【示例 7】合并单元格

在一个表格中，只有连续的、整体呈矩形的单元格才可以被合并。合并单元格有如下两种方法。

（1）选择需要合并的单元格，选择【编辑】→【表格】→【合并单元格】命令。

（2）选择需要合并的单元格，打开属性检查器，单击【合并单元格】按钮。

【示例 8】拆分单元格

单元格的拆分通常需要通过【拆分单元格】对话框实现。具体操作方法有如下两种。

（1）选中需要拆分的单元格，选择【编辑】→【表格】→【拆分单元格】命令。

（2）选中需要拆分的单元格，在展开的 HTML 属性检查器（【窗口】→【属性】）中，单击【拆分单元格】按钮，如图 5-13 所示。需要注意的是，拆分单元格功能是针对单个单元格的。因此，如果选择了多个单元格，就无法进行单元格拆分的工作。

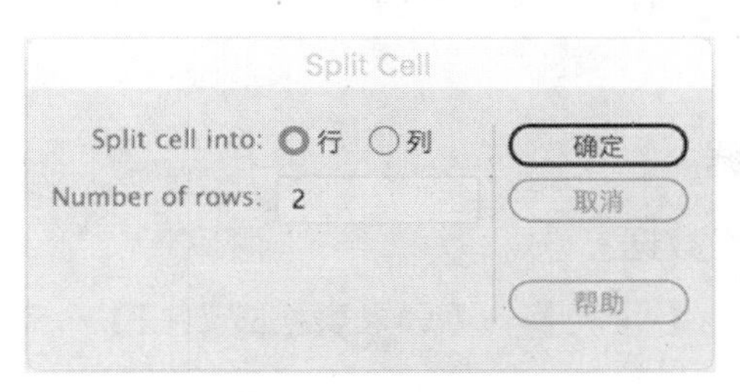

图 5-13　【拆分单元格】对话框

【示例 9】单元格跨行、列的数量的调整

（1）增加单元格所跨的行或者列的数量，可以选择【编辑】→【表格】→【增加行宽】命令或【编辑】→【表格】→【增加列宽】命令。

（2）减少单元格所跨的行或者列的数量，可以选择【编辑】→【表格】→【减小行宽】命令或【编辑】→【表格】→【减小列宽】命令。

四、调整表格大小

【示例 10】调整表格的尺寸

（1）切换到【拆分】或者【代码】视图，在 HTML 代码中更改表格的尺寸数值，如图 5-14 所示。

```
9 ▼ <table width="400" border="2" cellspacing="0" cellpadding="0">
```

图 5-14　表格尺寸的代码段

（2）在【实时视图】中选择表格，单击表格旁悬浮的三明治形状的表格格式设置图标，如图 5-15 所示，进入表格格式设置模式。拖动表格边框上三个控制钮，调整表格的整体尺寸。完成调整后点击【Esc】键或单击表格外边的区域退出表格格式设置模式，如图 5-16 所示。

图 5-15　表格格式设置图标

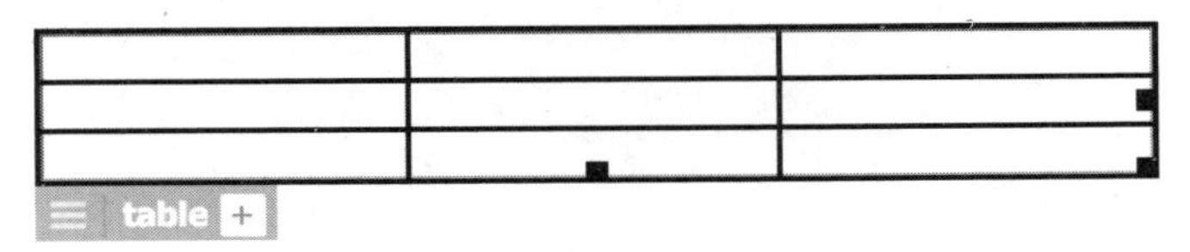

图 5-16　表格格式设置模式

（3）通过表格的属性检查器面板更改表格尺寸。

【示例 11】调整单元格的尺寸

调整单元格尺寸有以下几种方法。

（1）在【设计】视图中，直接拖动需要更改的列的右边框，表格的总宽度不改变。

（2）在【设计】视图中，按住【Shift】键，拖动需要更改的列的右边框，表格的总宽度会随着该单元格的调整发生改变。

（3）在【设计】视图中选择【视图】→【设计视图选项】→【可视化助理】→【表格宽度】命令。

第三节　表格的其他功能

一、导入表格式数据

【示例 12】导入表格数据

（1）选择【文件】→【导入】→【导入表格式数据】命令，如图 5–17 所示。

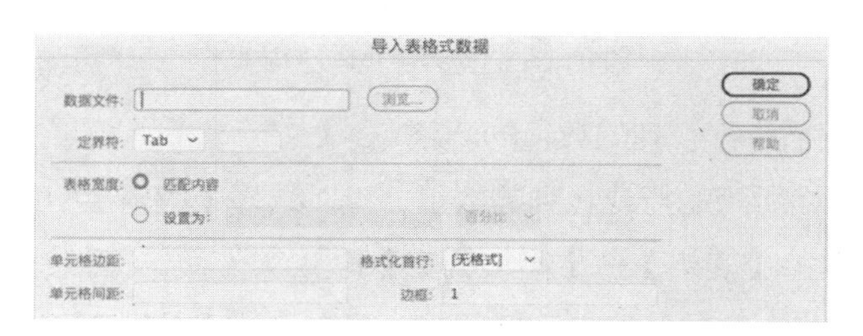

图 5–17　导入表格式数据

（2）修改【导入表格式数据】对话框上的各项参数，完成后单击【确定】按钮。

二、排序表格

【示例 13】排序表格

（1）选择需要排序的表格或单击表格内任意单元格。

（2）选择【编辑】→【表格】→【排序表格】命令，如图 5–18 所示，在弹出的对话框中设置选项，完成后单击【确定】按钮。

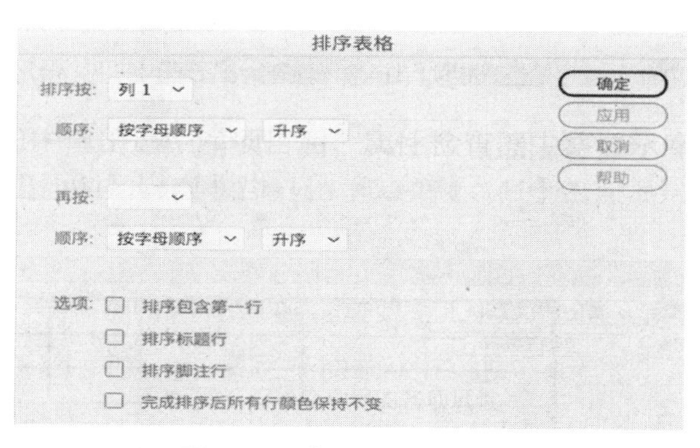

图 5–18　【排序表格】对话框

第四节　插入输入类表单对象

一、插入表单域

单击【插入】选项可以在文档窗口中插入一个表单，一个表单中的其他所有的表单域对象都必须放在表单标签之间。具体操作方法如下：

（1）新建一个 HTML 空白页；

（2）点击【插入】→【表单】→【表单】。

二、插入文本域

文本域的功能是收集页面的信息，包含了获取信息所需的所有选项。例如，在会员登录中需要输入用户名文本字段和登录口令字段。

文本域接受任何类型的字母、数据输入内容。文本可以以单行或多行显示，也可以以密码域的方式显示，在这种情况下，输入文本将被替换为星号或项目符号，以免其他人看到这些文本。

【示例 14】插入文本域

（1）新建一个 HTML 空白页，在菜单栏中选择【插入】→【表单】→【文本域】命令，如图 5–19 所示。

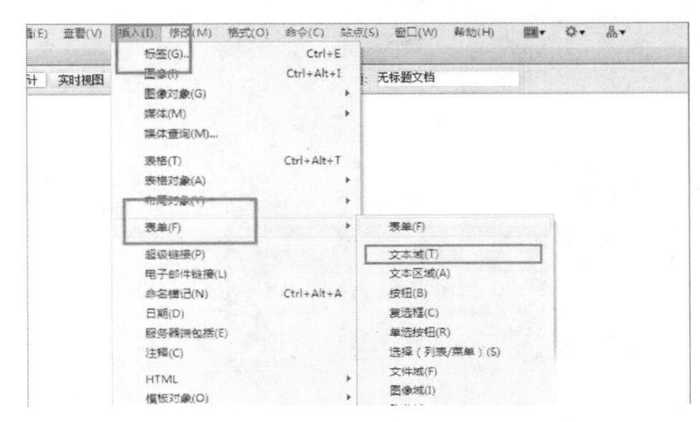

图 5–19　文本域

（2）在弹出的【输入标签辅助功能属性】对话框中输入 ID 和标签，如图 5–20 所示。点击【F12】键预览效果如图 5–21 所示。

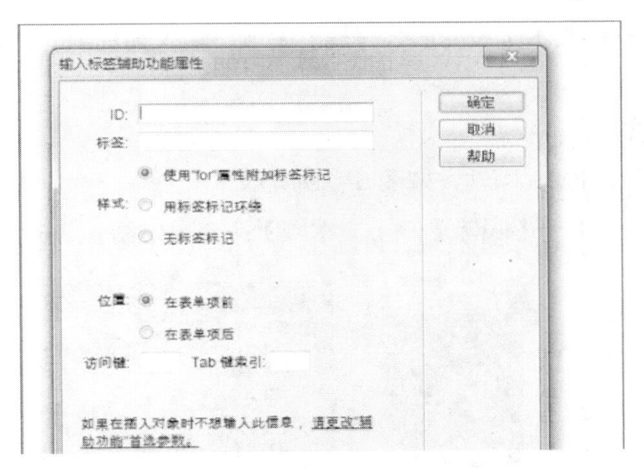

图 5–20　输入 ID 和标签

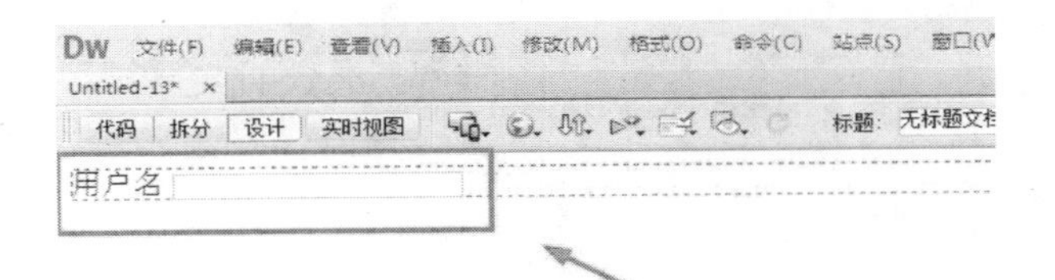

图 5–21　预览效果

（3）选中表单，在【属性】面板设置参数，如图 5–22 所示。

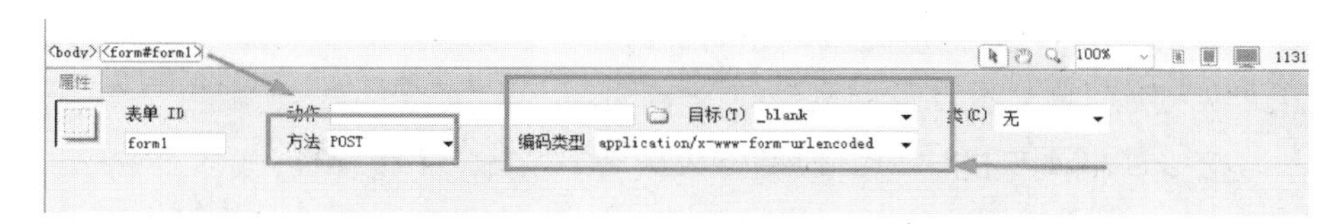

图 5–22　选中表单

（4）选中文本域，在【属性】面板中设置相应的参数，如图 5–23 所示。点击【F12】键预览效果如图 5–24 所示。

图 5–23　选中文本域

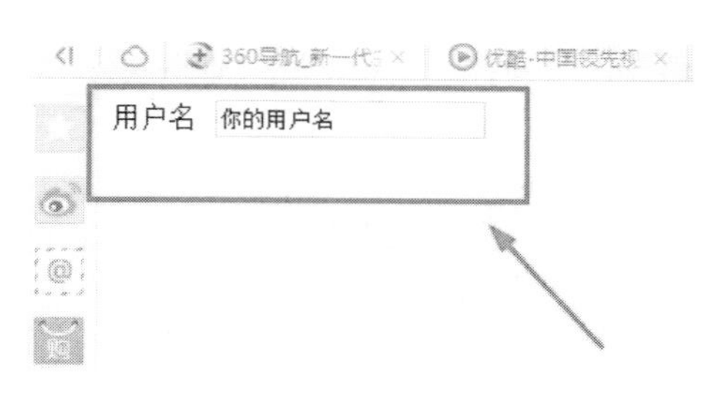

图 5–24　预览效果

三、插入密码域

在表单中还有一种文本字段的形式——密码域，输入到其中的文字均以星号“*”或圆点“ • ”显示。

【示例 15】插入密码域

（1）新建一个 HTML 网站，如图 5–25 所示。

（2）选择【插入】→【表单】→【文本域】命令，如图 5–26 所示。

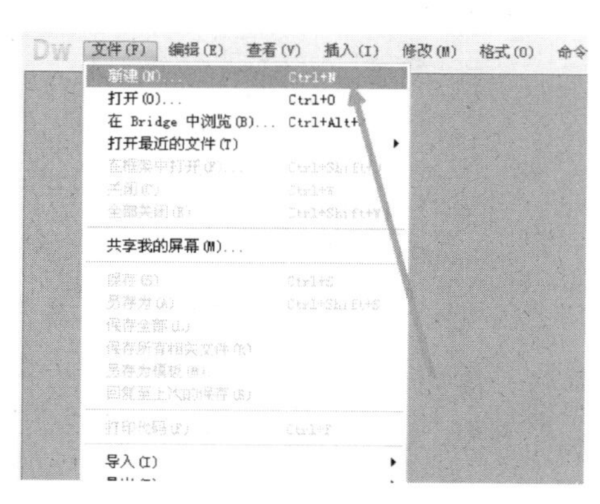

图 5–25　新建 HTML 网站

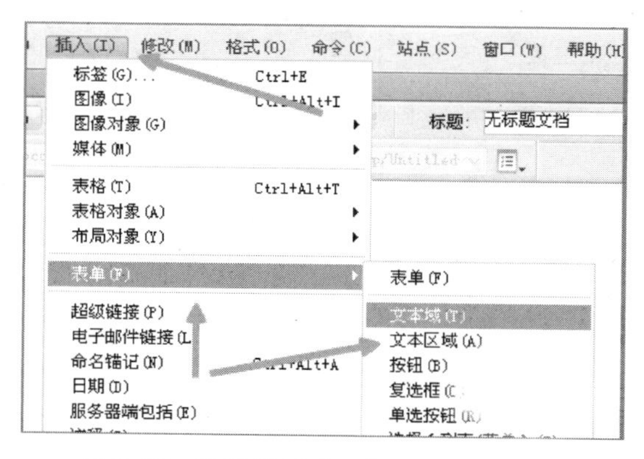

图 5–26　选择【插入】→【表单】→【文本域】命令

（3）在弹出的【输入标签辅助功能属性】对话框中输入【ID】为“password”，【标签】为“密码”，点击【确定】按钮，如图 5-27 所示。

（4）选中如图 5-28 所示的【密码】文本框，在下方的【属性】栏中选择【密码】选项，即可在【密码】文本框中输入任意值，如图 5-29 所示。

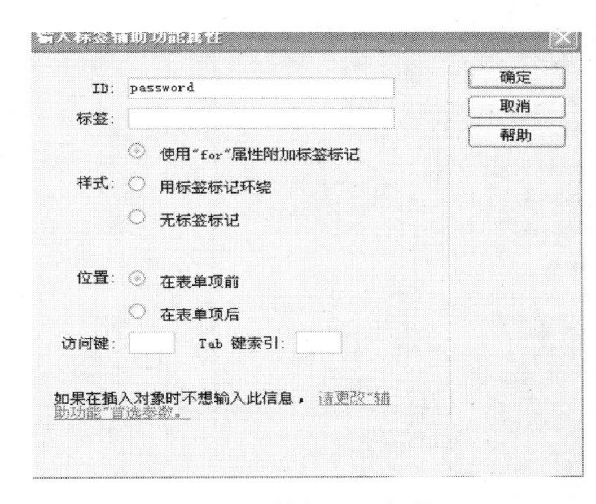

图 5-27　输入 ID 和标签

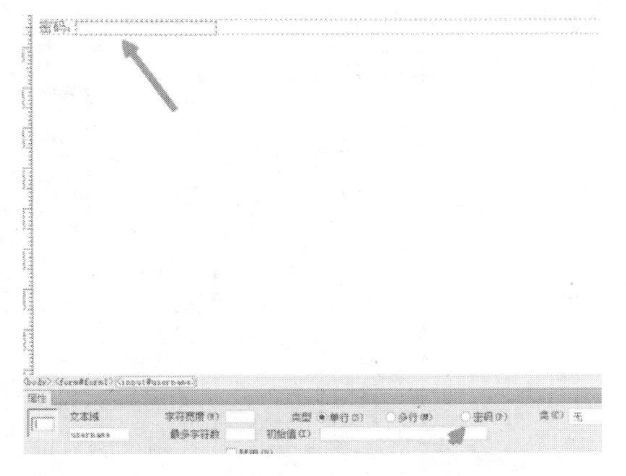

图 5-28　在【属性】栏中选择【密码】

图 5-29　在【密码】文本框中输入任意值

四、插入文本区域

定义一个文本区域“text-area”（一个多行的文本输入区域）。用户可在此文本区域中写文本。在此文本区域中，可输入无限数量的文本。文本区域中的默认字体是等宽字体（fixed pitch）。

【示例 16】插入文本区域

（1）点击【文件】→【新建】，如图 5-30 所示。

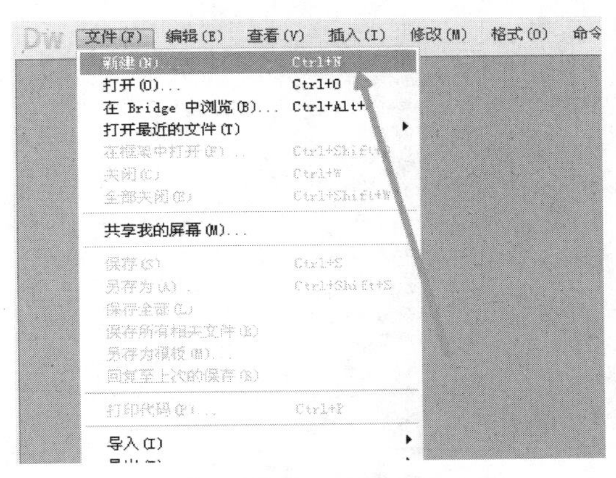

图 5-30　点击【文件】→【新建】

（2）在【新建文档】对话框里选择新建 HTML，然后点击【创建】按钮，如图 5-31 所示。

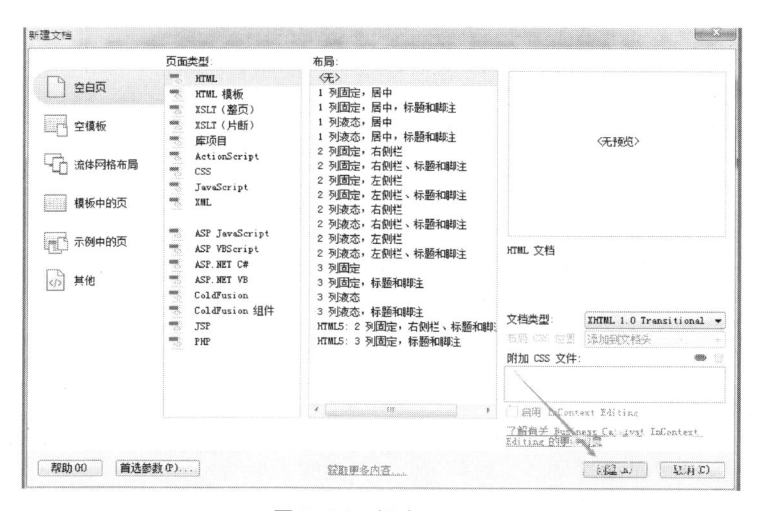

图 5-31　新建 HTML

（3）在【插入】工具栏里找到【表单】菜单选项，如图 5-32 所示。

（4）在【表单】菜单选项里点击【文本区域】选项，如图 5-33 所示。

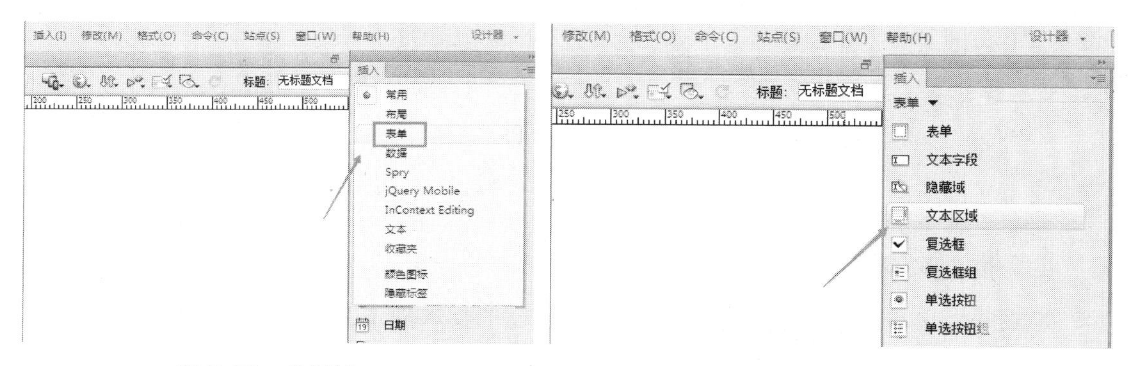

图 5-32　【表单】

图 5-33　点击【文本区域】

（5）我们也可以直接通过选择导航上的【插入】→【表单】→【文本区域】命令来添加，如图 5-34 所示。

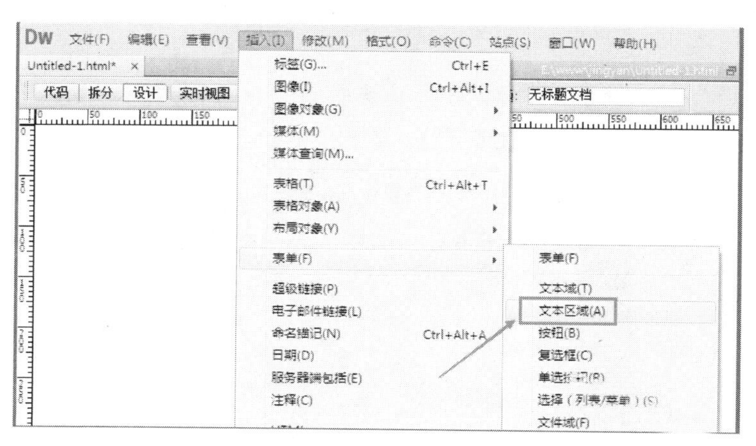

图 5-34　文本区域

（6）点击后，弹出【输入标签辅助功能属性】对话框，输入ID和标签，然后点击【确定】按钮，如图5-35所示。

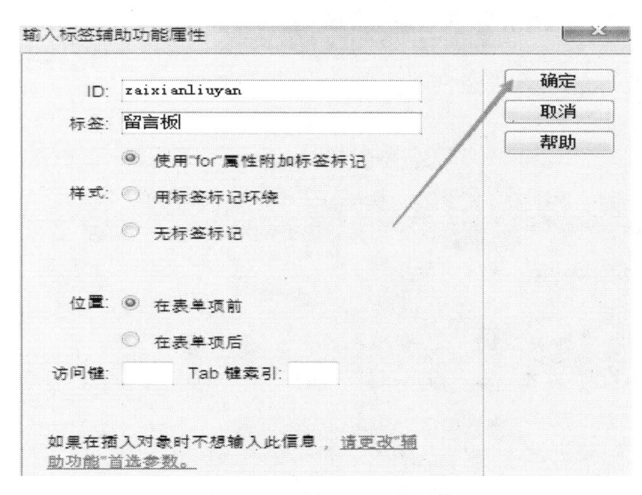

图5-35　输入ID和标签

五、插入隐藏域

隐藏域在页面中对于用户来说是不可见的，在表单中插入隐藏域的目的主要在于收集或发送信息，以利于被处理表单的程序所使用。浏览者单击发送按钮发送表单的时候，隐藏域的信息也被一起发送到服务器。有些时候需要给用户一些信息，让用户在提交表单时提交上来以确定用户身份，如session key等，当然这些东西也能用cookie实现，但使用隐藏域就简单得多了，而且不会有浏览器不支持和用户禁用cookie的烦恼。有些时候一个表单里有多个提交按钮，那么怎样使程序能够分清楚到底用户是通过哪一个按钮提交上来的呢？我们可以写一个隐藏域，然后在每一个按钮处加上“onclick="document.form.command.value="xx"”，然后在接到数据后先检查command的值，就能知道用户是通过哪个按钮提交上来的。

有时候一个网页中有多个表单，多个表单是不能同时提交的，这些表单有时可以相互作用，可以在表单中添加隐藏域来使它们联系起来。javascript不支持全局变量，必须用全局变量时可以把值先存在隐藏域里，它的值就不会丢失了。比如点击一个按钮弹出四个小窗口，当点击其中的一个小窗口时，其他三个自动关闭。但是IE浏览器不支持小窗口相互调用，所以只有在父窗口写一个隐藏域，当小窗口看到那个隐藏域的值是close时就自动关闭。

【示例17】插入隐藏域

（1）将光标定义在表单框线内，点击【插入】菜单，选择【表单】项，在弹出的子菜单中选择【隐藏域】命令；或者在【插入】面板中选择【表单】项，点击【隐藏域】图标，如5-36所示。

（2）点击【窗口】菜单，选择【插入】项，可以打开【插入】面板。点击【隐藏域】图标后，隐藏域标志符号出现在文档的【设计】视图中，如图5-37所示。

图 5-36　点击【隐藏域】图标

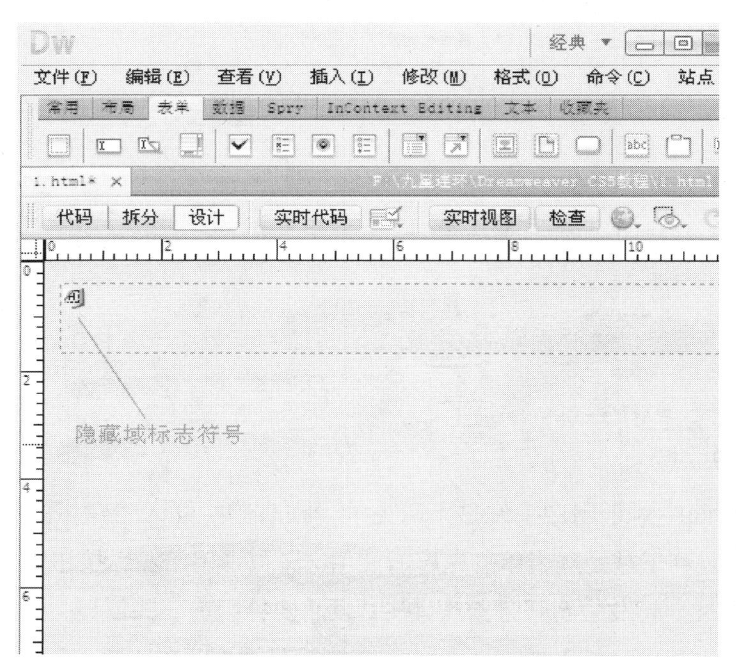

图 5-37　【隐藏域】标志符号

（3）如果已经插入隐藏域却看不见该标记，可点击【查看】菜单，选择【可视化助理】项，在弹出的子菜单中选择【不可见元素】命令。在【代码】视图中查看源代码如下：<input type="hidden" name="hiddenField" id="hiddenField"/>。

（4）单击隐藏域标记符号，出现隐藏域【属性】面板，如图 5-38 所示。

图 5-38　隐藏域【属性】面板

六、插入复选框

复选框：允许在一组选项内选择一个或多个选项。

【示例 18】插入复选框

（1）点击【插入】→【表单】→【复选框】，如图 5-39 所示。

（2）点击后，弹出【输入标签辅助功能属性】对话框，如图 5-40 所示。

（3）调整复选框属性，如图 5-41 所示。

（4）在【复选框名称】文本框中输入复选框的名称。

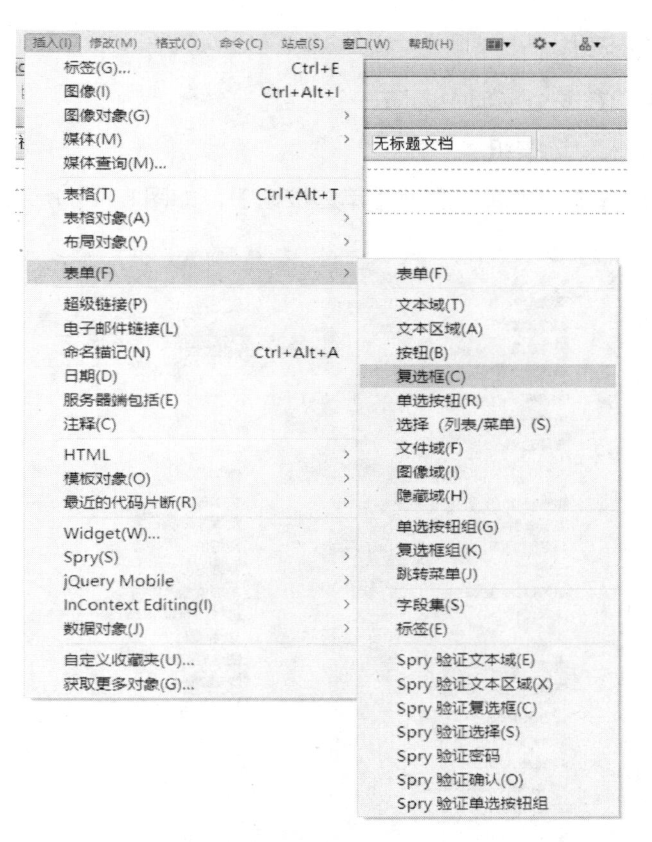

图 5-39　复选框

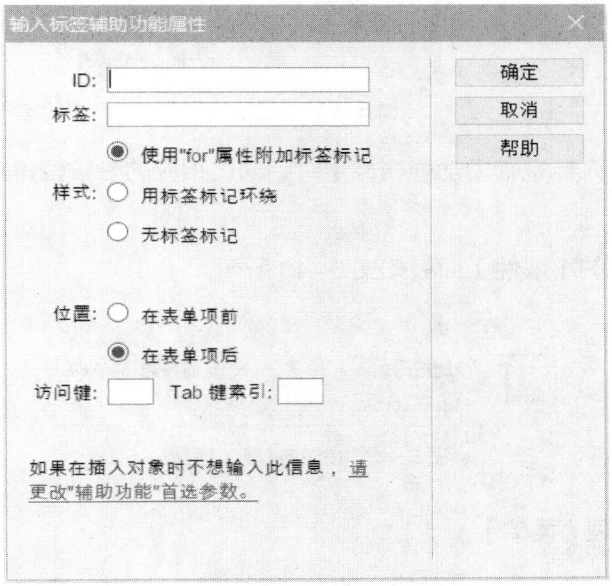

输入标签辅助功能属性

ID:

标签:

使用"for"属性附加标签标记

样式: 用标签标记环绕

无标签标记

位置: 在表单项前

在表单项后

访问键: Tab 键索引:

如果在插入对象时不想输入此信息，请更改"辅助功能"首选参数。

确定

取消

帮助

图 5-40　输入标签辅助功能属性

▼ 属性

复选框名称　选定值 checkbox

checkbox

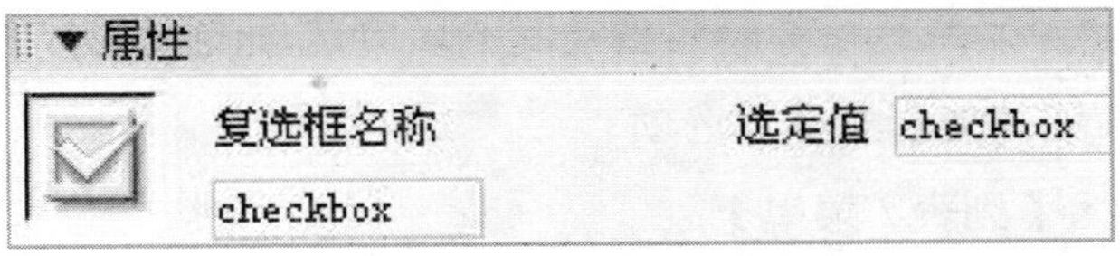

图 5-41　调整复选框属性

七、插入单选按钮

单选按钮：用于在多个选项中选择一个项目。

【示例 19】插入单选按钮

（1）点击【插入】→【表单】→【单选按钮】，如图 5-42 所示。

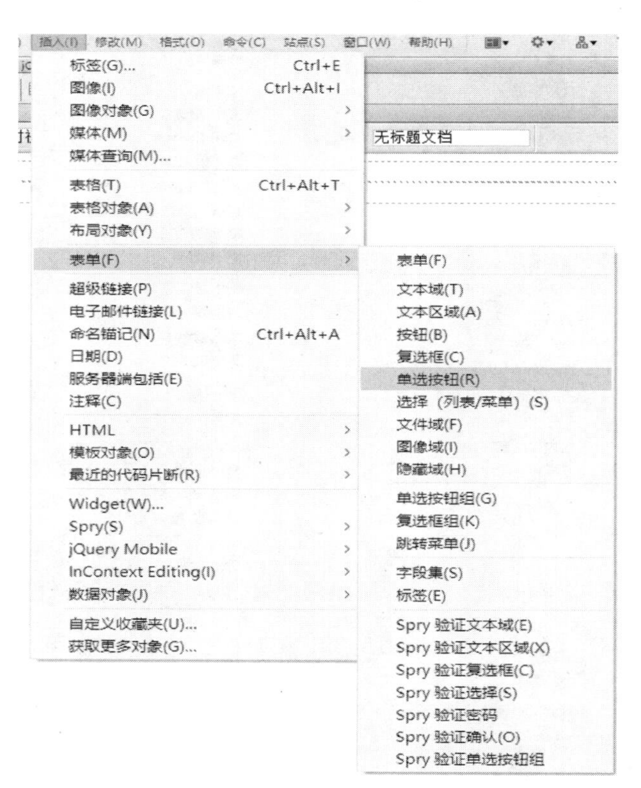

图 5-42　单选按钮

（2）弹出【输入标签辅助功能属性】对话框，相应的参数设置完成后点击【确定】按钮即可。

（3）单选按钮的【属性】面板如图 5-43 所示。

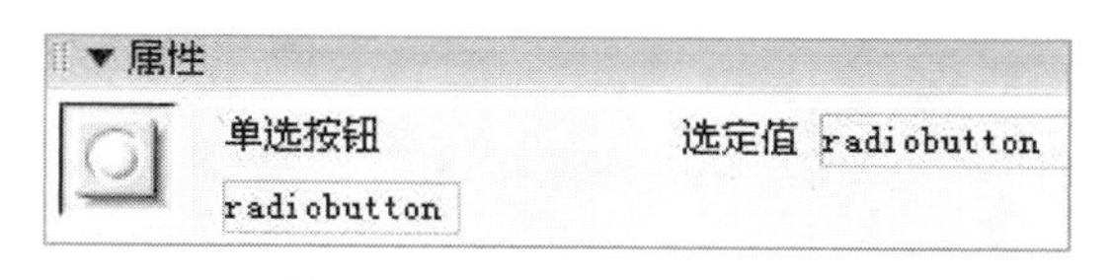

图 5-43　按钮的【属性】面板

八、插入【列表 / 菜单】

列表和菜单可以将多个项目以特殊的方式罗列在网页上，节省了网页的空间。列表可以显示一定数量的选项，如果超出了这个数量，会自动出现滚动条，浏览者可以拖动滚动条来观看各选项。菜单是一种最节省空间的罗列选项的方式，正常状态只能看到一个选项，单击打开按钮才能看到全部选项。

【示例 20】插入【列表 / 菜单】

（1）点击【插入】→【表单】→【列表 / 菜单】菜单项，如图 5-44 所示。

（2）打开【输入标签辅助功能属性】对话框，如图 5–45 所示。

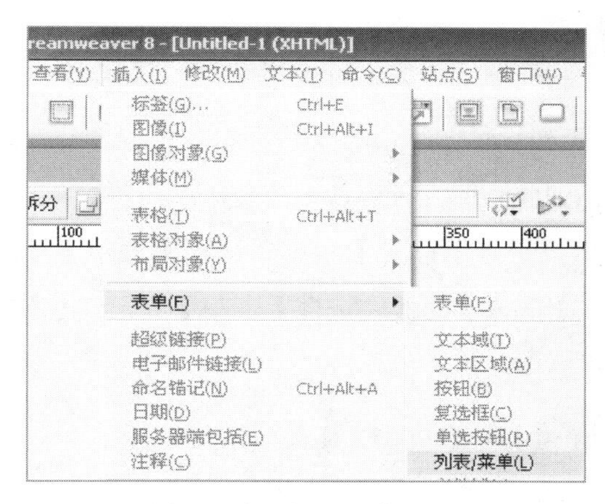

图 5–44　【列表 / 菜单】菜单项

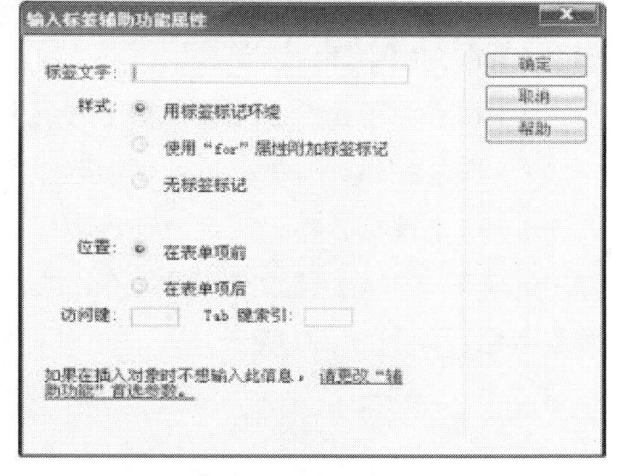

图 5–45　【输入标签辅助功能属性】对话框

（3）在【输入标签辅助功能属性】对话框中完成相应参数的设置后，点击【确定】按钮，即可在表单中插入一个【列表 / 菜单】，如图 5–46 所示。

（4）选择【列表 / 菜单】，在【列表 / 菜单】的【属性】面板中可以设置【列表 / 菜单】的名称、类型、初始化时选定等，如图 5–47 所示。

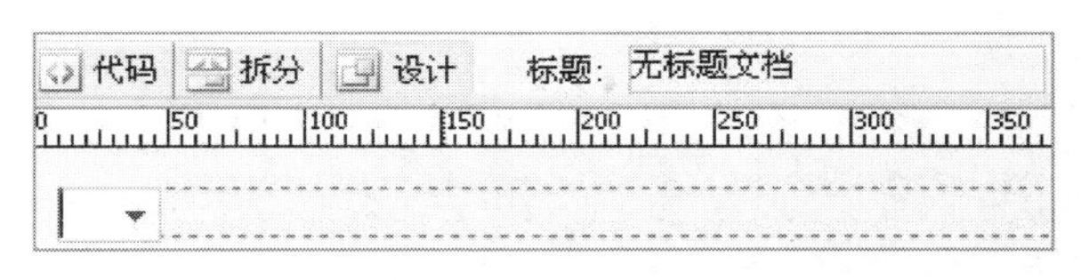

图 5–46　在表单中插入一个【列表 / 菜单】

图 5–47　设置【列表 / 菜单】

（5）点击【列表值】按钮，打开【列表值】对话框，在【项目标签】列表中输入要添加的菜单项，如“姓名”，如图 5–48 所示。

（6）单击按钮 ⊞ 添加菜单项，单击按钮 ⊟ 删除选中的菜单项，单击按钮 ▲▼ 排列菜单项。

（7）设置完成后单击【确定】按钮，设置的选项出现在【初始化时选定】文本框中，再单击需要的选项即可添加到菜单域中，如图 5–49 所示。

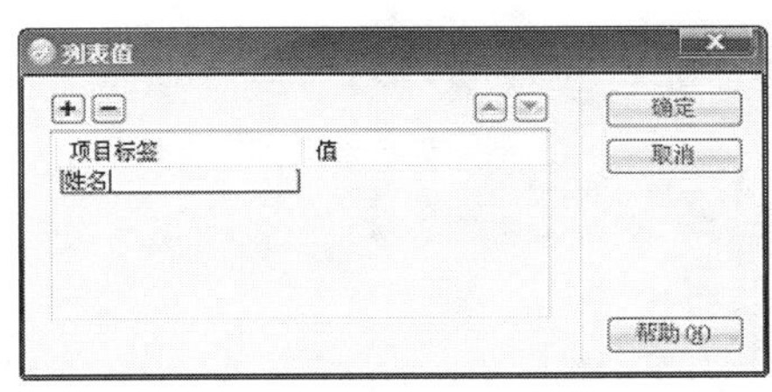

图 5–48　输入要添加的菜单项

图 5–49　【初始化时选定】文本框

九、插入文件域

文件域：实现将文件从客户端提交到服务器（网站），文件域的外观由一个文本框和一个浏览按钮构成。如果需要将整个文件传送到服务器上，那么可以在表单中建立文件域来完成这个任务。若要使用文件域，表单的方式必须设置为 POST。访问者可以将文件下载到表单的 action 属性中所指定的 URL 地址。

【示例 21】插入文件域

（1）在文档中插入表单。

（2）在表单【属性】面板中将【方法】项选择为“POST”。

（3）在【编码类型】下拉列表中选择【multipart/form-data】选项。

（4）点击鼠标，将光标定位在表单框线内，点击【插入】菜单，选择【表单】项，在弹出的子菜单中选择【文件域】命令；或者在【插入】面板中选择【表单】项，点击【文件域】图标，如图 5-50 所示。

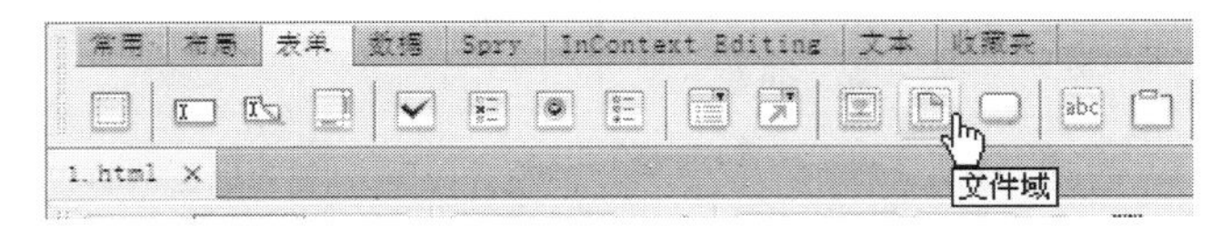

图 5-50 点击【文件域】图标

（5）点击【窗口】菜单，选择【插入】项，可以打开【插入】面板。

（6）点击【文件域】图标后，弹出【输入标签辅助功能属性】对话框。

（7）在【输入标签辅助功能属性】对话框中完成相应参数的设置后，单击【确定】按钮，文件域出现在文档中，如图 5-51 所示。

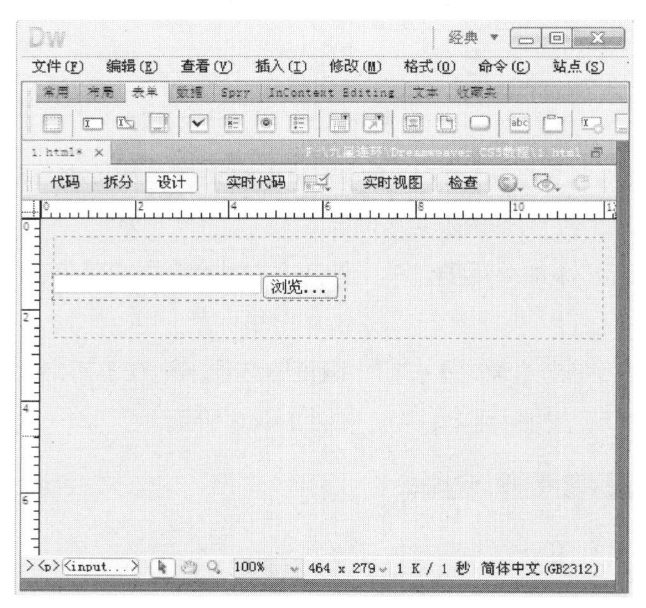

图 5-51 文件域出现在文档中

（8）点击【文件域】图标，打开文件域【属性】面板，完成文件域的属性设置，如图 5-52 所示。

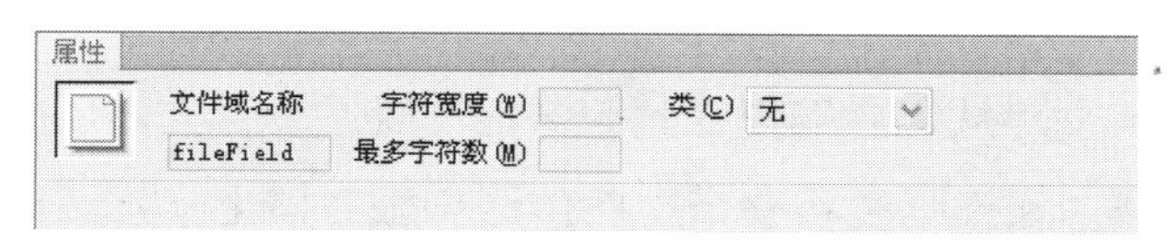

图 5-52 文件域【属性】面板

十、插入图像域

【示例 22】插入图像域

（1）点击鼠标，将光标定位在表单框线内，点击【插入】菜单，选择【表单】项，在弹出的子菜单中选择【图像域】命令；或者在【插入】面板中选择【表单】项，点击【图像域】图标，如图 5-53 所示。

图 5-53　图像域

（2）点击【图像域】图标后，弹出【选择图像源文件】对话框，选择一个图片文件，点击【确定】按钮。

（3）弹出【输入标签辅助功能属性】对话框，在对话框中完成相应参数的设置后，单击【确定】按钮，图像按钮出现在文档中。

（4）在文档中点击图像按钮，如图 5-54 所示。

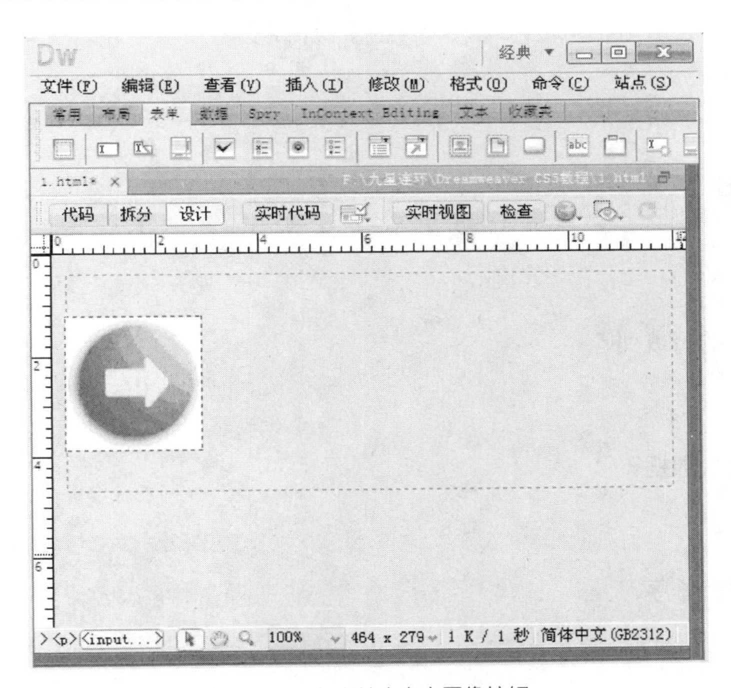

图 5-54　在文档中点击图像按钮

（5）打开图片按钮【属性】面板，完成图片按钮的属性设置，如图 5-55 所示。

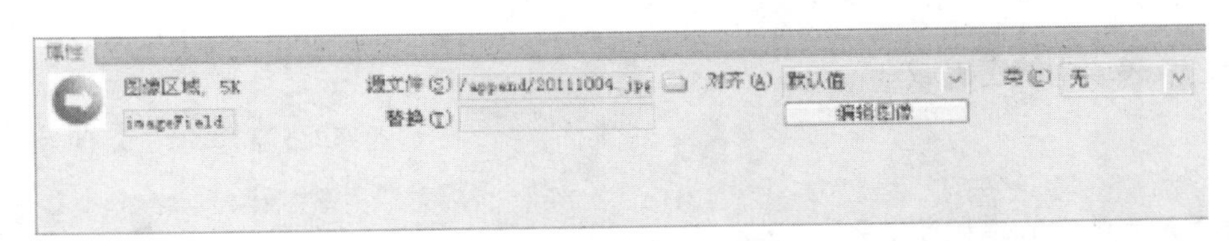

图 5-55　打开图片按钮【属性】面板

本 / 章 / 小 / 结

本章重点介绍了在网页制作中如何使用表格和表单。通过本章的学习，读者应当了解掌握在网页中应用表格的方法、表格的操作和功能，以及插入输入类表单对象的方法，为后续内容的学习奠定基础。

思考与练习

1. 如何创建嵌套表格?

2. 如何添加表格的行或列?

3. 怎样导入表格式数据?

4. 怎样将表格进行排序?

5. 如何插入表单中的文本域?

6. 如何插入表单中的密码域？

7. 如何插入表单中的表和菜单?

第六章

使用模板和库创建网页

章节导读

在进行大量的页面制作时，很多页面会用到相同的布局、图片和文字等元素。为了避免重复工作，可以使用模板和库功能，将具有相同版面结构的页面制作成模板，将相同的页面元素制作成库项目，并存储在库文件中，以便随时调用。

本章的学习重点如下。

1. 认识模板。

2. 创建和更新模板。

3. 库的创建、管理与应用。

第一节　认 识 模 板

通常在一个网站中有成百上千的页面，很多页面的布局常常相同，尤其是同一层次的页面，只有具体文字或图片内容不同。将这样的网页定义为模板后，相同的部分都被锁定，只有一部分内容可以编辑，避免了对无需改动部分的误操作。当创建新的网页时，只需将模板调出，在可编辑区插入内容即可。更新网页时，只需在可编辑区更换新内容即可。在对网站进行改版时，如果使用了模板，只需修改模板，则所有应用模板的页面都可以自动更新，如图 6–1 所示。

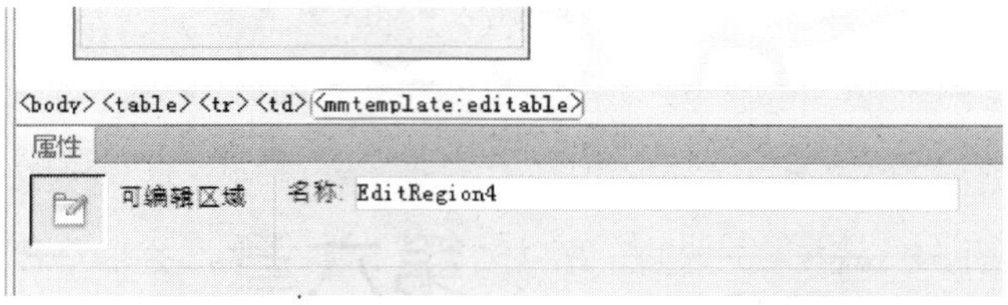

图 6-1　模板

第二节　创建和更新模板

一、创建基于模板的页面

【示例 1】创建基于模板的页面

（1）在 Dreamweaver 中打开一个网页文档，通过【从模板新建】对话框来应用模板，可以选择已经创建好的任意一个站点模板来创建新的网页。

（2）单击【创建】按钮，即可创建一个新的网页，在网页中修改可选区域内容来编辑属于自己的网页，如图 6-2 所示。

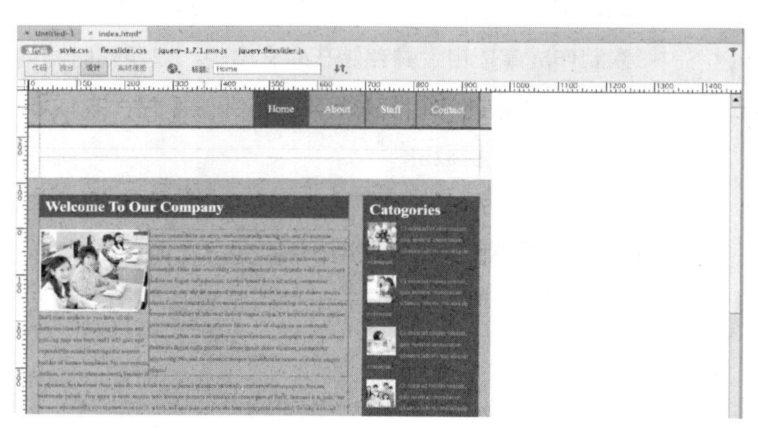

图 6-2　编辑网页

二、更新模板和基于模板的网页

当模板中某些共用部分不适用时，用户可以对模板进行修改，修改模板并进行保存时，将会打开【更新模板文件】对话框，提示是否更新站点中由该模板创建的网页。在该对话框中单击【更新】按钮，即可更新通过该模板创建的所有网页。若单击【不更新】按钮，则会保存该模板而不更新模板网页。

第三节　库的创建、管理与应用

一、创建库项目

在 Dreamweaver 中，库项目可以是文本、表格、表单等任意元素。

【示例 2】创建库项目

（1）在网页中选定要创建成库项目的元素。

（2）选择【修改】→【库】→【增加对象到库】命令，或者在【资源】面板中单击【库】按钮，打开设置库属性的界面。单击【新建库项目】按钮，即可在【库】面板中创建库项目，如图 6–3 所示。

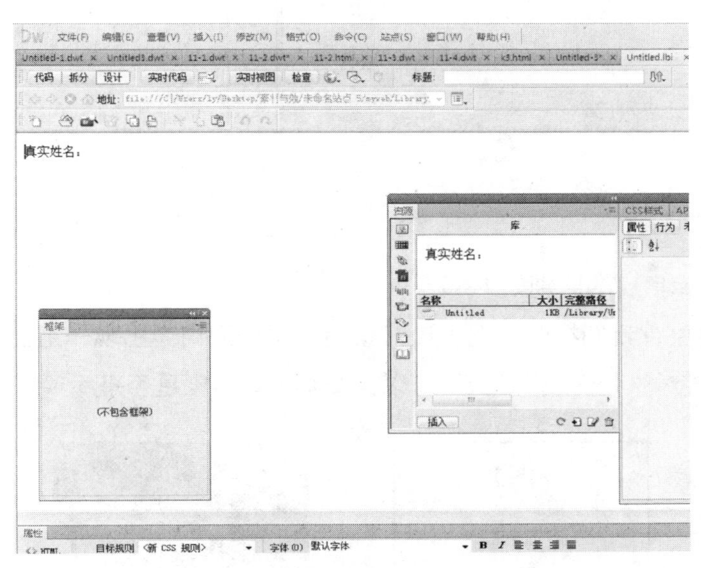

图 6–3　新建库项目

（3）在【名称】列表下输入库项目的名称，点击【Enter】键即可。

（4）对图像、文本类元素，可在【资源】面板中单击【库】按钮，然后将希望保存为库项目的对象拖入【资源】面板来创建库项目，如图 6–4 所示。

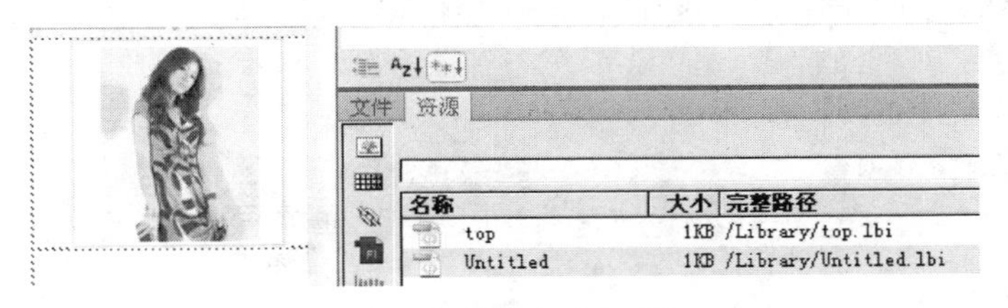

图 6–4　创建库项目

每个库项目都被单独保存在一个文件中，文件的扩展名为“.lbi”，通常情况下，库项目被放置在站点文件夹的“Library”文件夹中，同模板文件一样，库项目的位置也是不能随便移动的。

二、库项目的应用

【示例 3】应用库项目

应用库项目有如下两种方法。

（1）从【资源】面板的库窗格中将其拖入到文档的适当位置即可。

（2）在定位插入点后，选中库中的项目并单击【资源】面板底部的【插入】按钮，将库项目插入到文档中，如图 6–5 所示。

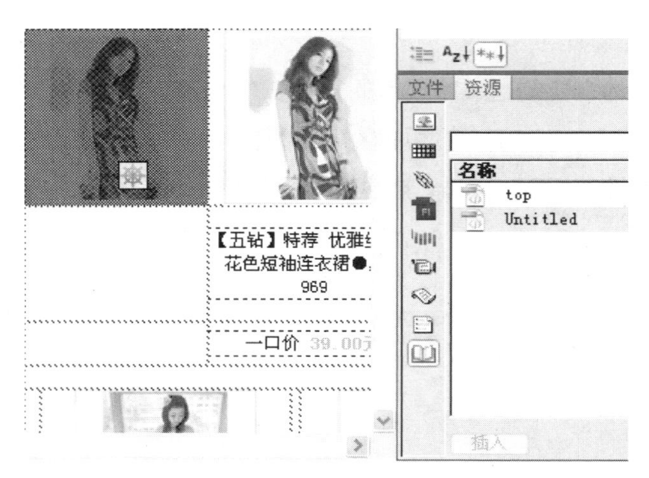

图 6-5　将库项目插入到文档中

普通对象与库项目的区别如下。

对于普通对象，我们在单击选中该对象后，对象四周会出现一组控制点。但是，如果单击库项目，该对象将变成半透明。可以据此判定该对象是否是库项目，如图 6-6 所示。

图 6-6　普通对象与库项目的区别

（3）在文档窗口中单击选中库项目后，属性检查器中将显示库项目的各项属性，如图 6-7 所示。

图 6-7　库项目的各项属性

【Src】：显示库项目源文件的名称和在站点中的存放位置。

【打开】：单击打开库项目源文件进行编辑。

【从源文件中分离】：断开所选库项目于其源文件之间的链接，使库项目成为普通对象。

【重新创建】：用当前选定内容改写原库项目，使用此选项可以在丢失或意外删除原始库项目时重新创建库项目。

三、编辑库项目

【示例 4】重新命名库项目

（1）在【库】面板上选择要重命名的库项目。

（2）执行下列操作之一，即可输入新名称。

①单击鼠标右键，在弹出的快捷菜单中选择【重命名】命令，如图 6–8 所示。

②单击【库】面板右上角的下拉按钮，从中选择【重命名】命令，如图 6–9 所示。

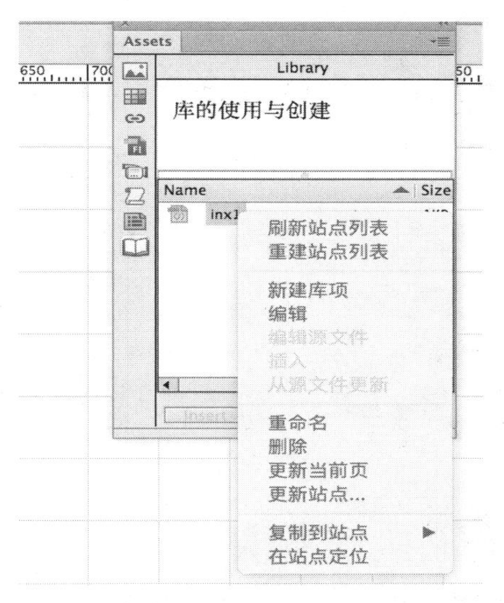

图 6–8　在快捷菜单中选择【重命名】命令

图 6–9　在【库】面板中选择【重命名】命令

单击库项目，库项目可变成可编辑状态。

【示例 5】删除库项目

（1）在【库】面板上选择要删除的库项目，如图 6–10 所示。

（2）单击面板右下角的【删除】按钮 。

图 6–10　删除库项目

【示例 6】库项目与源文件分离

（1）选中要与文档分离的库项目。

（2）选择菜单栏中的【窗口】→【属性】命令，打开下方【属性】面板，如图 6–11 所示。

图 6-11 【属性】面板

（3）在【属性】面板中选择【从源文件中分离】项，将会弹出【警告信息】对话框，点击【确定】按钮即可。

本 / 章 / 小 / 结

本章重点介绍了使用模板和库创建网页的知识。通过本章的学习，读者应当了解掌握使用模板和库创建网页的方法，为后续内容的学习奠定基础。制作网页不仅追求美观，而且要提高制作效率，使用模板和库文件是提高网页制作效率的有效途径。因此，读者应重点掌握本章的内容。

思考与练习

1. 如何创建基于模板的页面？

2. 在 Dreamweaver 中如何创建库项目？

3. 在 Dreamweaver 中如何编辑库项目？

第七章

使用 CSS 样式美化网页

章节导读

CSS 称为层叠样式表，英文全称为 Cascading Style Sheets，是基于 Web 基础的页面布局新技术，在网页制作中起着重要的作用。CSS 样式和 HTML 语言相比，CSS 样式可以精确地定位网页中的元素的属性，控制网页的整体风格，具有布局统一、条理规范、维护容易等优点，能够真正做到网页的内容和形式相离，简化网页代码，提高网页上传、下载和访问速度。

本章的学习重点如下。

1. 认识 CSS。
2. 定义 CSS 样式的属性。
3. 创建 CSS 样式。

第一节　认识 CSS

一、【CSS 样式】面板

使用【CSS 样式】面板可以跟踪影响当前所选页面元素的 CSS 规则和属性（“正在”模式），或影响整个文档的规则和属性（“全部”模式）。使用【CSS 样式】面板顶部的切换按钮可以在两种模式之间切换。使用【CSS 样式】面板还可以在“所有”和“正在”模式下修改 CSS 属性，如图 7–1 所示。

通常可以通过拖放窗格之间的边框来调整任一窗格的大小。在“正在”模式下，【CSS 样式】面板显示三个窗格：【所选内容的摘要】窗格，显示文档中当前所选内容的 CSS 属性；【规则】窗格，显示所选属性的位置（或所选标签的规则的层叠，具体取决于用户的个人选择）；【属性】窗格，它允许编辑用于定义所选内容的规则的 CSS 属性。在“全部”模式下，【CSS 样式】面板显示两个窗格：【所有规则】窗格（顶部）和【属性】窗格（底部）。【所有规则】窗格显示当前文档中定义的规则，以及附加到当前文档的样式表中定义的所有规则的列表。使用【属性】窗格可以编辑【所有规则】窗格中任何所选规则的 CSS 属性。对于【属性】窗格所做的任何更改都将立即应用，这使用户可以在操作的同时预览效果。

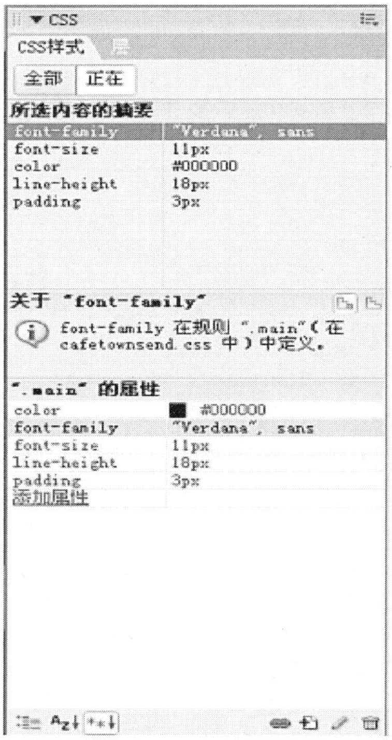

图 7-1　修改 CSS 属性

二、定义 CSS 规则

1.CSS 语法

CSS 规则由两个主要的部分构成：选择器以及一条或多条声明。例如，代码：selector {declaration1；declaration2；… declarationN}。

选择器通常是需要改变样式的 HTML 元素，每条声明由一个属性和一个值组成，属性（property）是希望设置的样式属性（style attribute），每个属性有一个值，属性和值被冒号分开。例如，代码：selector {property：value}。

图 7-2 所示的代码的作用是将 h1 元素内的文字颜色定义为红色，同时将字体大小设置为 14 像素。在这个例子中，h1 是选择器，color 和 font-size 是属性，red 和 14px 是值。具体代码结构如下。

```
h1 {color:red;  font-size:14px; }
```

图 7-2　代码的结构

注：请使用花括号来包围声明。

2. 值的不同写法和单位

在图 7-2 所示的代码中，除了英文单词 red，还可以使用十六进制的颜色值，代码形式为 #ff0000：p{color：#ff0000；}。

为了节约字节，可以使用 CSS 的缩写形式：p {color：#f00；}。

还可以通过两种方法使用 RGB 值：p{color：rgb（255，0，0）；} 或 p{color：rgb（100%，0%，0%）；}。

需要注意的是，当使用 RGB 百分比时，即使当值为 0 时也要写百分比符号。但是在其他的情况下就不需要这么做了。例如，当尺寸为 0 像素时，0 之后不需要使用 px 单位。

3. 引号

如果值为若干单词，则要给值加引号：p {font-family："ans serif"；}。

4. 多重声明

如果要定义不止一个声明，则需要用分号将每个声明分开。下面的例子展示出如何定义一个红色文字的居中段落。最后一条规则是不需要加分号的，因为分号在英语中是一个分隔符号，不是结束符号。但是大多数有经验的设计师会在每条声明的末尾都加上分号，这么做的好处是，当从现有的规则中增减声明时，会尽可能地减少出错的可能性，如：p {text-align:center；　color:red；}。

每行应只描述一个属性，这样可以增强样式定义的可读性，如：

```
p {
  text-align: center;
  color: black;
  font-family: arial;
}
```

5. 空格和大小写

大多数样式表包含不止一条规则，大多数规则包含不止一个声明。多重声明与空格的使用，使得样式表更容易被编辑，如：

```
body {
  color: #000;
  background: #fff;
  margin: 0;
  padding: 0;
  font-family: Georgia，Palatino，serif;
  }
```

是否包含空格不会影响 CSS 在浏览器的工作效果，同样，与 XHTML 不同，CSS 对大小写不敏感。但如果涉及与 HTML 文档一起工作的话，class 和 ID 名称对大小写是敏感的。

三、在网页中应用 CSS 样式

Div 分块实现了 HTML 文档内部结构的划分，CSS 层叠样式表则为网页提供了丰富的设计样式，并控制 HTML 文档的外在表现。两者各司其职，实现了样式与内容的分离，从而大大简化了 HTML 代码。CSS+Div 网页布局技术可以保证网页风格的一致性，对网页的样式进行统一管理，给网页的开发与维护带来了极大的方便。当想要修改网页的风格设置时，只需要修改 CSS 样式表就能使所有的网页样式随之发生变动。

【示例 1】在网页中应用 CSS 样式

（1）执行【文件】→【新建】命令，新建空白文档，将其保存为“index.html”，如图 7–3 所示。

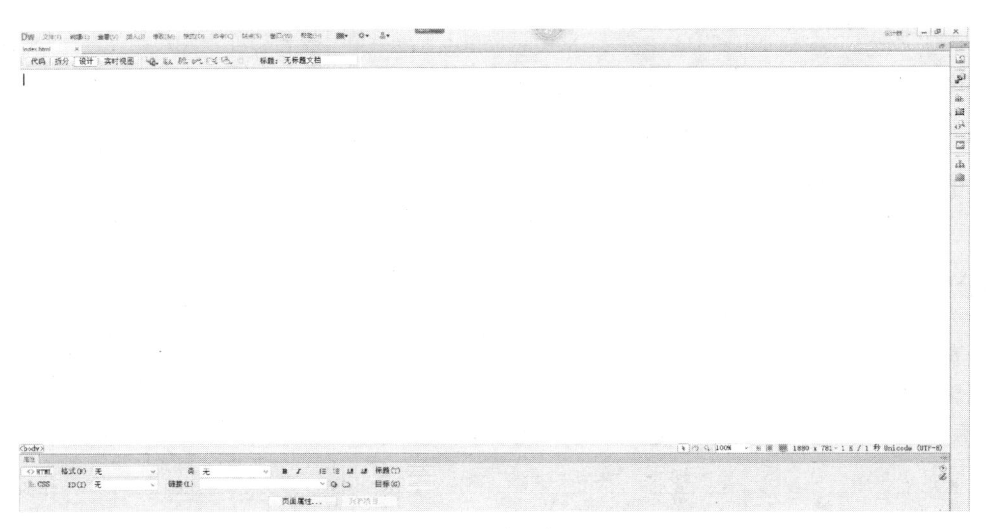

图 7–3　新建空白文档

（2）执行【插入】→【布局对象】→【Div 标签】命令，弹出【插入 Div 标签】对话框，如图 7–4 所示。

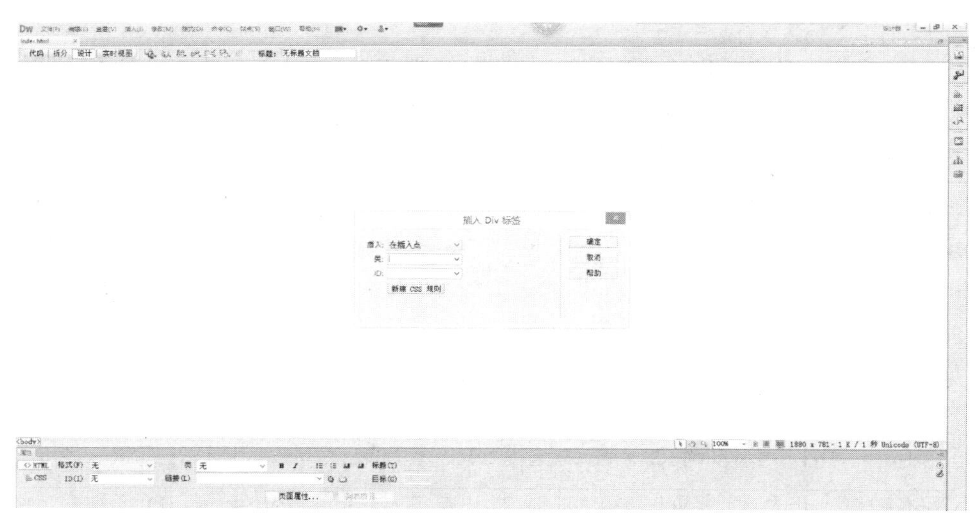

图 7–4　【插入 Div 标签】对话框

（3）在【插入】下拉列表中选择【在插入点】选项，ID 设置为“header”，点击【确定】按钮插入 Div 标签，如图 7–5 所示。

（4）执行【插入】→【布局对象】→【Div 标签】命令，弹出【插入 Div 标签】对话框，如图 7–6 所示。

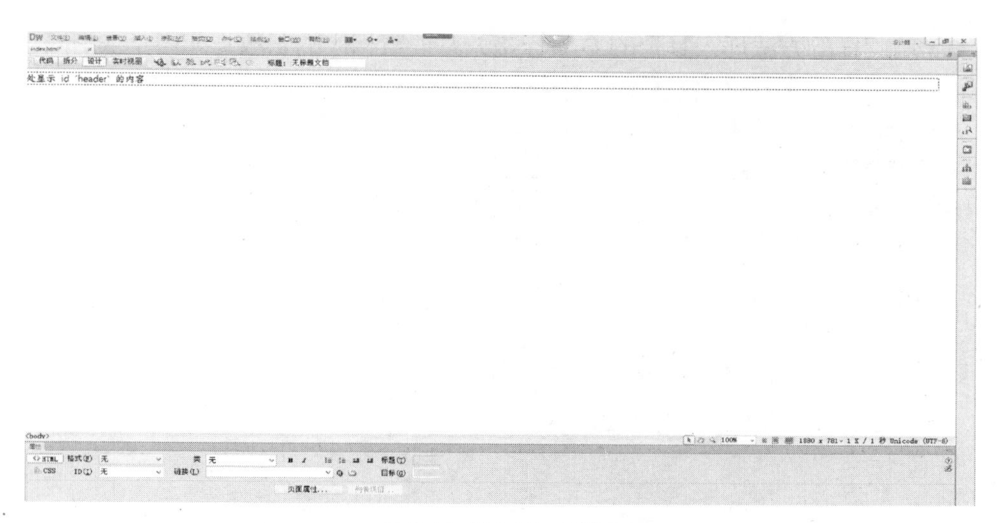

图 7-5　插入 Div 标签 1

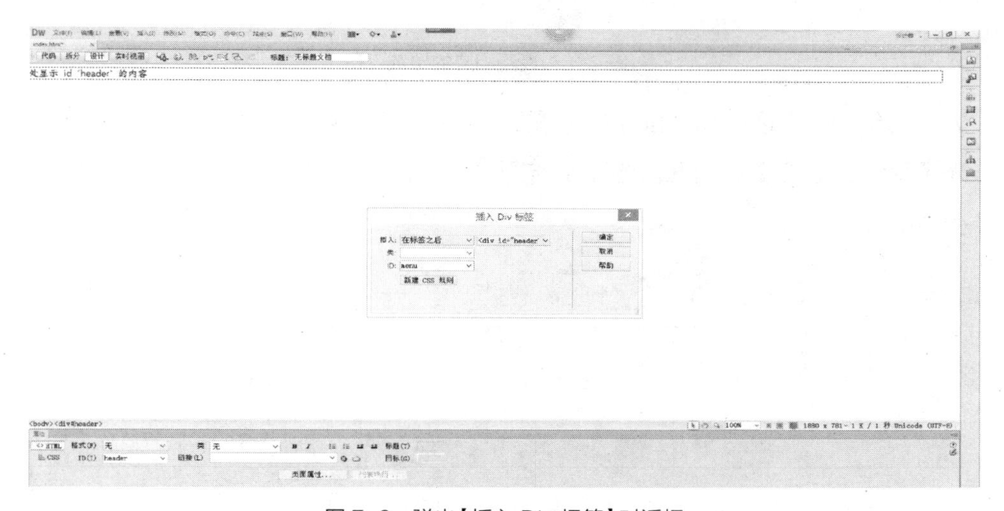

图 7-6　弹出【插入 Div 标签】对话框

（5）在该对话框中【插入】下拉列表中选择【在标签之后】选项，ID 设置为“menu”，单击【确定】按钮插入 Div 标签，如图 7-7 所示。

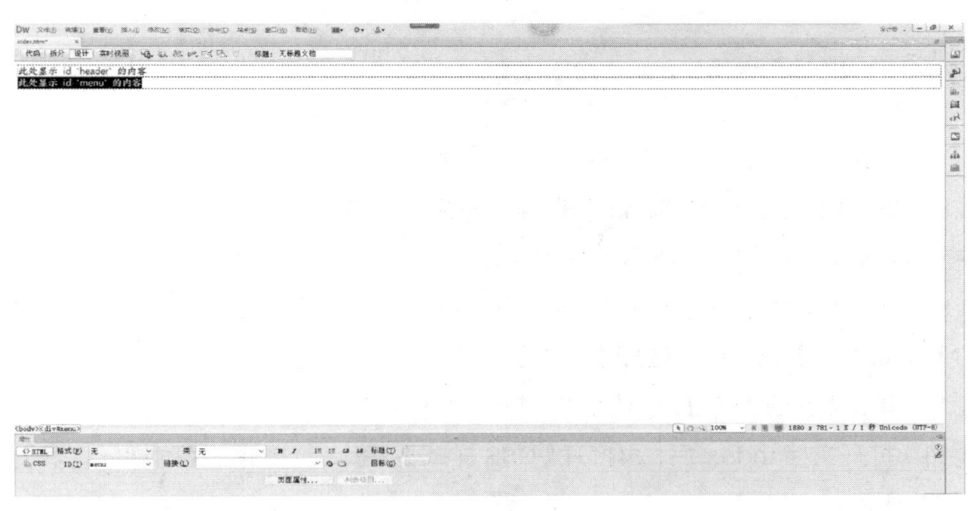

图 7-7　插入 Div 标签 2

（6）用同样的方法插入其余的 Div 标签，并设置相应的参数，如图 7-8 所示。

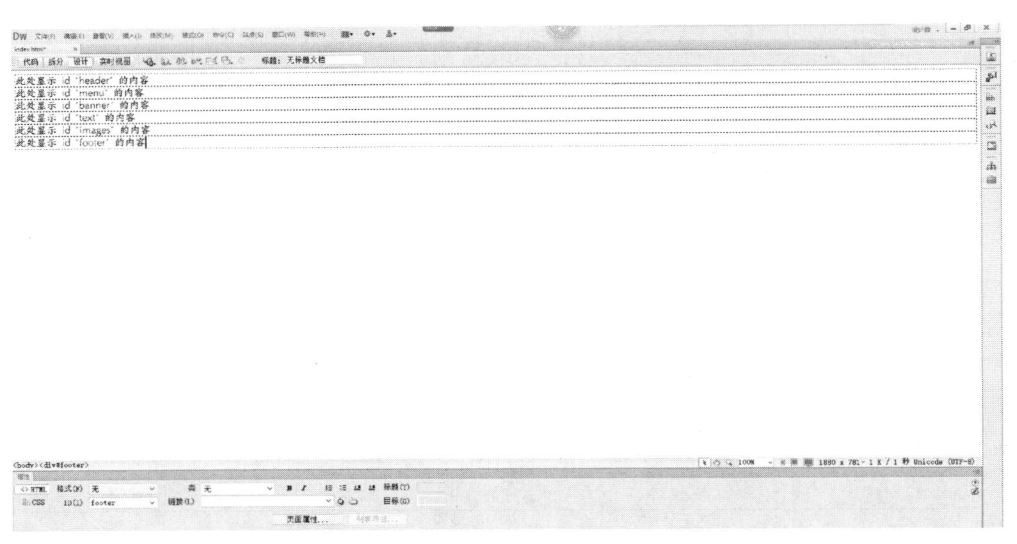

图 7-8　设置相应的参数

（7）删除 < 此处显示 id“header”的内容 > 标签，执行【插入】→【图像】命令，弹出【选择图像源文件】对话框。选择制作网站所需图片，单击【确定】按钮，插入图像，如图 7-9 所示。

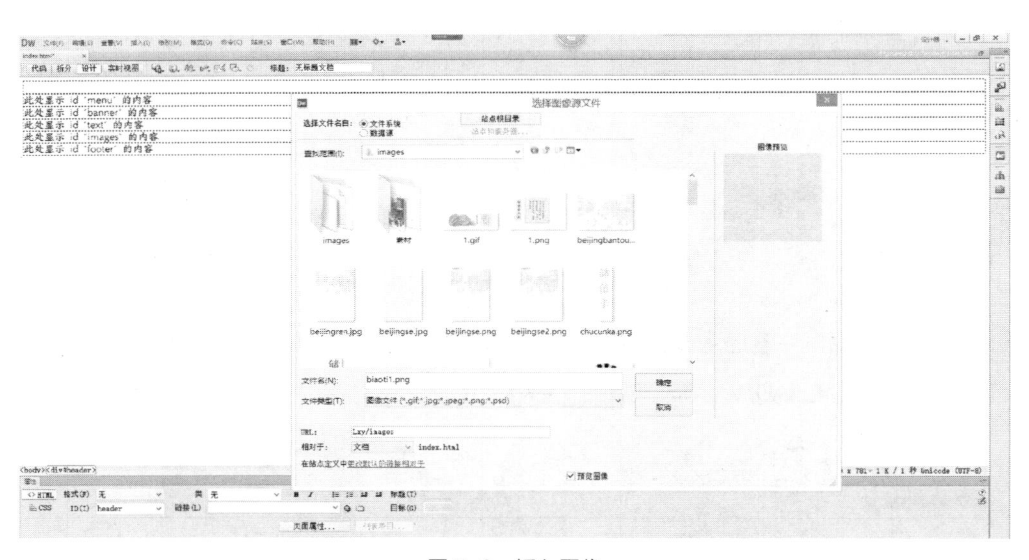

图 7-9　插入图像

（8）在 < 此处显示 id “text”的内容 > 标签中输入文本。用同样的方法依次在各标签中插入图像，如图 7-10 所示。

（9）执行【文件】→【新建】命令，弹出【新建文档】对话框，在【空白页】选项面板的【页面类型】列表框中选择【CSS】选项，如图 7-11 所示。

（10）单击【创建】按钮，创建 CSS 样式，将其保存为“style.css”，如图 7-12 所示。

（11）打开文档 index 后，再打开【CSS 样式】面板，选择底部【附加样式表】按钮，如图 7-13 所示。

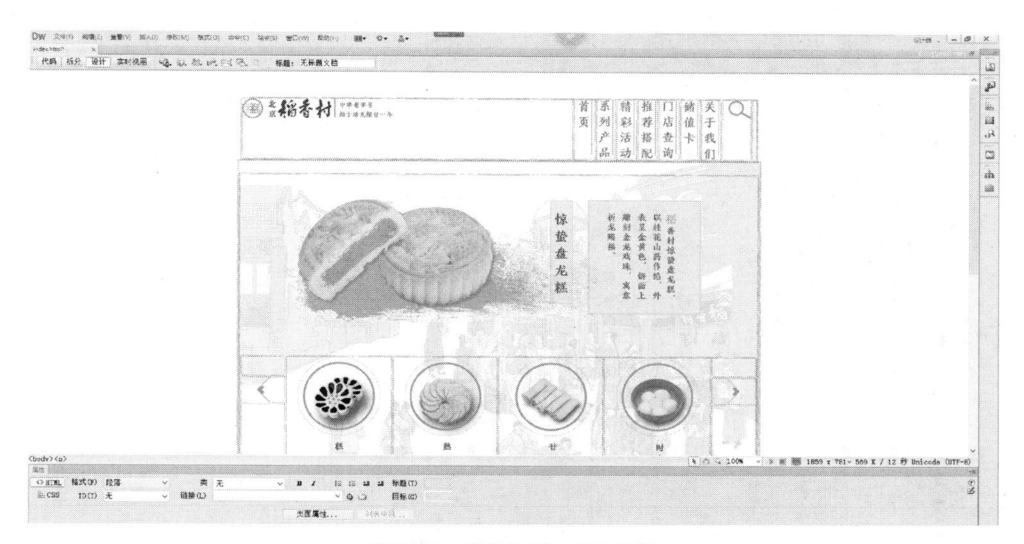

图 7-10　在各标签中插入图像

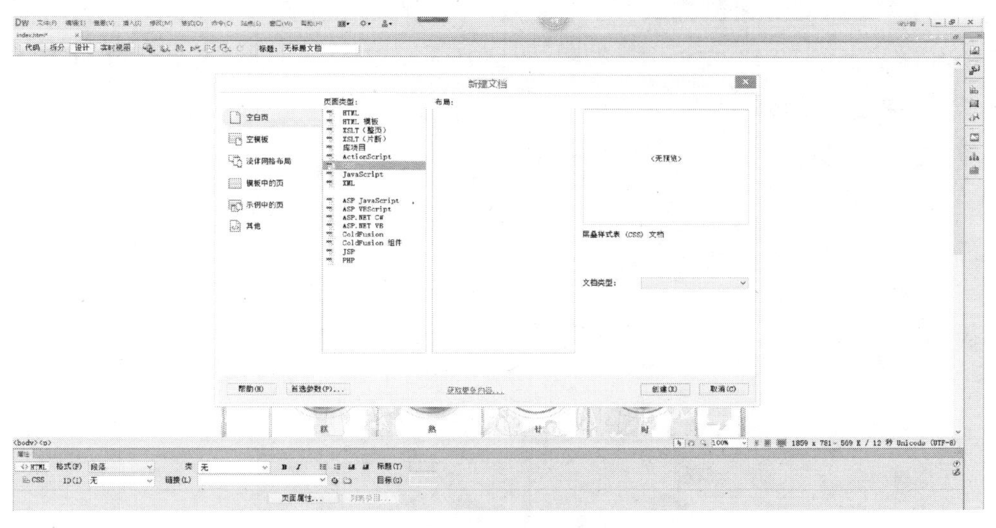

图 7-11　选择【CSS】选项

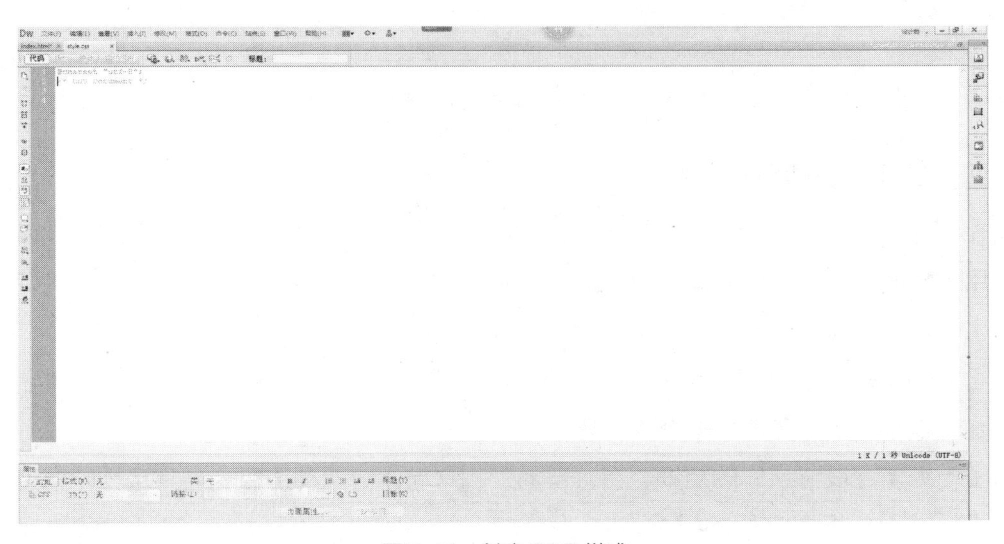

图 7-12　创建 CSS 样式

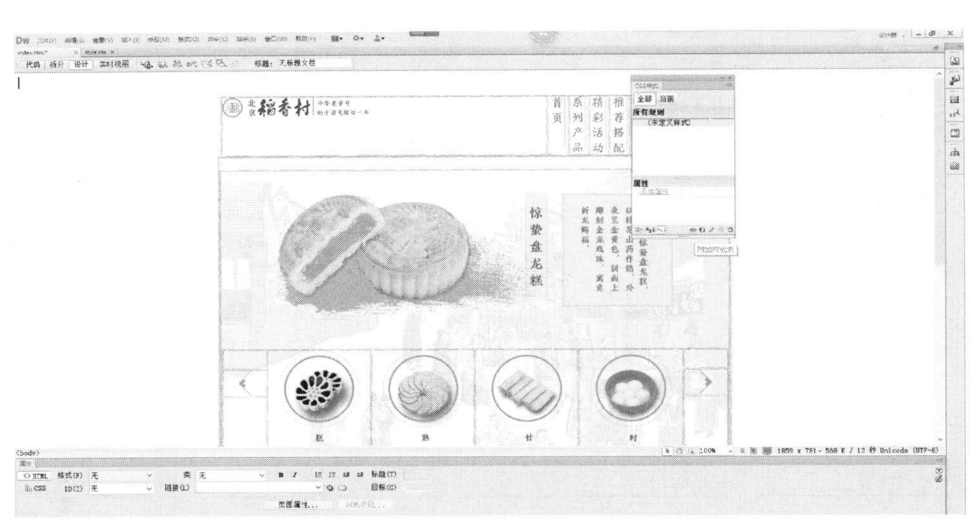

图 7-13 【附加样式表】按钮

（12）弹出【链接外部样式表】对话框，在该对话框中选择样式文件 style.css，即可将 CSS 样式表导入网页文档中，如图 7-14 所示。这样就可以通过定义 style.css 文件的样式属性来定义网页的外观。

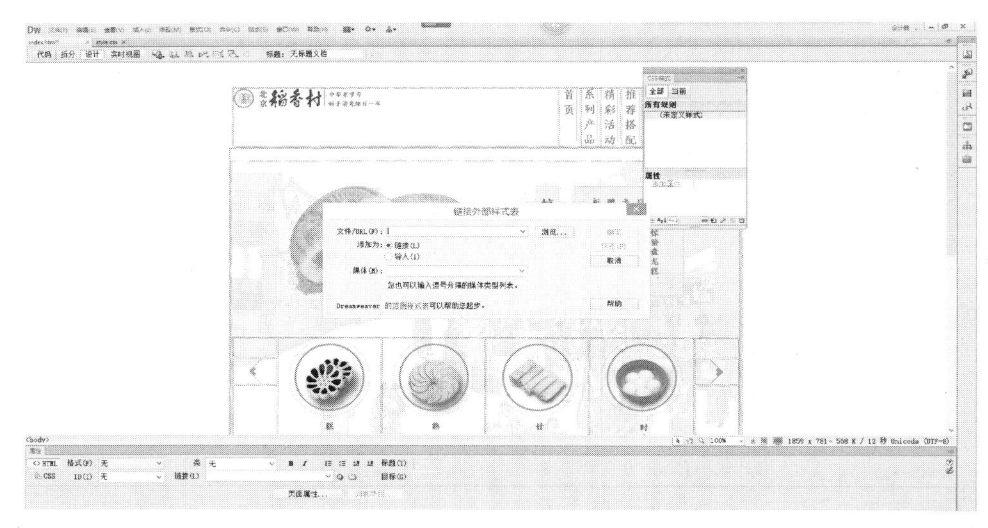

图 7-14 将 CSS 样式表导入到网页文档中

四、CSS 规则属性

在创建 CSS 样式表中，创建了一个名为“.sssyle”的 CSS 文件，如图 7-15 所示。

用鼠标双击【.sssyle】选项，弹出【.sssyle 的 CSS 规则定义】对话框，如图 7-16 所示。

【字体】：设置字体类型，通常设置为宋体字。

【大小】：设置字号的大小，可输入具体字号大小的像素值，也可从不同的字号大小中进行选择，如何选择根据个人喜好。

【粗细】：设置字体的粗细，有“普通”和“粗体”两种选择，通常选择“普通”。

【样式】：设置字体的样式，有“正常”“斜体”和“偏斜体”三种样式选项，通常选择“正常”。

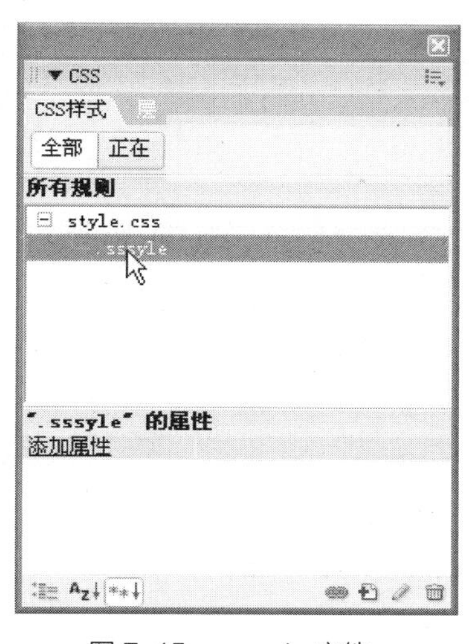

图 7-15　.sssyle 文件

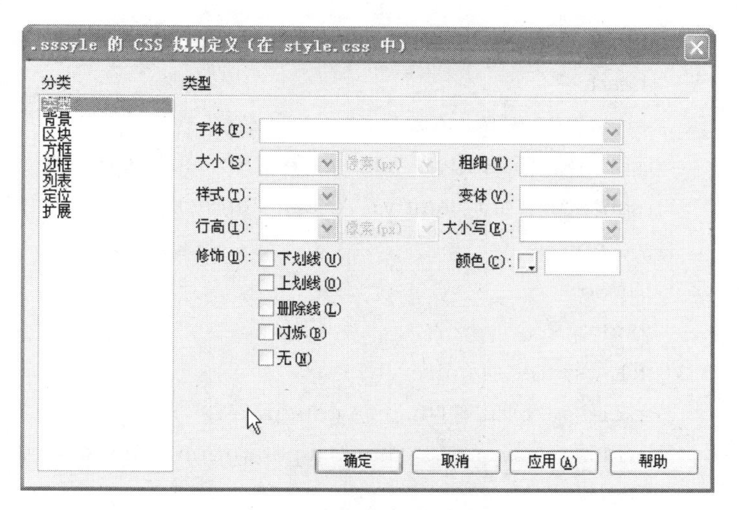

图 7-16　CSS 规则定义对话框

【变体】：有“正常”和“小型大写字母”两种选项，通常选择“正常”。

【行高】：指字的行与行之间的距离，可选择“正常”和“行高”。当选择“行高”时，会要求选择一个值，后面会有“像素”“点数”“%”等，如何选择根据个人喜好。

【大小写】：设置首字母大写、全部大写、全部小写。这个用得少，一般不设置。

【修饰】：可以选择字有下划线、上划线、删除线、闪烁字体或无修饰五种效果，一般选择“无”。

【颜色】：设置文本的颜色，一般选择黑色，根据个人喜好决定。

第二节　定义 CSS 样式的属性

一、文本样式的定义

CSS 字体属性用来定义文本的字体系列、大小、加粗、风格（如斜体）和变形（如小型大写字母）等外观设置。

1. 设置字体系列

在 CSS 中，有如下两种不同类型的字体系列名称。

（1）通用字体系列：拥有相似外观的字体系统组合（如“Serif”“Monospace”等）。

（2）特定字体系列：具体的字体系列（如“Times”“Courier”等）。

在 CSS 中，使用 font-family 属性定义文本的字体系列。该属性可以把多个字体名称作为一个“回退”系统来保存。如果浏览器不支持第一个字体，则会尝试下一个。也就是说，font-family 属性的值是用于某个元素的字体名称的一个优先表，浏览器会使用它可识别的第一个值。

【示例 2】设置文本字体

在 Dreamweaver 中创建名称为“font1.html”的 HTML 页面，其代码如下所示：

```
<html>
<head>
<style type="text/css">
p.serif (font-family: "Times New Roman", Georgia, Serif )
p.sanserif ( font-family: Arial, Verdana, sans-serif )
</style>
</head>
<body>
<h1>css font-family</h1>
<p class="serif">This is a paragraph, shown in the Times New Roman font. </p >
<p class="sanserif">This is a paragraph, shown in the Arial font. </p >
</body>
</html>
```


在上述代码中，利用 CSS 定义了两个类选择符 p.serif 和 p.sanserif，在类选择符中分别利用 font-family 属性定义了字体类型。在 HTML 代码中的< p >标签中，使用类选择符来设置标签中所包含的文字的字体。该页面显示效果如图 7-17 所示。

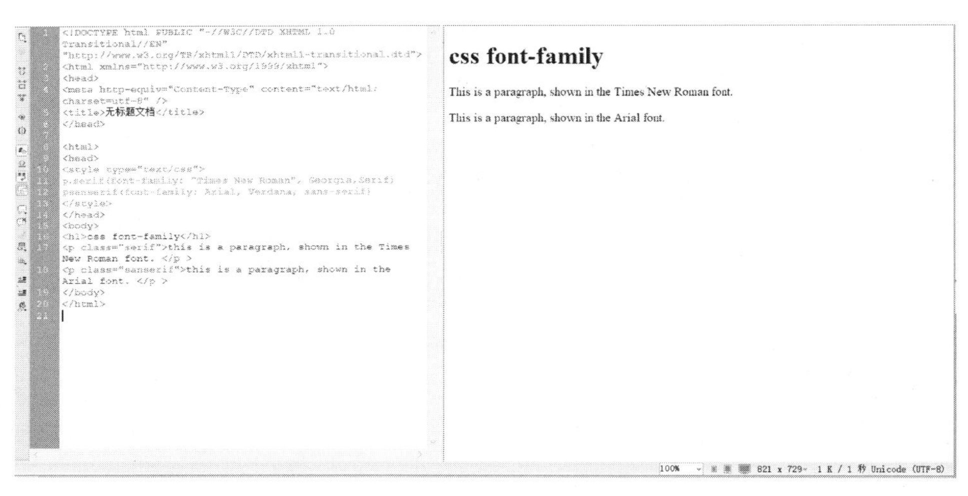

图 7-17　页面显示效果

2. 设置字体大小

在 CSS 中，使用 font-size 属性设置文本的大小，其属性值可以是绝对值或相对值。对于绝对值来说，是将文本设置为指定的大小，并不允许用户在浏览器中改变文本大小；对于相对值而言，是相对于周围的元素来设置大小，并允许用户在浏览器中改变文本大小。如果没有规定字体大小，普通文本（如段落）的默认大小是 16 像素。

【示例 3】设置字体大小

在 Dreamweaver 中创建名称为“font2.html”的 HTML 页面，其代码如下所示：

```
<html>
<head>
<style type="text/css">
h1{font-size: 60px; }
```

```
h2 {font-size: 40px; }
p {font-size: 14px; }
</style>
</head>
<body>
<h1>This is heading 1</h1>
<h2>This is heading 2</h2>
<p>This is a paragraph.
</p >
</body>
```

该页面显示效果如图 7-18 所示。

This is heading 1

This is heading 2

This is a paragraph.

< /body>

图 7-18　页面显示效果

二、背景样式的定义

设置【背景】属性，如图 7-19 所示。

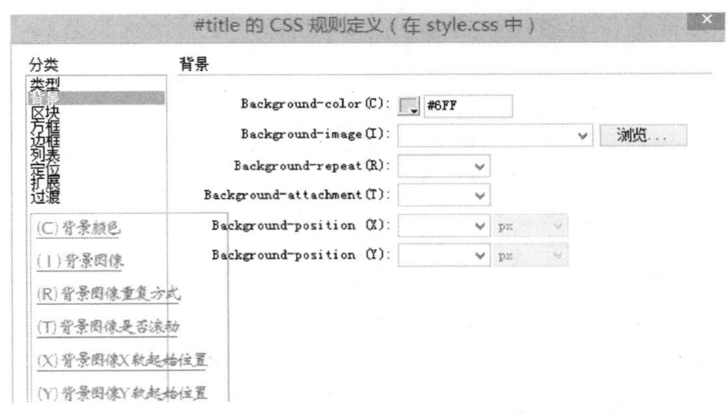

图 7-19　设置【背景】属性

（1）【背景颜色】：设置选中的文本颜色。

（2）【背景图像】：设置文本的背景图像。

（3）【背景图像重复方式】：设置当背景图像不能填满页面时，是否重复背景图像。【不重复】选项代表只显示一次，不论能不能填满，都不重复背景图像；【重复】选项代表背景图像不能填满页面时一直重复下去，直至填满为止；【横向重复】选项代表只在水平方向重复背景图像；【纵向重复】选项代表只在竖直方向重复背景图像。

（4）【背景图像是否滚动】：设置背景图像是固定在一处，还是连同网页一起滚动。【固定】选项代表固定在初始位置；【滚动】选项代表连同网页的内容一起滚动。

（5）【背景图像 X 轴起始位置】：设置背景图像相对于页面元素在水平方向上的初始位置，可以使用左对齐、居中对齐和右对齐三种方式，也可以设置具体的数值。

（6）【背景图像 Y 轴起始位置】：设置背景图像相对于页面元素在垂直方向上的初始位置，包括顶部对齐、居中对齐和底部对齐三种方式，也可以设置具体的数值。

注：如果在【附件】下拉列表中选择了【固定】选项，则该选项是相对于文档窗口而不是相对于元素。设置背景图像相对于元素的初始位置属性，能够得到 Internet Explorer（浏览器）的支持，但却不被 Netscape Navigator 所支持。

三、区块样式的定义

设置区块样式如图 7-20 所示。

（1）【单词间距】：设置单词之间的距离值，可以选择【正常】选项，也可以设置间距值。如果在【单词间距】下拉列表中输入间距值，则在其后的下拉列表中选择间距单位。

（2）【字母间距】：设置字母之间的距离值，含义与【单词间距】下拉列表相同。

（3）【垂直对齐方式】：设置使用该属性项的元素的垂直对齐方式。

（4）【文本对齐方式】：设置使用该属性项的元素的对齐方式。

（5）【首行缩进方式】：设置使用该属性项的元素的缩进量。

（6）【处理空白方式】：设置元素中空白的方式。选择【正常】选项，表示空格收缩起来；选择【保留】选项，与使用 <pre> 标记时才会换行。

（7）【显示方式】：设置是否显示元素以及如何显示元素。选择【无】选项，将关闭元素的显示。

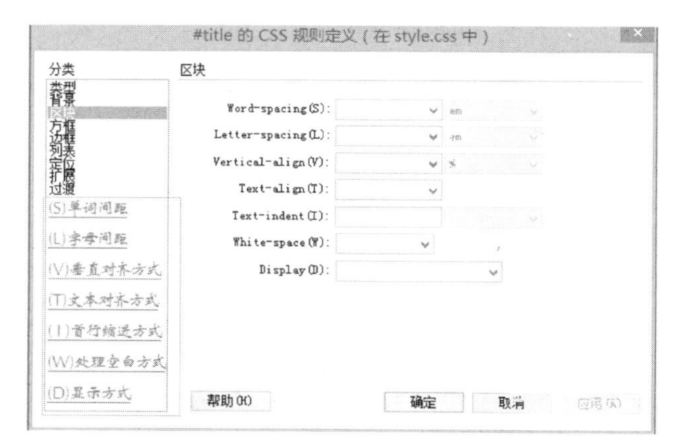

图 7-20　区块样式

四、方框样式的定义

网站建设中使用【CSS 规则定义】对话框的【方框】类别可以控制元素在页面上的放置方式的标签和属性定义设置，如图 7-21 所示。网站建设可以在应用填充和边距设置时将设置应用于元素的所有边，也可以选择【全部相同】选项将相同的设置应用于元素的所有边。

图 7-21　设置方框标签和属性

CSS 的【方框】选项卡中各选项的参数如下。

【Width】和【Height】：设置元素的宽度和高度。

【Float】：网站建设中设置其他元素在哪个边围绕元素浮动。其他元素按通常的方式环绕在浮动元素的周围。

【Clear】：定义不允许 AP Div 的边。如果清除边上出现 AP Div，则带有清除设置的元素将移到该 AP Div 的下方。

【Padding】：指定元素内容与元素边框之间的间距。取消选择【全部相同】选项可设置各个边的填充；选择【全部相同】选项将相同的填充属性应用于元素的 Top、Right、Bottom 和 Left 边。

【Margin】：设置一个元素的边框与另一个元素的边框之间的间距。仅当应用于块级元素时，Dreamweaver 才在文档窗口中显示该属性。取消选择【全部相同】选项可设置元素各个边的边距；选择【全部相同】选项将相同的边距属性应用于元素的 Top、Right、Bottom 和 Left 边。

五、边框样式的定义

设置边框样式如图 7-22 所示。

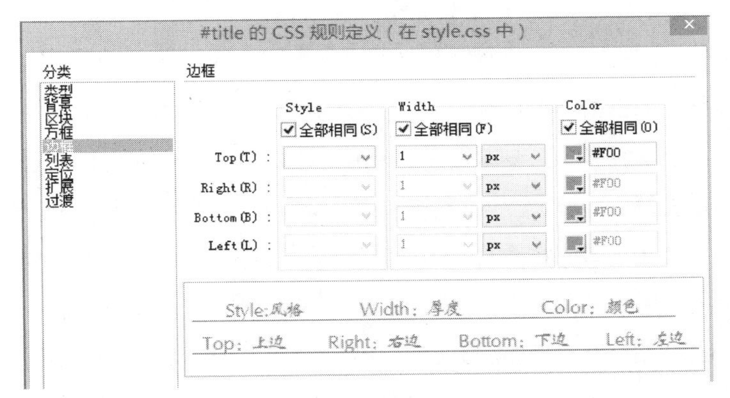

图 7-22　边框样式

元素的边框（border）是围绕元素内容和内边距的一条或多条线。

CSS border 属性允许用户规定元素边框的样式、宽度和颜色。

1.CSS 边框

在 HTML 中，可以使用表格来创建文本周围的边框，但是通过使用 CSS 边框属性，可以创建出效果出色的边框，并且可以应用于任何元素。元素外边距内就是元素的边框（border）。元素的边框就是围绕元素内容和内边据的一条或多条线。每个边框都包括宽度、样式以及颜色三个方面。

2. 边框与背景

CSS1 指出，边框绘制在“元素的背景之上”。这点很重要，因为有些边框是“间断的”（例如点线边框或虚线框），元素的背景应当出现在边框的可见部分之间。CSS2 指出背景只延伸到内边距，而不是边框。后来 CSS2.1 进行了更正：元素的背景是内容、内边距和边框区的背景。大多数浏览器都遵循 CSS2.1 提出的定义，不过一些较旧版本的浏览器可能会有不同的表现。

3. 边框的样式

样式是边框最重要的一个方面，这不仅因为样式控制着边框的显示，而且因为如果没有样式，将根本没有边框。

六、定位样式的定义

设置定位样式如图 7–23 所示。

图 7–23　定位样式

CSS 定位（Positioning）属性允许用户对元素进行定位。

CSS 为定位和浮动提供了一些属性，利用这些属性，可以建立列式布局，将布局的一部分与另一部分重叠，还可以完成多年来通常需要使用多个表格才能完成的任务。

定位的基本思想很简单，它允许用户定义元素框相对于其正常位置应该出现的位置，或者相对于父元素、另一个元素甚至浏览器窗口本身的位置。显然，这个功能非常强大。一方面，用户代理对 CSS2 中定位的支持远胜于对其他方面的支持，另一方面，CSS1 中首次提出了浮动，它以 Netscape 在 Web 发展初期增加的一个功能为基础。浮动不完全是定位，但也不是正常流布局。本书会在后面的章节中明确浮动的含义。

七、CSS 过渡

CSS3 的过渡功能就像是一种润滑剂，可以让 CSS 的一些变化变得平滑。因为原生的 CSS 过渡在客户端需要处理的资源要比用 JavaScript 和 Flash 少得多，所以才会更平滑。transition 属性如图 7–24 所示。

属性	描述
transition - property	指定要过渡的 css 属性
transition - duration	指定完成过渡要花费的时间
transition - timing-function	指定过渡函数
transition - delay	指定过渡开始出现的延迟时间

图 7–24　transition 属性

属性可以分开写，也可以放在一起写，比如下面的代码，图片的宽高本来都是 15px，想要让它快速过渡到宽高为 450px，通过 hover 来触发，那么代码就可以写成如下形式：

```
img{height:15px;
width:15px;
transition: 1s 1s height ease; /* 合在一起 */}
或者：img{height: 15px;
width:15px;
transition-property: height;
transition-duration: 1s;
transition-delay: 1s;
transition-timing-function: ease; /* 属性分开写 */}
img:hover{height: 450px;  width: 450px; }
```

因为过渡所需时间与过渡延迟时间的单位都是秒，所以在合起来写 transition 的属性时，第一个 time 会解析为 transiton–duration，第二个 time 解析为 transition–delay。所以，可以给 transition 一个速记法：transition–property——过渡属性；transition–duration——过渡所需时间。

1. 属性详解

transition–property：不是所有属性都能过渡，只有属性具有一个中间点值才具备过渡效果。

transition–timing–function——过渡动画函数。

transition–delay——过渡延迟时间。

transition–duration：指定从一个属性到另一个属性过渡所要花费的时间。默认值为 0，为 0 时，表示变化是瞬时的，看不到过渡效果。

transition–timing–function 为过渡函数，有如下几种形式：

liner：匀速。

ease-in：减速。

ease-out：加速。

ease-in-out：先加速再减速。

cubic-bezier：三次贝塞尔曲线。

2. 触发过渡

单纯的代码不会触发任何过渡操作，需要通过用户的行为（如点击、悬浮等）触发，可触发的方式包括 hover、focus、checked、媒体查询触发、JavaScript 触发。

3. 局限性

transition 的优点主要在于简单易用，但是它有如下的局限性。

（1）transition 需要事件触发，所以无法在网页加载时自动发生。

（2）transition 是一次性的，不能重复发生，除非再次触发。

（3）transition 只能定义开始状态和结束状态，不能定义中间状态，也就是说只有两个状态。

（4）一条 transition 规则只能定义一个属性的变化，不能涉及多个属性。

第三节　创建 CSS 样式

一、内部样式表

1. 内部式（位于 <head> 标签内部）

内部式 CSS 样式表在 HTML 文档的 < head > 标签中，以 < style > 标签包裹，直接写在 HTML 文档中。内部式只对某个网页起作用，一般写在 <head></head> 里，也有写在 <body></body> 里的（建议写在 <head></head> 里），例如下面的代码：

```
<html>
<head>
<title> 大连理工大学 -www.dlut.cn</title>
<style type="text/css">
.cmsjzy1{color: Red}
.cmsjzy2{color: Blue}
</style>
</head>
<body>
<p class="cmsjzy1"> 大连理工大学 </p>
<p class="cmsjzy2">www.dlut.cn</p>
</body>
</html>
```

2. 内联式（在 HTML 元素内部）

内联式 CSS 样式表又称行内样式、行间样式，可使用 style 属性来定义。如果希望某段文字与其他段落的文字显示风格不一样，可选用行内式。内联式 CSS 样式表就是把 CSS 代码直接写在现有的 HTML 标签中，例如下面的代码：

```
<html>
<head>
<title>CMS 大连理工大学 –www.dlut.cn</title>
</head>
<body>
<p style="color：Red">CMS 大连理工大学 </p>
<p style="color：Blue">www.dlut.cn</p>
</body>
</html>
```

注意：（1）CSS 样式文件名称以有意义的英文字母命名，如 main.css；（2）“rel="stylesheet" type="text/css"”是固定写法，不可修改；（3）<link> 标签位置一般写在 <head> 标签之内。

这三种样式是有优先级的，它们的优先级如下：内联式 > 内部式 > 外部式。但是内部式 > 外部式有一个前提：内部式 CSS 样式的位置一定在外部式的后面。其实总结来说，就是就近原则（离被设置元素越近，优先级别越高）。但注意上面所总结的优先级排序有一个前提：内联式、内部式、外部式样式表中 CSS 样式是在相同权值的情况下。

二、外部样式表

外部样式表（也可称为外联式）就是把 CSS 代码写在一个单独的外部文件中，这个 CSS 样式文件以“.css”为扩展名，在 <head> 标签内（不是在 <style> 标签内）使用 <link> 标签将 CSS 样式文件链接到 HTML 文件内。如果希望多个页面，甚至整个网站所有页面都采用统一风格，可选用外部样式表。根据样式文件与网页的关联方式，外部样式表又分为链接外部样式表和导入样式表两种。

1. 链接外部样式表

链接外部样式表的代码如下：

```
<head>
  <link rel="stylesheet" type="text/css" href="cmsjzy.css"/>
</head>
```

2. 导入样式表

导入样式表的代码如下：

```
<head>
  <style type="text/css">
    @import cmsjzy.css
  </style>
</head>
```

本／章／小／结

本章重点介绍了使用CSS样式美化网页的知识。通过本章的学习，读者应当掌握CSS样式的使用、定义和创建，为后续内容的学习奠定基础。

思考与练习

1.CSS 语法的组成部分包括哪些？

2. 如何定义 CSS 样式的属性？

3. 练习创建 CSS 样式。

第八章

网 页 布 局

章节导读

布局就是以最合适浏览的方式将图片和文字排放在页面的不同位置。本章将重点介绍网页布局的相关知识。

本章的学习重点如下。

1. 应用框架布局。
2. 应用 CSS Div 布局。

第一节　应用框架布局

一、用框架布局页面

框架是一种能够使多个网页通过区域划分最终显示在同一个浏览器窗口的网页结构。框架由两部分组成：框架集和多个框架。在网站制作中，可以把相同的部分单独制作成一个页面，将其作为框架结构。一个框架结构供整个站点公用。通过这种方法，达到网站整体风格的统一。一般来讲，每隔一段时间，网站都需要更新。对于相同部分的修改，如导航栏的增减和样式设置，如果使用框架技术布局，只需要修改框架中的公用网页，网站就同时更新了。使用框架结构也存在一些问题，例如使用框架结构的网站可能会影响网页的浏览速度。另外，对于不同框架中各页面元素的对齐，要达到精确的程度不是很容易，框架页面对于用户和搜索引擎来说都不是很合适，在使用框架布局网页时，应该慎重选择。

二、创建框架和框架集

页面中的框架主要包括两个部分：一个是框架集，另一个是框架。框架集定义了在一个窗口中显示的框架数、框架的尺寸、载入到框架的网页等。而框架则是指在网页上定义的一个显示区域。

框架集使用 <frameset>、</frameset> 标签来定义，其作用是定义 HTML 页面为框架模式，以及如何将页面分割为框架。通俗一点来说，框架集就是定义页面框架结构的。在使用框架的页面中，<body> 标签将被框架集标签 <frameset> 所代替。

<frameset> 标签的语法格式如下：<frameset cols="" rows=""></frameset>。

其中，cols 和 rows 属性分别定义了框架集中列和行的数目以及尺寸，其属性值可以为像素或者百分比。例如，如下所示的代码定义了简单的三框架页面：

```
<html>
<frameset co1s="258，508，258">
</frameset>
</html>
```

其中，cols 属性值分别定义了三个框架页面所占的比例。

设置完框架集后，对于框架集中包含的每一个框架，都要通过 <frame> 标签来定义。该标签定义了放置在每个框架中的 HTML 页面。其语法格式如下：<frame src="url"/>。

其中，src 属性用来设定该框架中的 HTML 页面的路径。

【示例 1】创建框架

（1）启动 Dreamweaver，在开始页面中，单击【新建】栏下的【HTML】栏选项，即可新建一个空白文档，如图 8-1 所示。

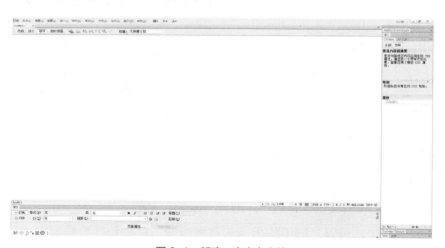

图 8-1　新建一个空白文档

（2）在菜单栏中选择【插入】→【HTML】命令，在弹出的子菜单中选择【左侧及上方嵌套】选项，如图 8-2 所示。

（3）页面中会弹出一个【框架标签辅助功能属性】对话框，在该对话框中可以为创建的每一个框架指定标题，如图 8-3 所示。

（4）单击【确定】按钮，此时页面中就会创建一个【左侧及上方嵌套】框架，如图 8-4 所示。

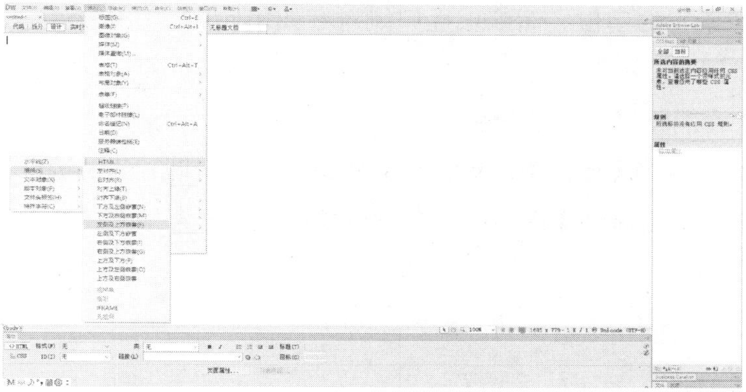

图 8-2　选择【左侧及上方嵌套】命令

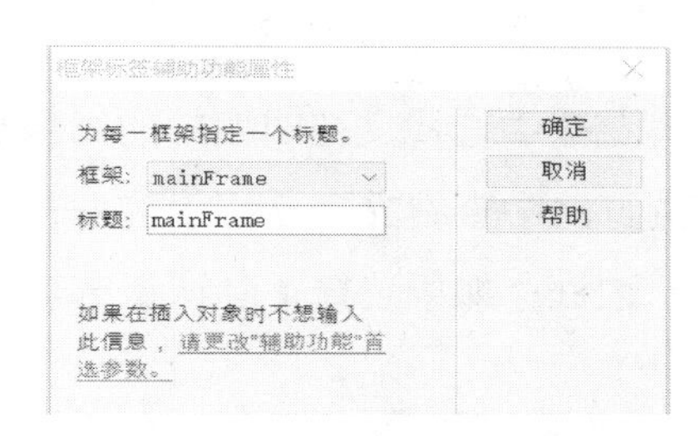

图 8-3　为创建的每一个框架指定标题

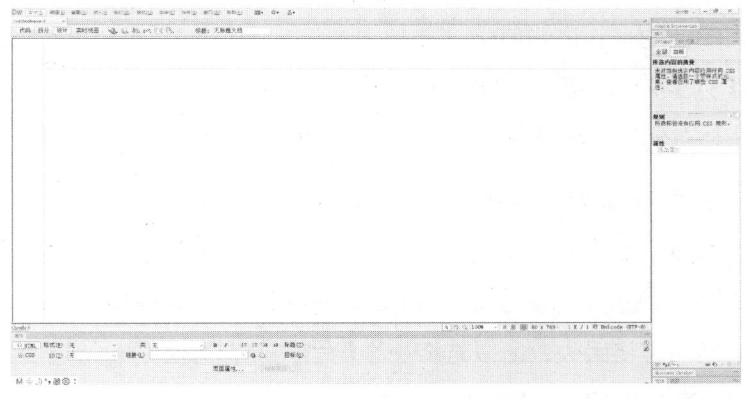

图 8-4　【左侧及上方嵌套】框架

三、设置框架和框架集属性

<frames> 和 <fame> 标签都具有 frameborder 属性，该属性用来设置框架的边框。在默认情况下，框架窗口的四周有一条边框线，通过 frameborder 属性可以调整边框线的显示情况。其语法格式为 <frameset：frameborder=" 是否显示 "> 或者 <frame frameborder=" 是否显示 ">。该属性的取值只能为 0 或 1。如果取值为 0，那么边框线将会隐藏；如果取值为 1，边框线将会显示。在 <frameset> 标签中设置将会对整个框架有效，而在 <frame> 标签中设置则只对当前框架有效。当通过 <frameset> 标签设置边框线显示时，可以使用该标签的 namespacing 属性来设置边框的宽度。框架的边框宽度在默认情况下是 1 像素，通过设置该属性可以调整其大小。其语法格式为 <frameset framespacing=" 边框宽度 ">。该属性指定的边框宽度就是在页面中各个边框之间的线

条宽度，以“像素”为单位。而该属性只能对框架集使用，在单个框架的 <frameset> 标签中是不能设置的。

【示例 2】设置框架集边框属性

框架集有其自身的【属性】面板，在文档窗口中单击框架集的边框，即可选择一个框架集。此时，会在【属性】面板中显示框架集属性。框架集【属性】面板中的各参数功能如图 8-5 所示。

图 8-5 【属性】面板

【边框】：用于设置在浏览器中查找文档时框架的周围是否显示边框。在该下拉列表中选择【是】选项时，在浏览器中查看文档会显示边框；如果选择【否】选项，在浏览器中查看文档时便不会显示边框；如果选择【默认】选项，那么边框是否显示将由浏览器来确定。

【边框宽度】：用于指定框架集中所有边框的宽度。

【边框颜色】：单击颜色图标，在弹出的颜色拾取器中选择边框的颜色，或者在颜色文本框中输入颜色的十六进制值。

【行】或【列】：属性面板中显示的行或列，是由框架集的结构而定。

【单位】：行、列尺寸的单位，在该下拉列表中包含像素、百分比和相对 3 个选项。

四、保存框架和框架集

创建框架文件时，如果像保存普通文件一样保存框架，只会保存鼠标所定位的框架内容。当编完框架及框架文件后，必须对框架及框架文件进行保存。在 Dreamweaver 中保存框架，框架内容将丢失，所以选择一个恰当的保存方法是非常重要的。

【示例 3】保存框架和框架集

（1）在菜单栏中选择【文件】→【保存全部】命令，整个框架边框会出现一个阴影框，同时会弹出【另存为】对话框，如图 8-6 所示。在【文件名】文本框中输入名称。

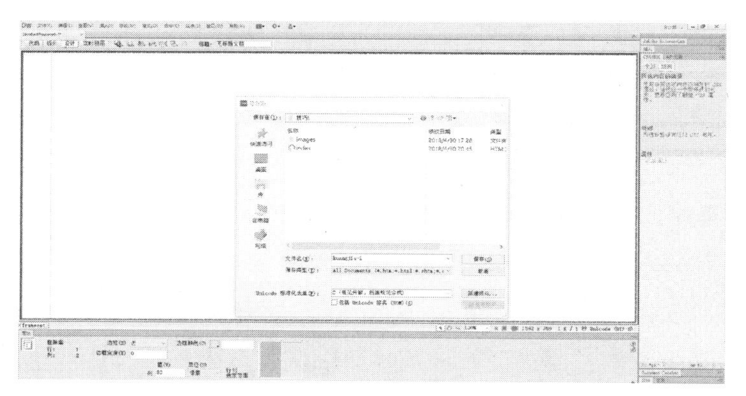

图 8-6 【另存为】对话框

（2）单击【保存】按钮，弹出【另存为】对话框。此时右侧的第二个框架内侧出现阴影，表明要对该框架进行保存，在【文件名】文本框中输入名称，如图 8–7 所示。

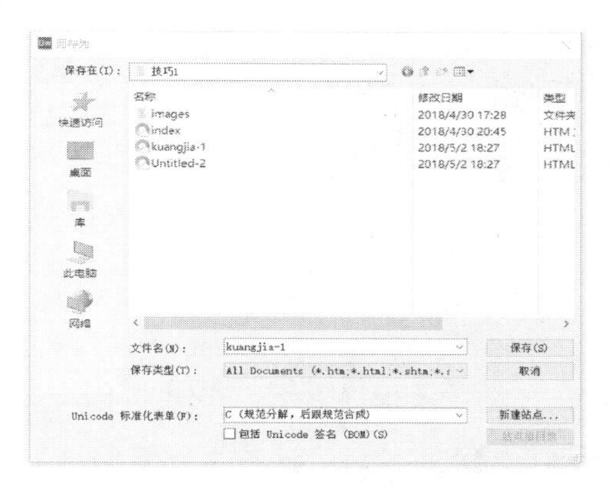

图 8–7 在【文件名】文本框中输入名称

（3）单击【保存】按钮，若再出现【另存为】对话框，则进行保存，直到全部保存完，框架保存完成，如图 8–8 所示。

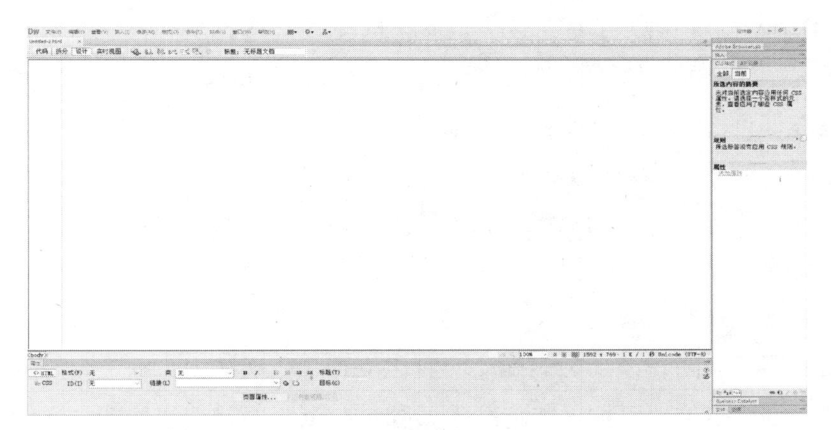

图 8–8 保存框架

五、控制带有链接的框架内容

在【设计】视图中，选择文本或对象。在属性检查器（【窗口】→【属性】）的【链接】字段中，执行以下操作之一。

（1）单击文件夹图标并选择要链接到的文件。

（2）将【指向文件】图标拖动到【文件】面板以选择要链接到的文件。

（3）在属性检查器的【目标】属性面板弹出的菜单中，选择链接的文档应在其中显示的框架或窗口。

【_blank】：在新的浏览器窗口中打开链接的文档，同时保持当前窗口不变。

【_parent】：在显示链接的框架的父框架集中打开链接的文档，同时替换整个框架集。

【_self】：在当前框架中打开链接，同时替换该框架中的内容。

【_top】：在当前浏览器窗口中打开链接的文档，同时替换所有框架。

（4）框架名称也出现在该菜单中，选择一个命名框架以打开该框架中链接的文档。

第二节　应用 CSS Div 布局

一、CSS 布局理念

Div + CSS 布局是一种比较新的网页布局理念，完全有别于传统的布局方式。在网页设计制作中，定位就是页面中的绝对位置，也是相对于上级元素或另一个元素的相对位置。在使用 Div + CSS 布局制作页面的过程中，都是通过 CSS 的定位属性控制元素的位置与大小。

1.Div 层叠顺序

（1）Relative（相对定位）。如果对一个元素进行相对定位，首先将出现在它所在的位置上，然后通过设置垂直或水平位置，让这个元素相对于它原来的位置进行移动。另外，进行相对定位时，无论是否进行移动，元素仍然占据原来的空间。因此，移动元素会导致它覆盖其他元素。

（2）Absolute（绝对定位）。绝对定位是参照浏览器的左上角，配合 Top、Right、Bottom 和 Left 进行定位的。如果没有设置上述的 4 个值，则默认的依据父级元素的坐标原点为原始点。绝对定位可通过 Top、Right、Bottom 和 Left 来设置元素，使其处在任何一个位置。在父级元素的 Position 属性为默认值时，Top、Right、Bottom 和 Left 的坐标原点以 body 的坐标原点为起始位置。绝对定位与相对定位的区别在于绝对定位的坐标原点为上级元素的原点，与上级元素有关，相对定位的坐标原点为本身偏移前的点，与上级元素无关。

（3）Fixed（固定定位）。固定定位和绝对定位比较相似，是绝对定位的一种特殊形式，固定定位的容器不会随着滚动条的拖动而变化位置。在视线中，固定定位的容器位置是不会改变的。固定定位可以把一些特殊效果固定在浏览器的视线位置。它的参照位置不是上级元素块而是浏览器窗口。所以可以使用固定定位来设定类似传统框架样式布局等。使用固定定位可以脱离页面，无论页面如何滚动，始终处在页面的同一位置上。

（4）Float（浮动定位）。除了使用 Position 进行定位外，还可以使用 Float 定位。Float 定位只能在水平方向上定位，而不能在垂直方向上定位。Float 属性表示浮动属性，它用来改变元素块的显示方式。浮动定位是 CSS 布局中非常重要的手段。浮动框可以左右移动，直到它外边缘碰到包含框或另一个浮动框的边缘。

2. 空白边叠加

空白边叠加是一个比较简单的概念，当两个垂直空白边相遇时，它们会形成一个空白边。这个空白边的高度是两个发生叠加的空白边中的高度较大者。当一个元素出现在另一个元素上面时，第一个元素的底空白边与第二个元素的顶空白边发生叠加。

二、固定宽度布局

固定宽度布局十分简单，为 ID 名为“left”与“right”的 Div 设置 CSS 样式，让两个 Div 在行中并排显示。而为了实现两列式布局，需使用 Float 属性，这样两列固定宽度的布局能够完整地显示出来。

三、可变宽度布局

1. 两列百分比宽度布局

自适应主要通过宽度的百分比值设置。因此在两列宽度自适应布局中也同样是对百分比宽度值进行设定。

2. 两列右列宽度自适应布局

在实际应用中，有时候需要左栏固定宽度，右栏根据浏览器窗口大小自动调整。在CSS中只需要设置左栏宽度，右栏不设置任何宽度值，并且右栏不浮动。两列右列宽度自适应布局经常在实际操作中用到，不仅右列，左列也可以自适应，设置方法相同。

四、CSS布局与传统的表格方式布局分析

CSS样式表是控制页面布局样式的基础，是真正能够做到网页表现与内容分离的一种样式设计语言。相对传统HTML的简单样式控制而言，CSS能够对网页中的对象的位置排版进行更为精确的控制，支持几乎所有的字体、字号、样式，以及拥有对网页对象盒模型样式的控制能力，并能够进行初步的页面交互设计，是目前基于文本展示的最优秀的表现设计语言。

1. 浏览器支持完善

目前CSS2样式是众多浏览器支持最完善的版本，最新的浏览器均以CSS2为CSS支持原型设计，使用CSS样式设计的网页在众多平台及浏览器下最为适配。

2. 表现与结构分离

CSS在真正意义上实现了设计代码与内容分离，在CSS的设计代码中通过CSS的内容导入特性，又可以使设计代码根据设计需要进行二次分离。如为字体或版式等设计一套专门的样式表，根据页面显示的需要重新组织，使得设计代码本身也便于维护与修改。

3. 样式设计控制功能强大

掌握基于CSS的网页布局方式，是实现Web标准的基础。在主页制作时采用CSS技术，可以有效地对页面的布局、字体、颜色、背景和其他效果实现更加精确的控制。只要对相应的代码做一些简单的修改，就可以改变网页的外观和格式。采用CSS布局有以下优点。

①大大缩减页面代码，提高页面浏览速度，缩减带宽成本。

②结构清晰，容易被搜索引擎搜索到。

③缩短改版时间，只要简单地修改几个CSS文件就可以重新设计有多个页面的站点。

④ CSS非常容易编写，可以像写HTML代码一样轻松地编写CSS。

⑤提高易用性，使用CSS可以结构化HTML，如<p>标签只用来控制段落，<heading>标签只用来控制标题，<table>标签只用来表现格式化的数据等。

⑥表现和内容相分离，将设计部分分离出来放在一个独立样式的文件中。

⑦用只包含结构化内容的 HTML 代替嵌套的标签，搜索引擎将更有效地搜索到内容。table 布局灵活性不大，只能遵循 itable、tr、td 的格式，而 Div 可以有各种格式。table 布局中，垃圾代码会很多，一些修饰的样式及布局的代码混合在一起，效果很不直观。而 Div 更能体现样式和结构相分离。

⑧结构的重构性强，在几乎所有的浏览器上都可以使用。

⑨可以将许多网页的风格格式同时更新，而不用一页页地更新。

本 / 章 / 小 / 结

本章重点介绍了网页布局的相关知识。通过本章的学习，读者应当了解掌握应用框架布局和应用 CSS Div 布局的方法，为后续内容的学习奠定基础。

思考与练习

1. 如何应用框架布局网页?

2. 如何应用 CSS Div 布局网页?

3.CSS 布局与传统的表格方式布局相比，具有哪些优点?

第九章

Photoshop 网页设计基础

章节导读

Photoshop是Mac和Windows平台上的图像处理软件，它拥有强大的图像处理功能和广泛的用户。用 Photoshop 制作的网页版面，可以很好地控制和调整网页框架的布局或色彩的协调搭配，也便于整体的修改和局部的细致刻画，使网页更具个性化。

本章的学习重点如下。

1. 认识 Photoshop 的工作界面。
2. 使用绘图工具。
3. 制作文本特效。

第一节 认识 Photoshop 的工作界面

Photoshop 的工作界面以一个将全部元素置于一个窗口的形式呈现。在集成的界面中，全部的窗口和面板都被集成到一个更大的应用程序窗口中。用户可以通过该集成窗口查看文档和对象属性，将常用操作放置于工具栏中，这种形式可以使用户更加快速地更改文档，如图 9–1 所示。

一、菜单栏

菜单栏位于该应用软件的顶端，包含 11 个菜单命令。菜单栏通过各个命令菜单提供对 Photoshop 的绝大多数操作及窗口的定制，包括【文件】、【编辑】、【图像】、【图层】、【文字】、【选择】、【滤镜】、【3D】、【视图】、【窗口】和【帮助】。

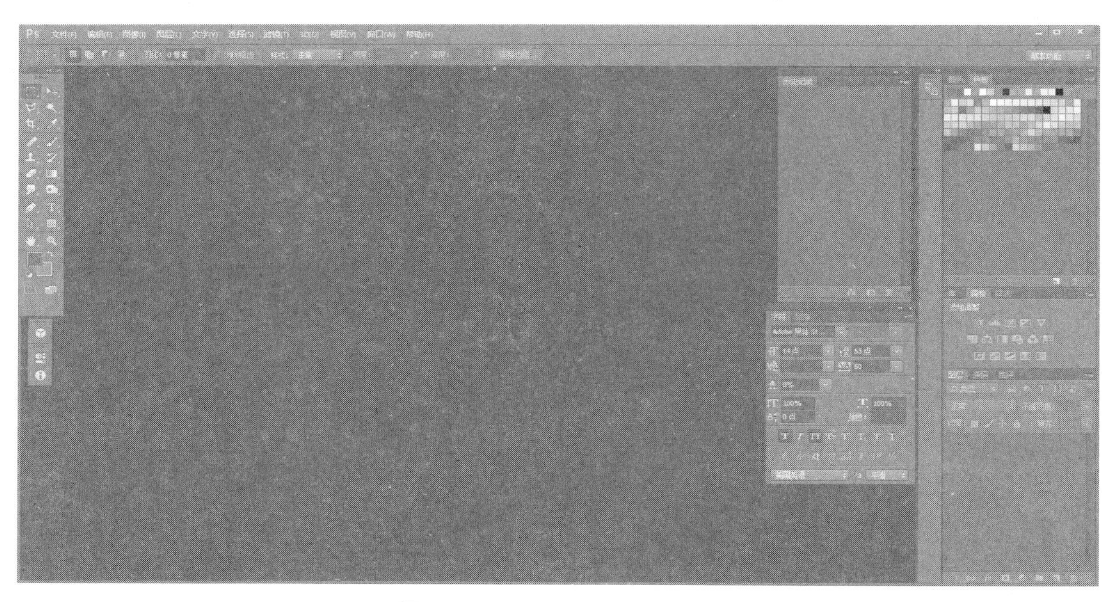

图 9-1　Photoshop 的工作界面

二、工具箱及工具选项栏

工具箱：包含用于执行各种操作的工具。工具箱包含 Photoshop 操作的所有使用工具：移动工具（快捷键 V）；矩形选框工具（快捷键 M）；套索工具（快捷键 L）；快速选择工具（快捷键 W）；裁剪工具（快捷键 C）；吸管工具（快捷键 I）；污点修复画笔工具（快捷键 J）；画笔工具（快捷键 B）；仿制图章工具（快捷键 S）；历史记录画笔工具（快捷键 Y）；橡皮擦工具（快捷键 E）；渐变工具（快捷键 G）；模糊工具；减淡工具（快捷键 O）；钢笔工具（快捷键 P）；横排文字工具（快捷键 T）；路径选择工具（快捷键 A）；矩形工具（快捷键 U）；抓手工具（快捷键 H）；缩放工具（快捷键 Z）；前景色与背景色；以快速蒙版模式编辑（快捷键 Q）；更改屏幕模式（快捷键 F）。

工具选项栏：用来设置各种工具的选项，默认位于菜单栏的下方，可以通过拖动手柄区移动选项栏。选项栏的参数是不固定的，它会随着所选工具的不同而改变。

三、文档窗口及状态栏

文档窗口：文档窗口是显示和编辑图像的区域。选项卡式文档窗是供用户切换窗口的。状态栏位于 Photoshop 文档窗口的底部，用来缩放和显示当前图像。

状态栏：可以显示文档大小、文档尺寸、当前工具和窗口缩放比例等信息。

四、面板

面板组是 Adobe 公司常用的一种面板排列方法，以前通常称为浮动面板，因为它们是可移动的，从最近几个版本开始，才将这些面板调整在软件界面的右侧。面板用来设置颜色、工具参数以及执行编辑命令。Photoshop 中包含 20 多个面板，可以在【窗口】菜单中选择需要的面板，将其打开。默认情况下，面板以选项卡的形式成组出现，并停靠在窗口右侧，可以根据需要打开、关闭或是自由组合面板。

第二节　使用绘图工具

一、使用矩形选框工具和圆角矩形工具

1. 矩形选框工具

矩形选框工具用于创建矩形和正方形选区。打开图片，选择矩形选框工具，在画面中单击并向右下角拖动鼠标创建选区。按住【Shift】键拖动鼠标可以创建正方形选区；按住【Alt】键拖动鼠标，会以单击点为中心向外创建选区；按住【Alt】+【Shift】键，会从中心向外创建正方形选区。在 Photoshop 矩形工具中，有正方形（可拉伸成为长方形）、圆角矩形、椭圆工具、多边形工具、直线工具、多边形工具等，如图 9–2、图 9–3 所示。

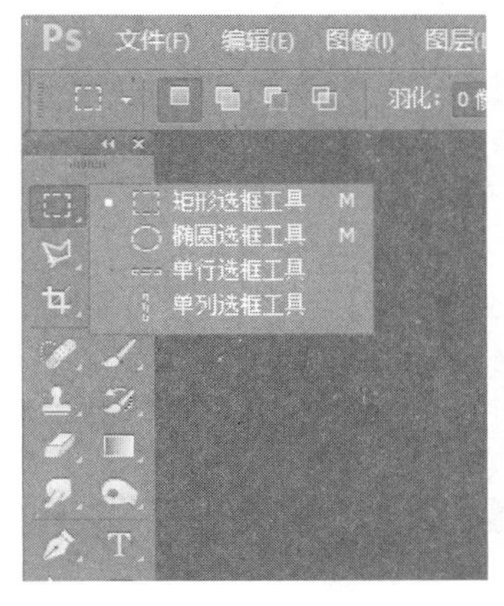

图 9–2　Photoshop 矩形工具

图 9–3　长方形工具

2. 圆角矩形工具

插入矩形后点击【选择】→【修改】→【平滑】，弹出【平滑选区】对话框，在【取样半径】文本框中输入需要的像素，改变圆角矩形的角的度数，如图 9–4 所示。

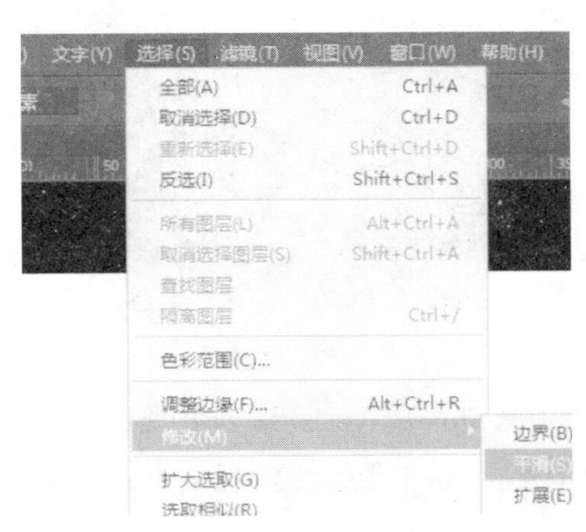

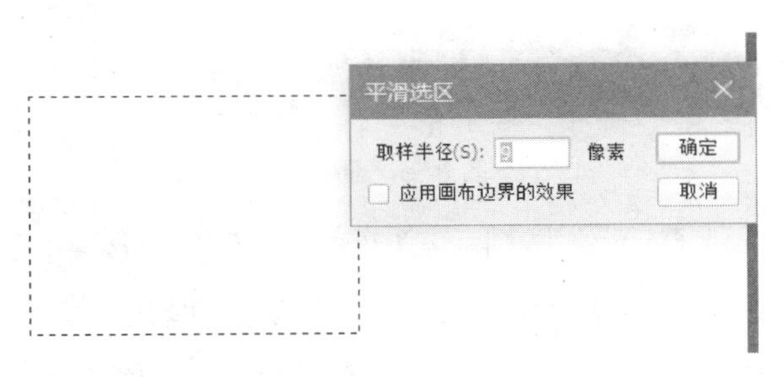

图 9–4　【平滑选区】对话框

二、使用单行选框工具及单列选框工具

单行选框工具及单列选框工具：单行选框工具及单列选框工具只能创建高度为 1 像

素的行或宽度为 1 像素的列，常用来制作网格。

【示例 1】使用单行选框工具及单列选框工具

（1）按下【Ctrl】+【O】快捷键，打开图片。

（2）执行【编辑】→【首选项】→【参考线、网络和切片】命令，打开【首选项】对话框，调整网格间距。

（3）执行【视图】→【显示】→【网格】命令，如图 9–5 所示，在画面中显示网格，选择单列选框工具，如图 9–6 所示，在工具选项栏中按下【默认前景色和背景色】按钮，在网格线上单击，创建宽度为 1 像素的选区（放开按钮前拖动可以移动选区）。

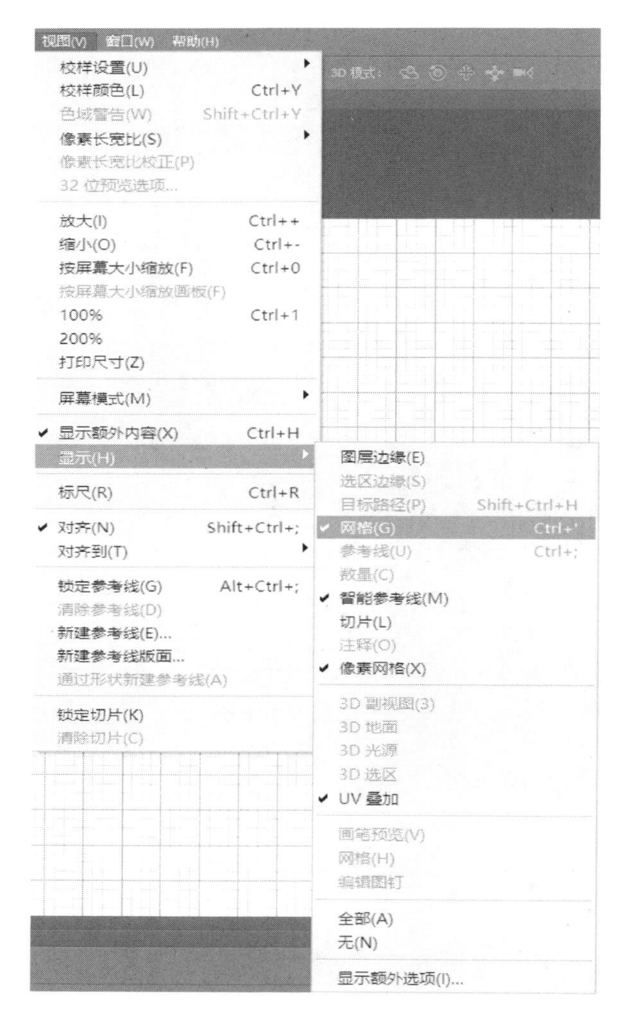

图 9–5 网格

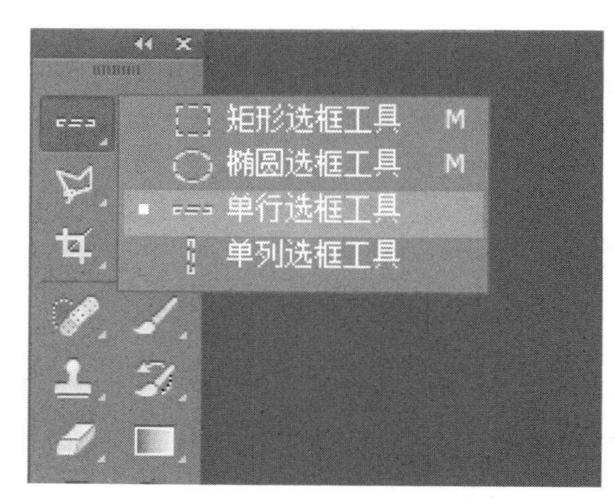

图 9–6 选择单列选框工具

（4）单击【图层】面板底部的【新建图层】按钮，在图层 1 上新建一个图层，按下【Ctrl】+【Delete】键，在选区内填充背景色（白色）。按下【Ctrl】+【D】快捷键取消选择，执行【视图】→【显示】→【网格】命令，将网格隐藏。

（5）按下【Ctrl】+【T】快捷键显示定界框，在工具选项栏输入旋转角度为 45°，点击下【Enter】键旋转网格线条。按下【Alt】+【Ctrl】+【G】快捷键创建剪切蒙版，用下面图层中的水晶按钮限定网格的显示范围，将超出按钮以外的网格隐藏。

（6）选择【移动工具】，按住【Alt】键拖动网格，将它复制到右侧的两个按钮上。

三、使用直线工具

【示例 2】使用直线工具

（1）选择【铅笔工具】命令，如图 9–7 所示。

（2）打开【画笔预设选取器】设置画笔的大小（单位为像素）、硬度（单位为百分比）以及画笔样式，如图 9–8 所示。

（3）按住【Shift】键，拉动鼠标就可以画出水平或者垂直的直线了。

（4）使用【画笔工具】可以画出任意角度的直线，操作方法如下：先选择好画笔的大小（同上），然后用画笔选好一点，按住【Shift】键，再点击另一点就可以了。

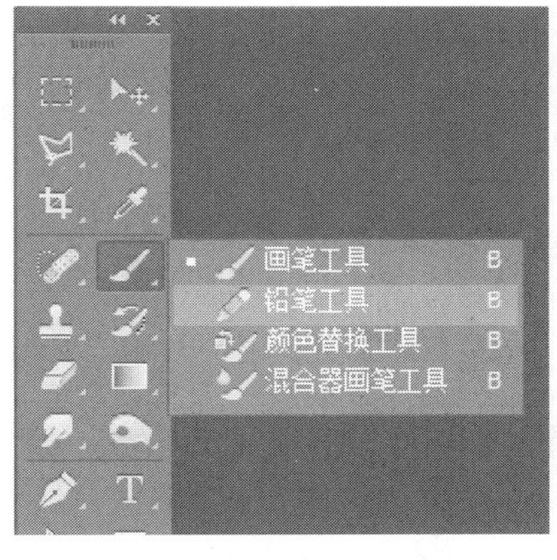

图 9–7　【铅笔工具】命令

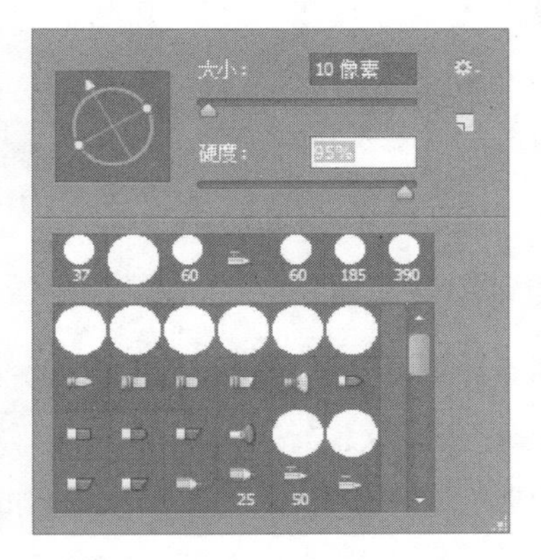

图 9–8　画笔预设选取器

四、使用油漆桶工具

油漆桶工具可以在图像中填充前景色或图案。如果创建了选区，则填充的区域为所选选区；如果没有创建选区，则填充与鼠标单击点颜色相近的区域。

【示例 3】使用油漆桶工具

（1）选好选区后，鼠标移到左侧任务栏，选择油漆桶工具，如图 9–9 所示。

（2）在 Photoshop 右上角的【颜色】或【色板】中选取一个需要的颜色，如图 9–10、图 9–11 所示。

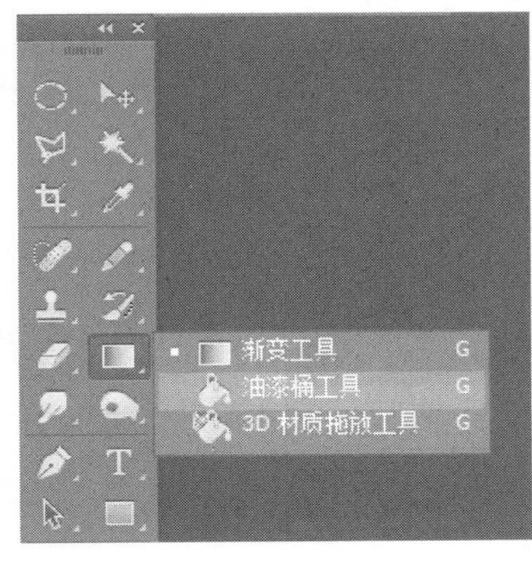

图 9–9　选择油漆桶工具

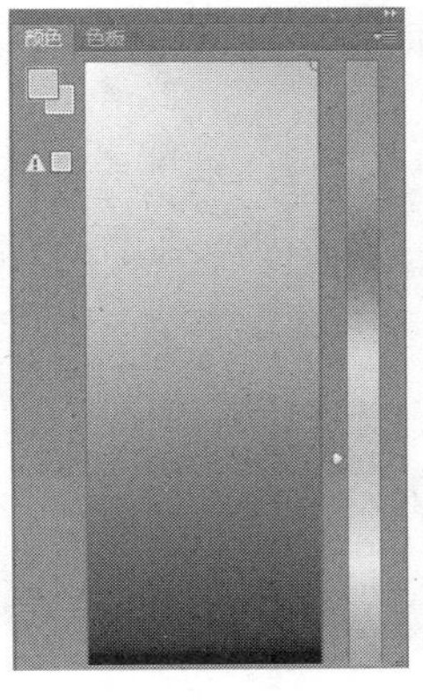

图 9–10　颜色

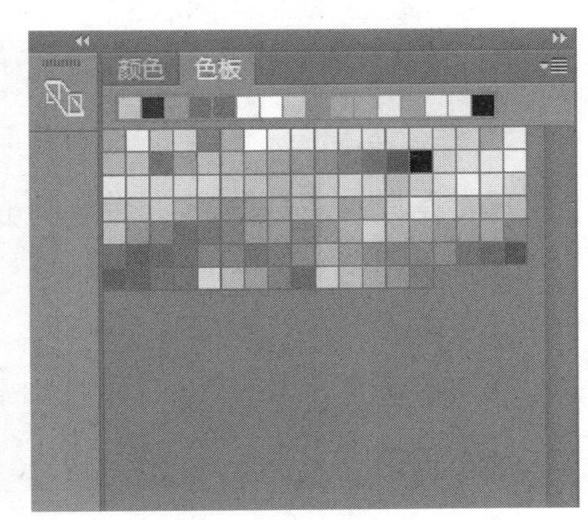

图 9–11　色板

（3）最后用鼠标在选择的区域单击即可。

油漆桶工具属性栏各选项如下。

【填充内容】：单击油漆桶图标的按钮，可以在下拉列表中选择填充内容，包括【前景色】和【图案】。

【模式】和【不透明度】：用来设置填充内容的混合模式和不透明度。如果将【模式】设置为【颜色】，则填充颜色时不会破坏图像中原有的阴影和细节。

【容差】：用来定义必须填充的像素的颜色相似程度。低容差值会填充颜色值范围内与单击点像素非常相似的像素，高容差值则填充更大范围内的像素。

【消除锯齿】：可以平滑填充选区的边缘。

【连续的】：只填充与鼠标单击点相邻的像素；取消勾选时可填充图像中所有相似像素。

【所有图层】：选择该项，表示基于所有可见图层中的合并颜色数据填充像素；取消勾选则仅填充当前图层。

五、使用渐变工具

【示例 4】使用渐变工具

点击【渐变工具】按钮，如图 9–12 所示，在设置栏中设置需要的渐变图案。渐变色条中显示当前的渐变颜色，单击它右侧的下拉按钮，可以在打开的下拉面板中选择一个预设的渐变。如果直接单击渐变颜色条，则会弹出【渐变编辑器】选项框，在【渐变编辑器】选项框中可以编辑渐变颜色，或者保持渐变，如图 9–13 所示。

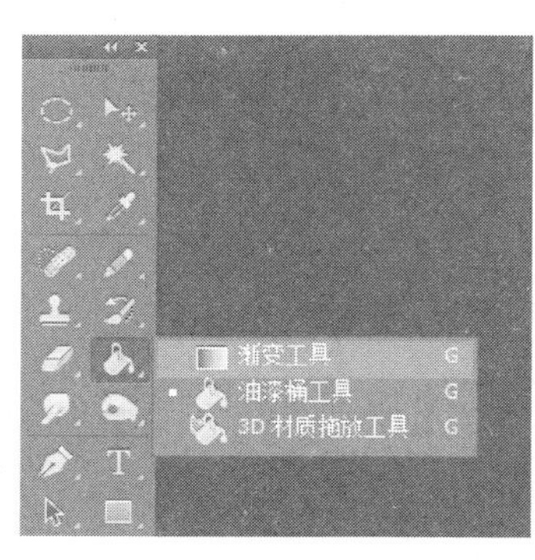

图 9–12　【渐变工具】按钮

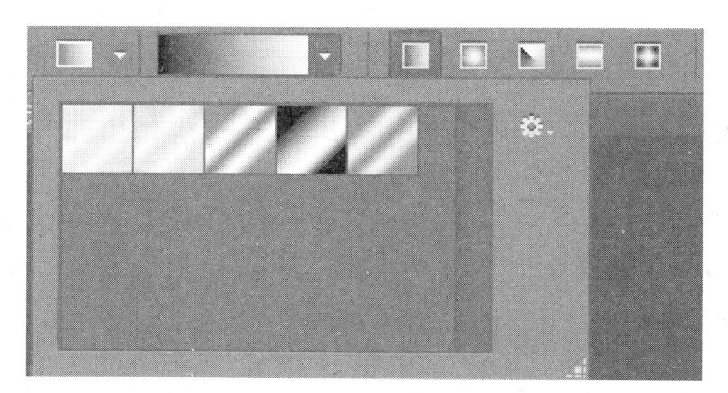

图 9–13　渐变编辑器

渐变工具属性栏右边有五个图标，分别代表如下各项。

【线性渐变】：从起点到终点以直线渐变，如图 9–14 所示。

【径向渐变】：从起点到终点以圆形图案渐变，如图 9–15 所示。

【角度渐变】：围绕起点以逆时针方向环绕渐变，如图 9–16 所示。

【对称渐变】：在起点两侧产生对称直线渐变，如图 9–17 所示。

【菱形渐变】：从起点到终点以菱形图案渐变，如图 9–18 所示。

渐变工具属性栏上还有如下选项。

图 9-14　线性渐变

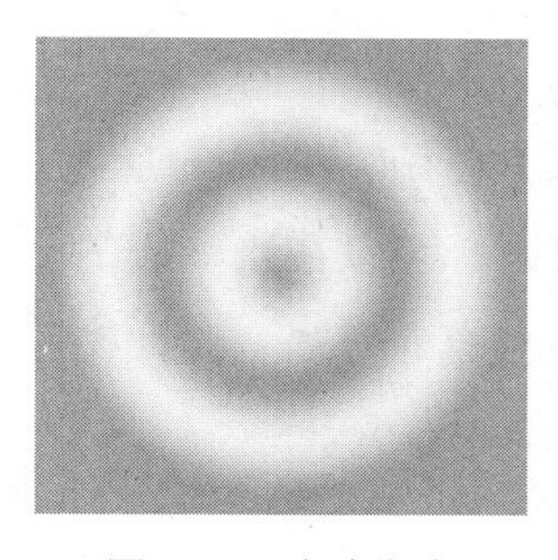

图 9-15　径向渐变

图 9-16　角度渐变

图 9-17　对称渐变

图 9-18　菱形渐变

【模式】：用来设置应用渐变时的混合模式。

【不透明度】：用来设置渐变效果的不透明度。

【反向】：可转换渐变中的颜色顺序，得到反向的渐变结果。

【仿色】：勾选该项，可以使渐变效果更加平滑。主要用于防止打印时出现条带化现象，在屏幕上不能明显地体现出作用。

第三节　制作文本特效

一、图层的基本操作

【示例 5】选择图层

在需要操作的图层上单击鼠标左键，当图层显示为蓝色时，表示该图层是当前编辑图层，用鼠标双击图层可更改图层名称，如图 9-19、图 9-20 所示。

图 9-19　当前编辑图层

图 9-20　更改图层名称

【示例 6】新建图层

单击右下角的【创建新图层】按钮，或单击【图层】调板上的【创建新图层】按钮，可以在当前层的上方添加一个新图层，新添加的图层为普通层，如图 9–21 所示。

图 9–21　新建图层

【示例 7】调整图层堆叠位置

在【图层】调板中，在要移动的图层上按住鼠标左键不放，当鼠标指针显示为“手”形状的时候，拖至目的位置释放鼠标左键即可。

【示例 8】复制图层

按住鼠标左键不放，将要复制的图层拖至【创建新图层】按钮上，然后释放鼠标左键，即可在被复制的图层上方复制一个新图层。

【示例 9】删除图层

选择要删除的图层后，直接单击【Delete】键或单击【图层】调板下方的【删除图层】按钮，在弹出的对话框中单击【确定】按钮，即可将该图层删除。

【示例 10】合并图层

【图层】的菜单命令包括【合并图层】、【合并可见图层】和【拼合图像】。在【图层】面板中选择相应的命令，即可在不同情况下合并图层。

二、使用图层样式

【样式】面板中提供了 Photoshop 提供的各种预设的图层样式。

【示例 11】创建样式

在【图层样式】对话框中为图层添加了一种或多种效果以后，可以将该样式保存到【样式】面板中，方便以后使用。如果要将效果创建为样式，可以在【图层】面板中选择添加了效果的图层，然后单击【图层样式】对话框中的【新建样式】按钮，打开【新建样式】对话框，设置选项并单击【确定】按钮，即可创建样式。

【新建样式】：对话框中各选项含义如下。

【名称】：用来设置样式名称。

【包含图层效果】：勾选该项，可以将当前图层效果设置为样式。

【包含图层混合选项】：如果当前图层设置了混合模式，勾选该项，则新建的样式将具有这种混合模式。

注：使用【样式】面板中的样式时，如果当前图层中添加了效果，则新效果会替换原有的效果。如果要保留原有效果，可以按住【Shift】键，用鼠标左键单击【样式】面板中的样式，如图 9–22 所示。

【示例 12】删除样式

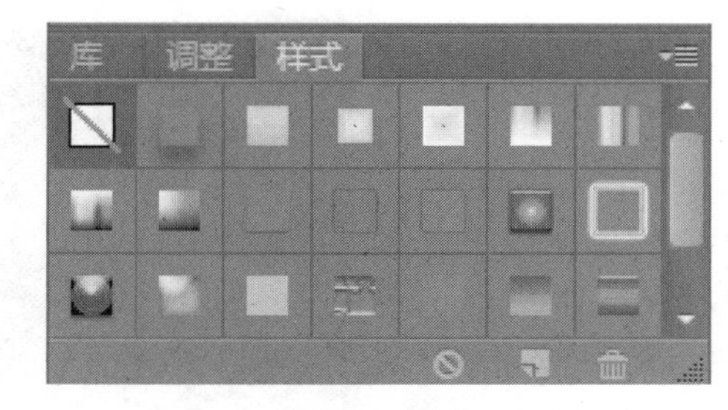

图 9-22　单击【样式】面板中的样式

将【样式】面板中的样式拖动到删除样式按钮上，即可删除，此外，按住【Alt】键，用鼠标左键单击样式，则可直接将其删除。删除【样式】面板中的样式或载入其他样式库后，如果想要让面板恢复 Photoshop 默认的预设样式，可以执行【样式】面板中的【复位样式】命令。

【示例 13】储存样式库

如果在【样式】面板中创建了大量的自定义样式，可以将这些样式保存为一个独立的样式库。

执行【样式】面板中的【储存样式】命令，打开【储存】对话框，输入样式库名称和保存位置，单击【确定】按钮，即可将面板中的样式保存为一个样式库。如果将自定义的样式库保存在 Photoshop 程序文件夹的“Presets>Styles”文件夹中，重新运行 Photoshop 后，该样式库的名称会出现在【样式】面板的底部。

【示例 14】载入样式库

除了【样式】面板中显示的样式外，Photoshop 还提供了其他的样式，它们按照不同的类型放在不同的库中。例如，Web 样式库中包含了用于创建 Web 按钮的样式，【文字效果】样式库中包含了向文本添加效果的样式。要使用这些样式，需要将它们载入到【样式】面板中。操作步骤如下。

打开【样式】面板菜单，选择一个样式库，会弹出一个对话框，单击【确定】按钮，可载入样式并替换面板中的样式；单击【追加】按钮，可以将样式添加到面板中；单击【取消】按钮，则取消载入样式的操作。

三、输入文本

单击【文字】命令，应用【横排文字工具】、【直排文字工具】、【横排文字蒙版工具】、【直排文字蒙版工具】选择需要的文字类型。然后在需要输入文字的位置单击鼠标左键，设置插入点，画面中会出现一个闪烁的 I 形光标，此时可输入文字。将光标放在字符外，单击并拖动鼠标，将文字移动到画面中央。如果要放弃输入，可以按下【Esc】键，如图 9-23 所示。

四、设置文本格式

在图层上拉出适当区域，选择需要的字体样式，如图 9-24 所示。

需要在文本框输入大量文字的话，按住【Shift】键并拖动鼠标，即可放大文本框的范围。鼠标放到文本框边缘，出现左右箭头或者是上下箭头即可调整文本框的大小到合适位置，如图 9-25 所示。

五、设置变形文字

执行【文字】→【变形文字】命令，如图 9-26 所示。

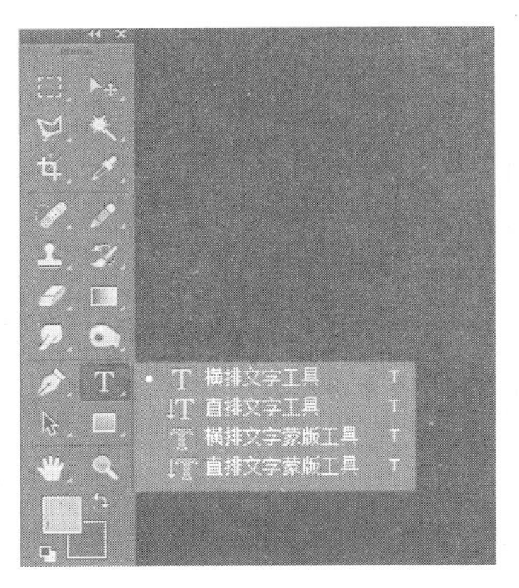

图 9-23　文字类型

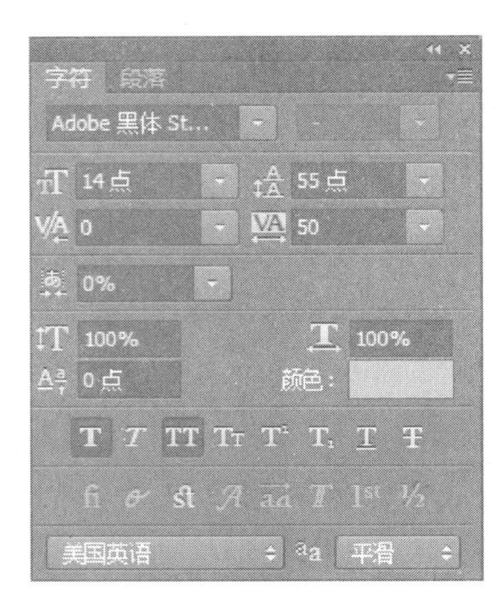

图 9-24　选择需要的字体样式

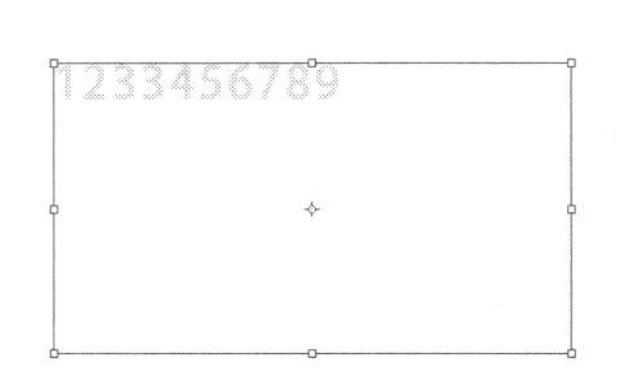

图 9-25　调整文本框的大小

在【样式】下拉列表中有 15 种变形样式选项，分别是【扇形】、【下弧】、【上弧】、【拱形】、【凸起】、【贝壳】、【花冠】、【旗帜】、【波浪】、【鱼形】、【增加】、【鱼眼】、【膨胀】、【挤压】和【扭转】。选择需要的变形样式，然后调整【弯曲】、【水平扭曲】和【垂直扭曲】的参数，参数越小，弯曲程度越小。按实际需要把文字变形成各种各样的变形效果，如图 9-27 所示。

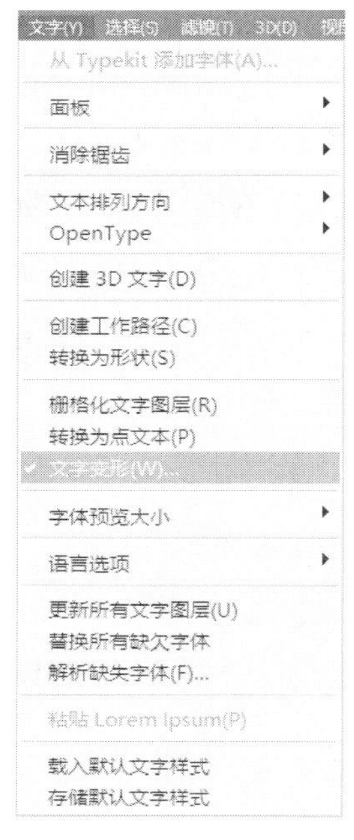

图 9-26　变形文字

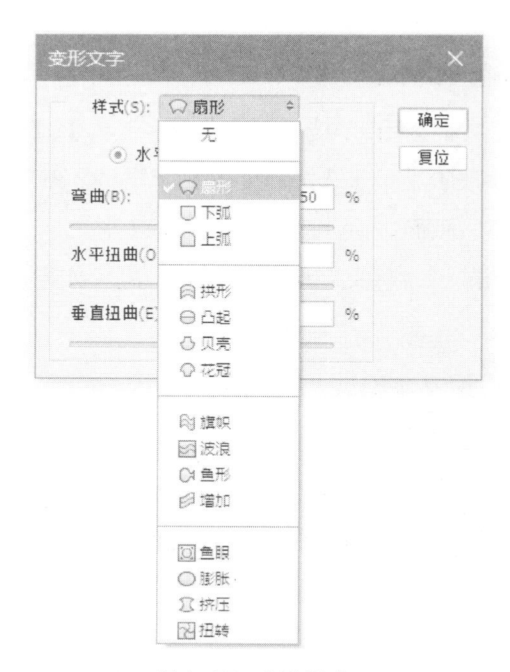

图 9-27　变形样式

六、使用滤镜

（1）在菜单栏上，选择【图像】→【调整】→【照片滤镜】命令，如图 9–28、图 9–29 所示。

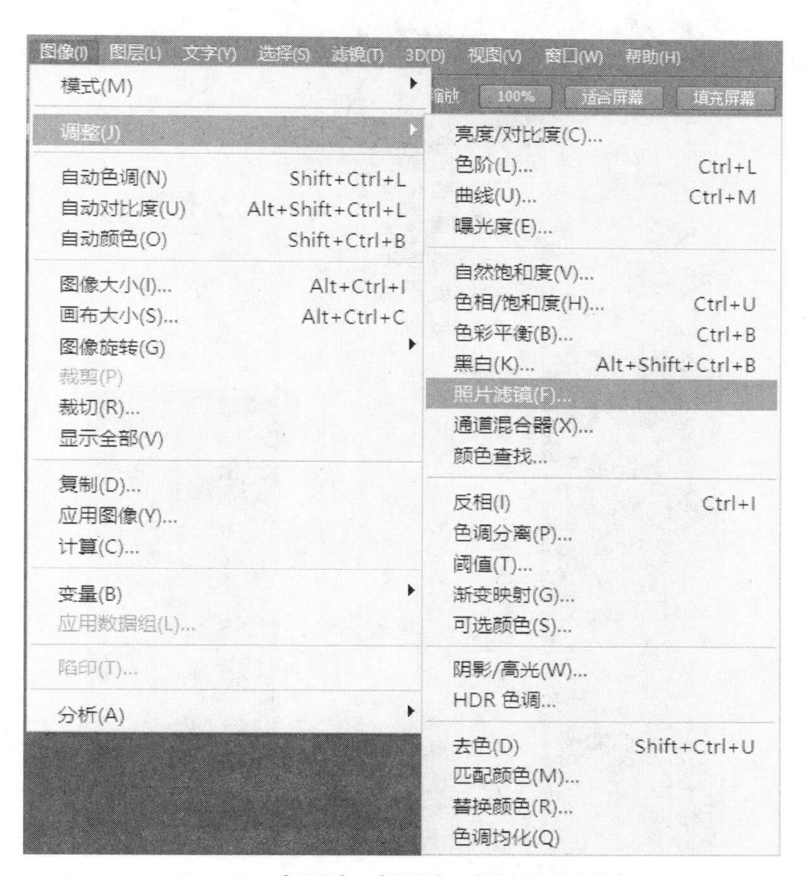

图 9–28 【图像】→【调整】→【照片滤镜】命令

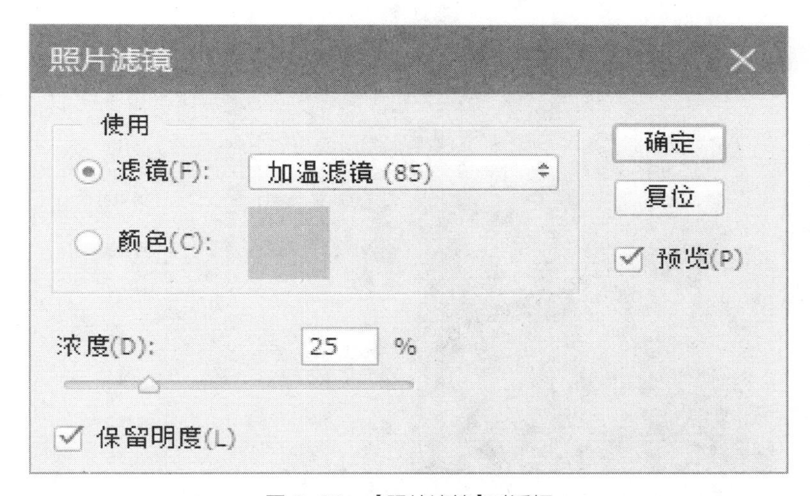

图 9–29 【照片滤镜】对话框

（2）弹出【照片滤镜】对话框，点击【滤镜】复选框，可以选择不同的色温；点击【颜色】复选框，可以为滤镜选择指定的颜色。【滤镜】中一共有 20 个滤镜选项，分别是加温滤镜（85）、加温滤镜（LAB）、加温滤镜（81）、冷却滤镜（80）、冷却滤镜（LBB）、冷却滤镜（82）、红、橙、黄、绿、青、蓝、紫、洋红、深褐、深红、深蓝、深祖母绿、深黄和水下，如图 9–30 所示。点击【颜色】复选框可以调节滤镜颜色，如图 9–31 所示。

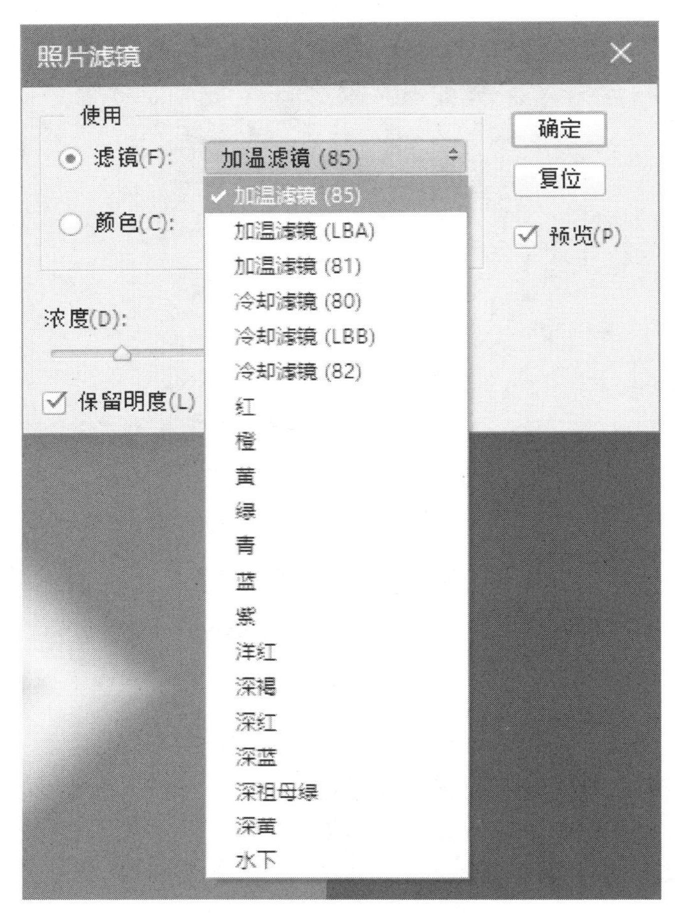

图 9–30 【滤镜】复选框

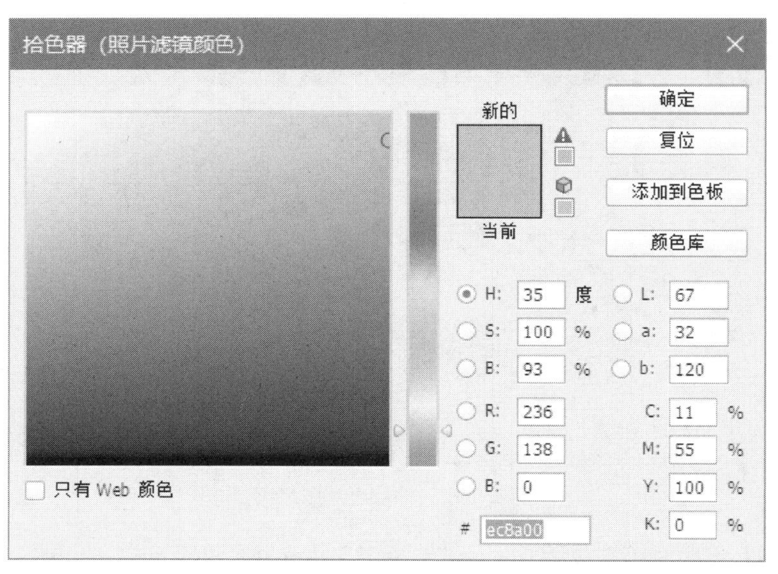

图 9–31 【颜色】复选框

本／章／小／结

本章重点介绍了 Photoshop 网页设计的基础知识。通过本章的学习，读者应当了解掌握 Photoshop 的工作界面，熟练使用绘图工具，并且能够制作文本特效，为后续内容的学习奠定基础。

思考与练习

1.Photoshop 的工作界面包括哪些部分?

2. 在 Photoshop 中，怎样使用单行选框工具?

3. 在 Photoshop 中，怎样使用渐变工具?

4. 在 Photoshop 中，怎样使用图片滤镜?

第十章
网页页面图像切割与优化

章节导读

Photoshop 的 Web 工具有助于设计和优化单个 Web 图形或整个页面布局，轻松创建网页。由于 Web 的网络特征，需要尽可能减少页面加载量，可以使用切图技术优化网页图形或整个页面布局效果图，降低图片文件的大小和数量，加快加载速度，提升用户体验。

本章的学习重点如下。

1. 优化页面图像。
2. 网页切片输出。
3. 创建 GIF 动画。

第一节　优化页面图像

一、图像的优化

运用 Photoshop 的快键键【Ctrl】+【Alt】+【Shift】+【S】打开优化窗口，如图 10–1 所示。根据需要调整图像的参数，如图 10–2 所示。

二、输出透明 GIF 图像

选择【文件】→【导出】→【存储为 Web 所用格式】命令，如图 10–3 所示。应用快捷键打开优化窗口，预设里设置为【GIF】，勾选【透明度】复选框，选择无透明度仿色，如图 10–4 所示。

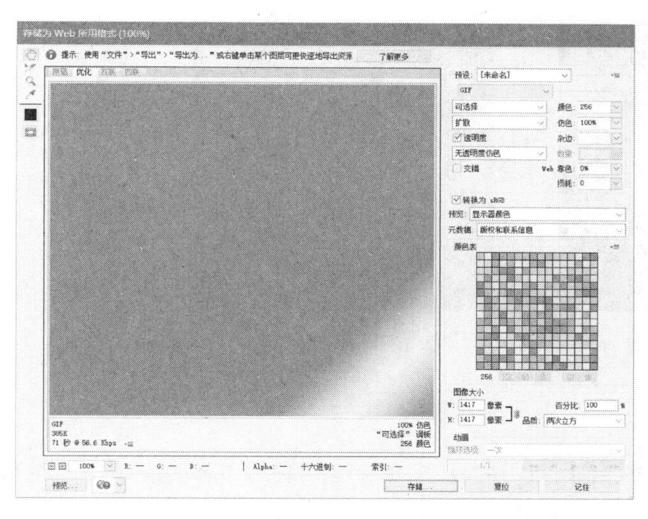

图 10-1　打开优化窗口

图 10-2　调整图像参数

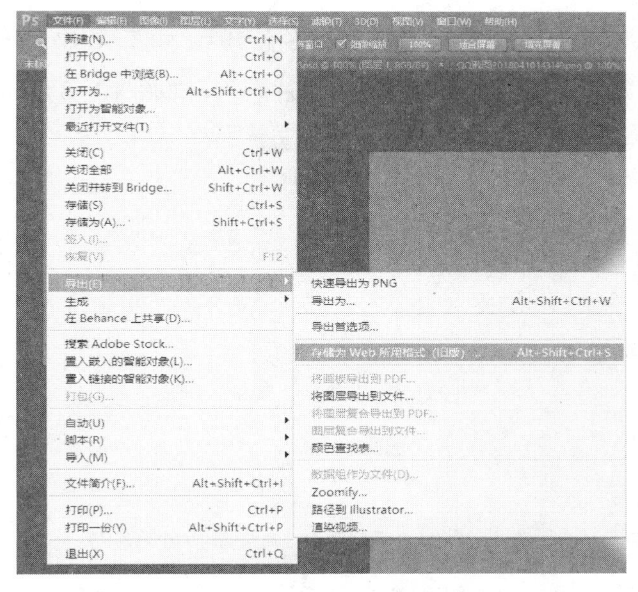

图 10-3　【存储为 Web 所用格式】命令

图 10-4　图像参数预设

第二节　网页切片输出

一、创建切片

【示例 1】创建切片

点击【切片工具】选项，如图 10-5 所示，在工具选项栏的【样式】下拉列表中选择【正常】选项，然后在要创建切片的区域上单击并拖出一个矩形框（可同时按住空格键移动定界框），放开鼠标即可创建一个用户切片，该切片以外的部分会自动生成切片。如果按住【Shift】键拖动鼠标，则可以创建正方形切片；按住【Alt】键拖动鼠标，可以从中心向外创建切片，如图 10-6 所示。

图 10-5　切片工具

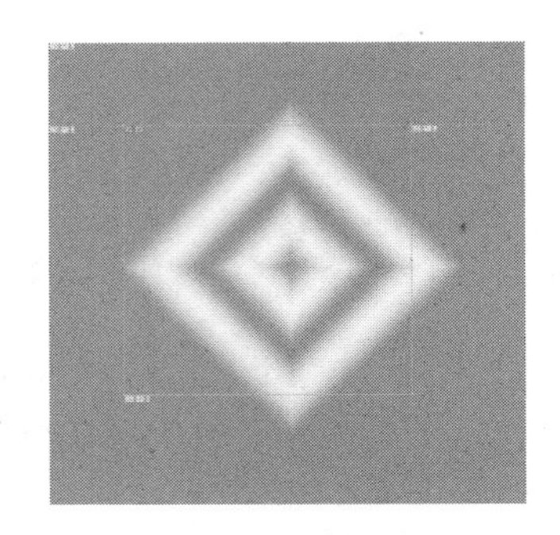

图 10-6　创建切片

二、编辑切片

创建切片后，可以移动切片或组合多个切片，也可以复制切片或删除切片，或者为切片设置输出选项、指定输出内容、为图像指定 URL 链接信息等。

【示例 2】编辑切片

（1）按住【Shift】键，用鼠标左键单击其他切片，可以选择多个切片，如图 10-7 所示。

（2）选择切片后，拖动切片定界框上的控制点可以调整切片大小，如图 10-8 所示。

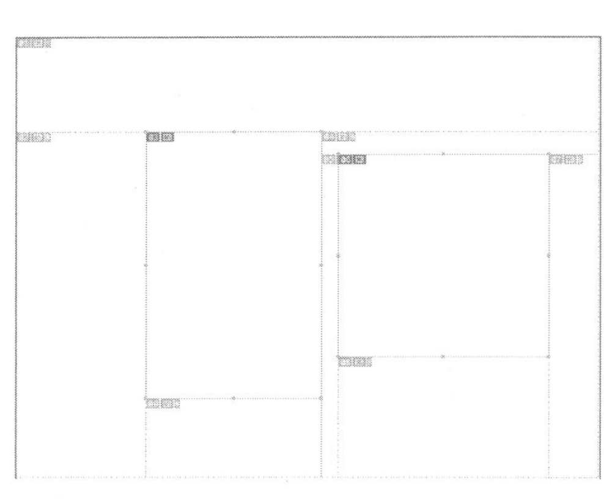

图 10-7　选择多个切片

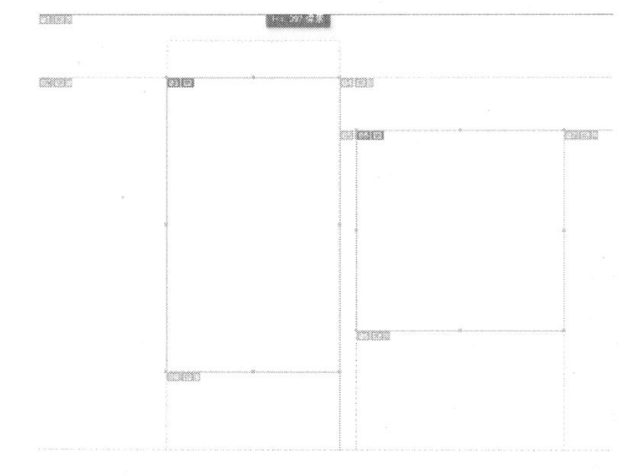

图 10-8　调整切片大小

（3）拖动切片定界框内的点可以移动切片，如图 10-9 所示，按住【Shift】键可将移动限制在垂直、水平或水平 45° 对角线的方向上；按住【Alt】键拖动鼠标，可以复制切片。

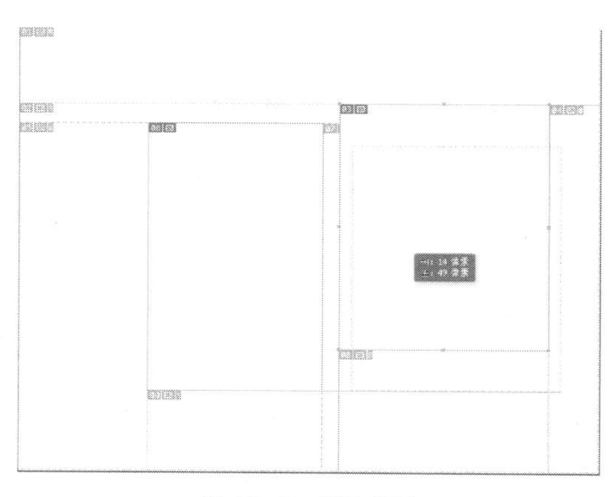

图 10-9　移动切片

（4）【调整切片堆叠顺序】：在创建切片时，最后创建切片是堆叠顺序中的顶层切片。当切片重叠时，可单击该选项中的按钮，改变切片的堆叠顺序，以便能够选择到底层的切片。

（5）【提升】：单击该按钮，可以将所选的自动切片或图层切片转换为用户切片。

（6）【划分】：单击该按钮，可以打开【划分切片】对话框，对所选切片进行划分。

（7）【对齐与分布切片】：选择了两个或多个切片后，单击相应的按钮可以让所选切片对齐或均匀分布，这些按钮包括顶对齐、垂直居中对齐、底对齐、左对齐、水平居中对齐、右对齐、按项分布、垂直居中分布、按底分布、按左分布、水平居中分布和按右分布。

三、优化和输出切片

【示例 3】优化和输出切片

（1）打开【存储为 Web 所用格式】对话框，在对话框中可以对图像进行优化和输出，如图 10–10 所示。

图 10–10　打开【存储为 Web 所用格式】对话框

（2）显示选项：单击【原稿】标签，可在窗口中显示没有优化的图像；单击【优化】标签，可在窗口中显示应用了当前优化设置的图像；单击【双联】标签，可并排显示图像的两个版本，即优化前和优化后的图像，如图 10–11 所示；单击【四联】标签，可并排显示图像的四个版本，如图 10–12 所示。原稿外的其他三个图像可以进行不同的优化，每个图像下面都提供了优化信息，如优化格式、文件大小、图像估计下载时间等，可以通过对比选择出最佳的优化方案。

（3）缩放工具、抓手工具、缩放文本框：使用缩放工具单击图像可以放大图像的显示比例，按住【Alt】键单击图像则缩小图像的显示比例，也可以在缩放文本框中输入显示百分比；使用抓手工具可以移动查看图像。

（4）切片选择工具：当图像包含多个切片时，可使用该工具选择窗口中的切片，以便对其进行优化。

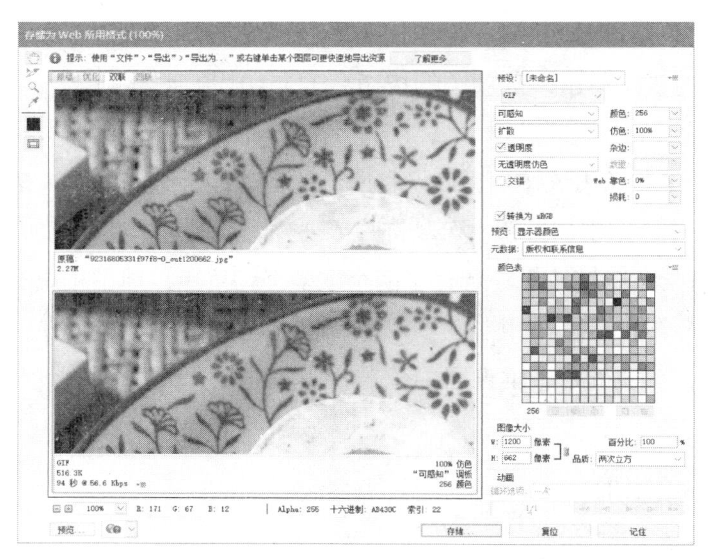

图 10-11　优化前和优化后的图像

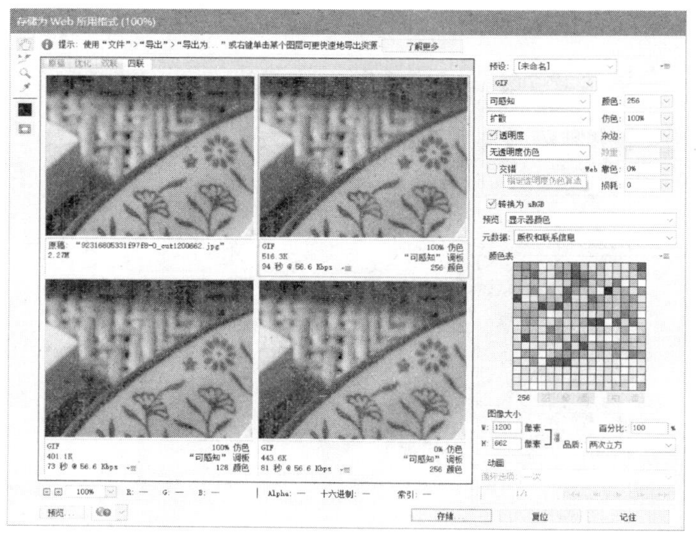

图 10-12　显示图像的四个版本

（5）吸管工具和吸管颜色：使用吸管工具单击图像，可以拾取单击点的颜色，并显示在吸管颜色图标中。

（6）切换切片可视性：单击该按钮可以显示或隐藏切片的定界框。

（7）优化弹出菜单：包含【存储设置】、【链接切片】、【编辑输出设置】等命令。

颜色表弹出菜单：包含与颜色表有关的命令，可新建颜色，删除颜色以及对颜色进行排序等。

颜色表：将图体优化为 GIF、PNG-8 和 WBMP 格式时，可在【颜色表】中对图像颜色进行优化设置，如图 10-13 所示。

（8）图像大小：将图像大小调整为指定的像素尺寸或原稿大小的百分比，如图 10-14 所示。

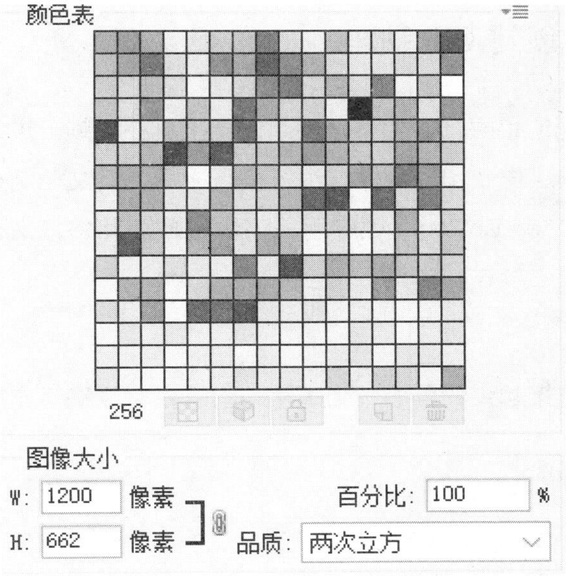

颜色表
256
图像大小
W: 1200 像素
H: 662 像素
百分比: 100 %
品质: 两次立方

图 10-13　颜色表

图像大小
W: 1200 像素
H: 662 像素
百分比: 100 %
品质: 两次立方

图 10-14　图像大小

（9）状态栏：显示光标所在位置的图像的颜色值等信息，如图 10-15 所示。

（10）在浏览器中预览菜单：单击【预览】按钮，可在系统上默认的 Web 浏览器中预览优化后的图像，如图 10-16 所示。预览窗口中会显示图像的题注，其中列出了图像的文件类型、像素尺寸、文件大小、压缩规格和其他 HTML 信息。如果要使用其他浏览器，可以在此菜单中选择【其它】选项。

原稿 优化 双联 四联
GIF
516.3K
94 秒 @ 56.6 Kbps
100% 仿色
“可感知” 调板
256 颜色

图 10-15　状态栏

预览...

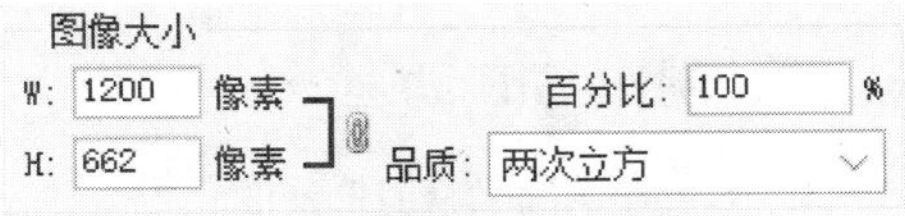

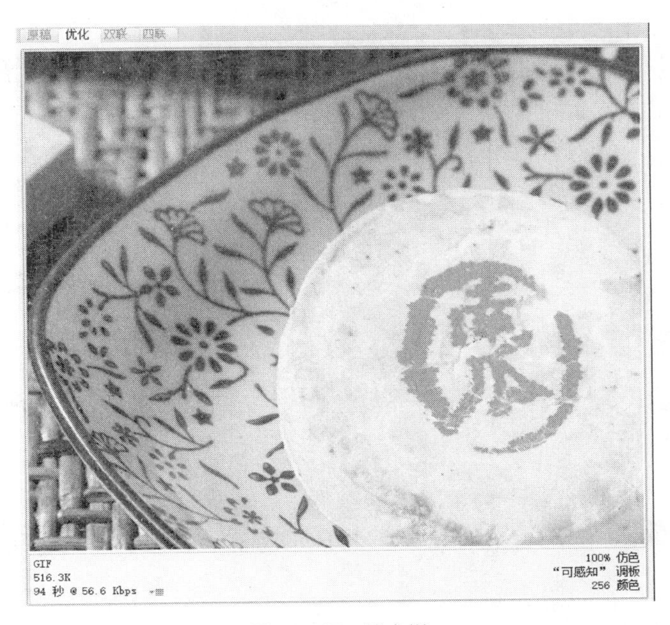

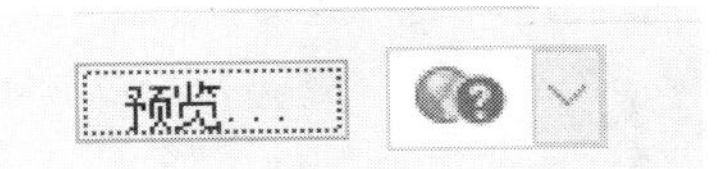

图 10-16　在浏览器中预览菜单

第三节　创建 GIF 动画

Photoshop Extended 可以编辑视频的每幅帧，如可以使用任意工具在视频上进行编辑和绘制，应用滤镜、蒙版、变换、图层样式和混合模式进行编辑之后，将文档储存为 PSD 格式，还可以在 Premere Pro，Ater EnTecis 等应用程序中播放。此外，文档也可作为 Quick Time 影片进行渲染。

一、GIF 动画原理

GIF 动画和视频都是由一张张图片链接起来的，下一张图片与上一张有位移，连贯的位移会形成动态的视觉效果。

二、制作 GIF 动画

【示例 4】制作 GIF 动画

（1）点击【文件】→【脚本】→【将文件载入堆栈】→【浏览】，如图 10–17 所示，载入所有图片。

（2）在菜单栏上点击【窗口】列表，勾选【时间轴】选项，如图 10–18 所示。【时间轴】面板会显示动画中每幅帧的缩览图，使用面板底部的工具可浏览各幅帧，设置循环选项，添加或删除帧，以及预览动画。

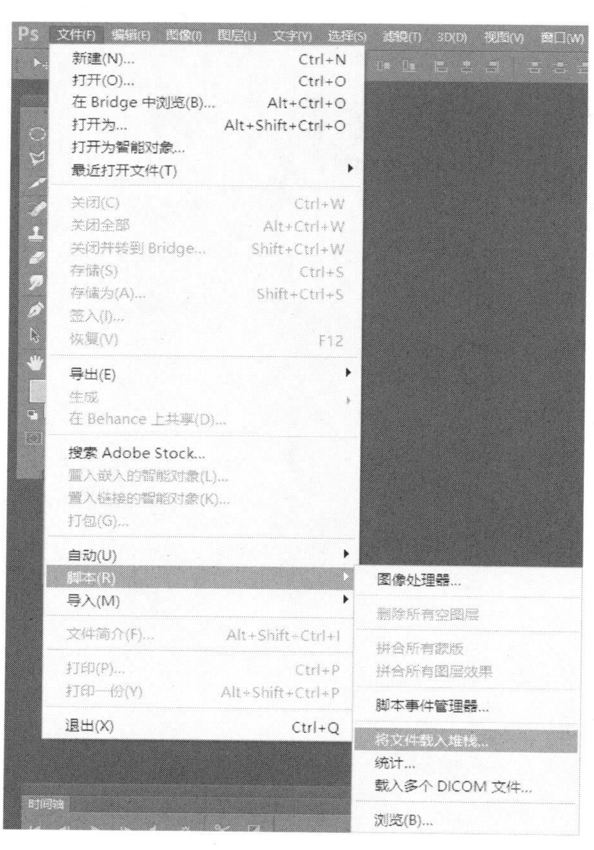

图 10–17　载入所有图片

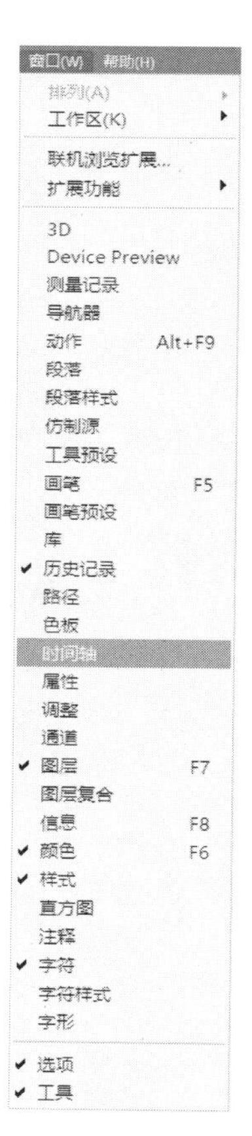

图 10–18　勾选【时间轴】选项

（3）执行【创建帧动画】→【从图层建立帧】命令，如图 10–19 所示，创建帧动画。应用【时间轴】面板设置每帧间隔时间、重复方式，分别如图 10–20、图 10–21 所示。

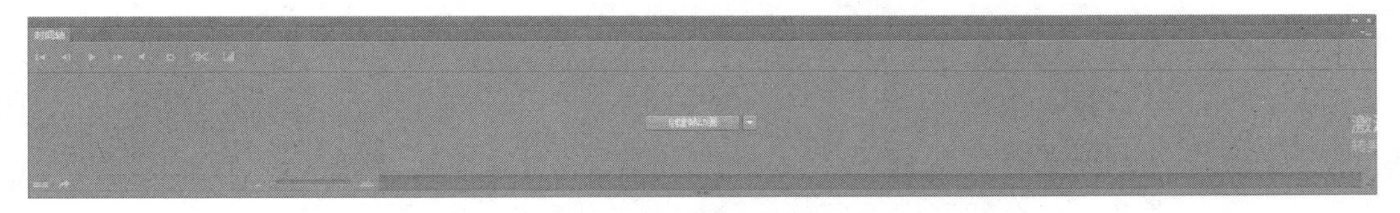

图 10–19　创建帧动画

图 10–20　设置每帧间隔时间

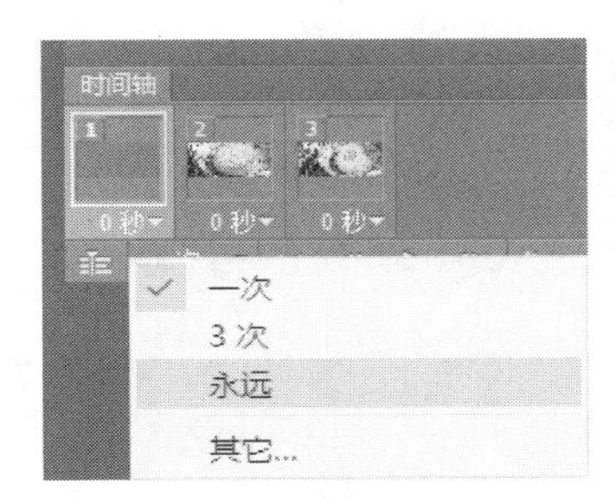

图 10–21　设置每帧的重复方式

（4）动画文件制作完成后，执行【文件】→【存储为 Web 所用格式】命令，选择 GIF 格式，如图 10–22 所示，单击【存储】按钮将文件保存。

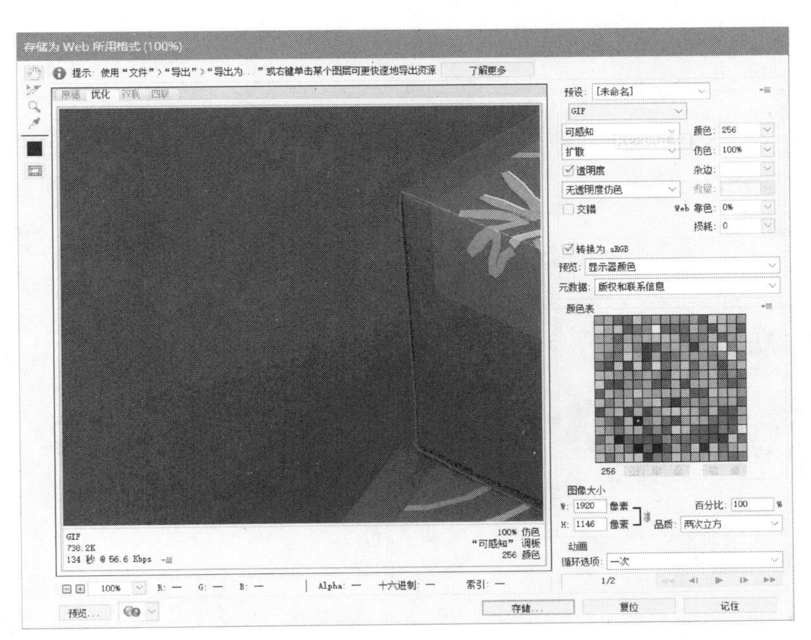

图 10–22　选择 GIF 格式

本 / 章 / 小 / 结

本章重点介绍了网页页面图像切割与优化知识。通过本章的学习，读者应当学会优化页面图像，熟练优化和输出网页切片的方法，并且能够创建简单的 GIF 动画，为后续内容的学习奠定基础。

思考与练习

1. 如何优化网页页面图像？

2. 如何编辑网页切片？

3. 如何优化和输出网页切片？

4. 怎样制作 GIF 动画？

第十一章

设计制作网页元素

章节导读

网页元素就是指网页中使用到的一切用于组织结构和表达内容的对象。组织结构包括按钮、布局、层、导航条和链接等。表达内容包括 Logo、Banner、文字、图像和 Flash 等。本章将介绍运用创建各种网页元素的方法和技巧。

本章的学习重点如下。

1. 设计制作网站 Logo。
2. 设计网页广告图像。
3. 制作开关按钮和导航条。

第一节　设计制作网站 Logo

Logo 是指网站的标志，标志可以是中文、英文字母，也可以是符号、图案等。Logo 的设计创意应当来自网站的名称和内容。比如：网站内有代表性的人物、动物、植物，可以用它们作为设计的蓝本，加以卡通化或者艺术化；专业网站可以用本专业有代表的物品作为标志；最常用和最简单的方式是用自己网站的英文名称作标志。采用不同的字体、字母的变形、字母的组合可以很容易制作好网站的标志。

一、网站 Logo 的重要性

网站 Logo 是网站形象的体现和代表，是网站的门户。要让大众点击你的网站，就有必要提供一个有吸引力的门户，而图形 Logo 比文字类型的链接更能吸引大众的眼球。

一个好的网站 Logo 往往会反映网站及所有者的某些信息，所以，要想自己的网站能够引起大众的注意，就需要在设计 Logo 时做好定位，有针对性的突出主题，体现行业特征，有较高的辨识度，让人能够容易看出 Logo 所代表的网站的类型和内容，当然，能够容易让人记住是最重要的。

二、网站 Logo 设计原则

1.Logo 规格

为便于在互联网上进行传播，Logo 的规格需要一个统一的国际标准。网站的 Logo 目前有以下 4 种规格。

（1）88px×33px：互联网最普遍的 Logo 规格，主要用于友情链接。

（2）120px×60px：用于一般大小的 Logo 规格，主要用于首页的 Logo 广告上。

（3）120px×90px：用于大型的 Logo 规格。

（4）200px×70px：不常见的 Logo 规格。

2.Logo 表现形式

网站 Logo 表现形式的组合方式一般分为特示图案、特示文字、合成文字。

（1）特示图案：属于表象符号。独特、醒目，图案本身易被区分、记忆，通过隐寓、联想、概括、抽象等绘画表现方法表现被标识体，对其理念的表达概括而形象。

（2）特示文字：属于表意符号。在沟通与传播活动中，反复使用的被标识体的名称或是其产品名，用一种文字形态加以统一。特示文字一般作为特示图案的补充，要求选择的字体应与整体风格一致，应尽可能做出全新的区别性创作。设计网站 Logo 时一般应考虑至少有中、英文双语的形式，要考虑中、英文字的比例、搭配，一般要有图案中文，图案英文，图案中、英文及单独的图案、中文、英文的组合形式。

（3）合成文字：是一种表象与表意的综合，指文字与图案结合的设计，兼具文字与图案的属性，其综合功能是能够直接将被标识体的印象，透过文字造型让读者理解，设计后的文字较易于使读者留下深刻印象与记忆。

3.Logo 定位

可以从以下 6 个方面定位网站 Logo 设计思路。

（1）性质定位：以网站性质作为定位点。如中国人民银行和中国农业银行的标志，分别以古钱币、“人”字和麦穗、人民币符号“￥”突出金融机构性质。

（2）内容定位：与网站名称或者内容相一致。如永久牌自行车用“永久”两字组成自行车形，白天鹅宾馆采用天鹅图形。

（3）艺术化定位：多用于各类与文化、艺术有关的网站，如文化馆、美术馆、文化交流协会等。特点是强调艺术性，有幽默感。

（4）民族化定位：多用于具有较久历史的网站，如中国茶叶出口商标，用“中”字组成极具中国特色的连续纹样。

（5）国际化定位：多用于国际化网站，特点是多用字母型，如可口可乐、柯达商标等。

（6）理念定位：广泛应用于各企业或机构。

4.Logo 设计技巧

Logo 的设计技巧很多，总的来说要注意以下几点。

（1）保持视觉平衡，讲究线条的流畅，使整体形状美观。

（2）用反差、对比或边框等强调主题。

（3）选择恰当的字体。

（4）注意留白，给人想象空间。

（5）运用色彩。因为人们对色彩的反映比对形状的反映更为敏锐和直接，更能激发情感，色彩运用应该注意如下几方面：基色要相对稳定；强调色彩的形式感，如重色块、线条的组合；强调色彩的记忆感和感情规律，如橙红给人温暖、热烈感，蓝色、紫色、绿色使人凉爽、沉静，茶色、熟褐色令人联想到浓郁的香味；合理使用色彩的对比关系能产生强烈的视觉效果，而色彩的调和则构成空间层次；重视色彩的注目性。

三、制作网站 Logo

我们以 Google 公司的 Logo 为例进行讲解。

【示例 1】制作 Google 公司 Logo

（1）新建文档，设置大小为 500px × 300px，分辨率为 300 像素 / 英寸，保存名称为“Google 标志制作练习”。在工具箱中选择【横排文字工具】选项，在文字框内输入“Google”，如图 11–1 所示。

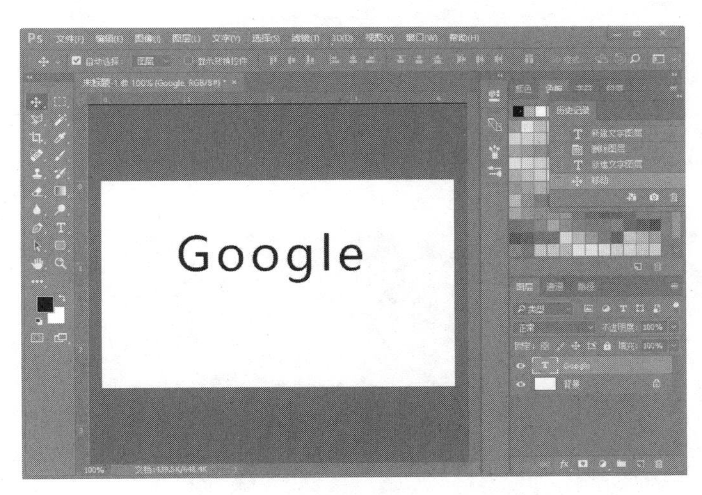

图 11–1　在文字框内输入“Google”

（2）设置字体类型和大小。Google 的 Logo 使用的是“CATULL”字体，该字体需要付费购买。可以使用相似的“Book Anitqua”字体，字号大小可以按自己所需进行调节，如图 11–2 所示。

（3）为每个字母单独设置 Logo 字体的色彩，从左到右字体颜色分别为 1851ce、c61800、efba00、1851ce、1ba823 和 c61800，如图 11–3 所示。

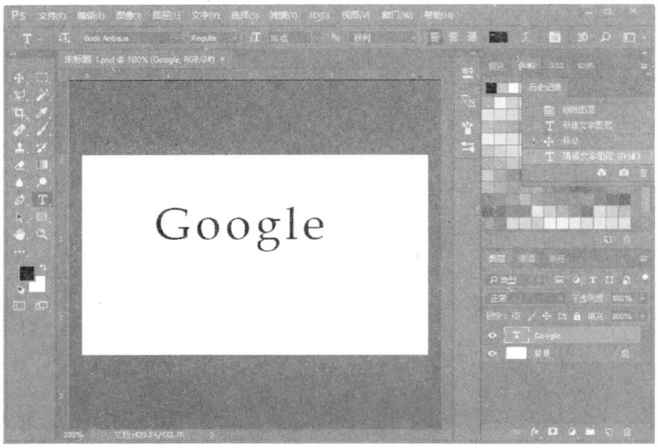

图 11-2　设置字体类型和大小

图 11-3　设置 Logo 字体的色彩

（4）在【图层】面板中选中“Google”图层，在主菜单栏中选择【图层】→【图层样式】→【斜面和浮雕】命令，添加浮雕样式，参数设置如图 11-4 所示。

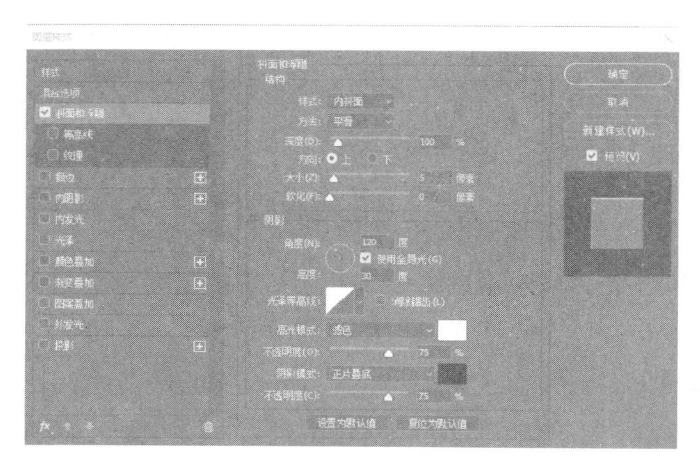

图 11-4　参数设置

（5）点击【确定】按钮，关闭对话框，在主菜单栏上选择【图层】→【图层样式】→【投影】命令，添加投影样式，如图 11-5 所示。

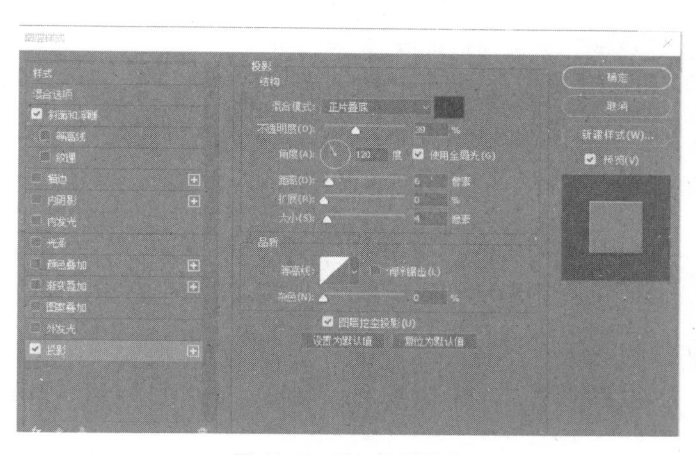

图 11-5　添加投影样式

（6）点击【确定】按钮，Logo 的制作就完成了，如图 11-6 所示。

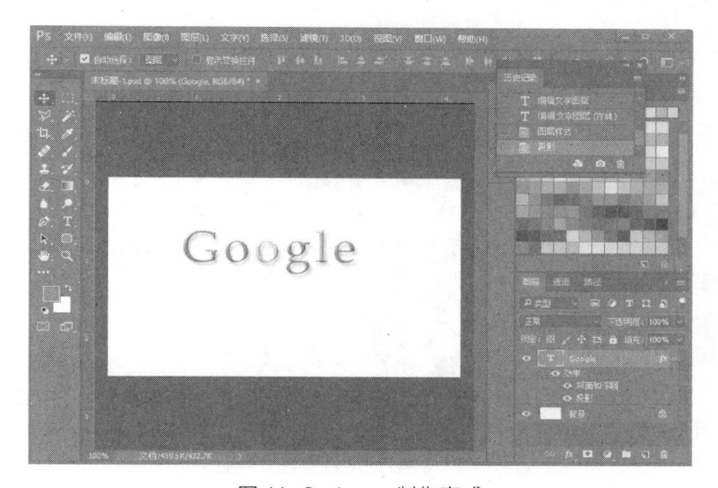

图 11-6　Logo 制作完成

第二节　设计网页广告图像

设计网页广告最重要的是吸引用户的注意，网页广告的设计应该有较强的视觉冲击力，形象鲜明地展示所要表达的内容，能使用户快速获取信息。

一、制作网站 Banner

Banner 是网站页面的横幅广告，一般使用 GIF 格式的图像文件，也可以用静态图像。Banner 的大小不固定，根据具体页面而定，在网站中多位于头部区域。Banner 除了起到广告的作用，还具有装饰页面的作用。网站 Banner 在网页中是体现中心主旨和形象鲜明地表达最主要的情感思想的重要部分。

1. 设计策划

定位：因为包含内容的不同，各个网格有着不同的风格，所以在设计的时候也要考虑到这个因素，例如体育网站应有的运动感、财经网站应有的国际感和高端感，如图

11-7 所示。

图 11-7　定位

文字：广告文字不在于数量的多少而在于是否精辟、朗朗上口。要抓住用户的心理，了解用户的想法，并明确我们想推荐给用户哪些内容，用户对哪些内容感兴趣。从构成上来说，一个网站 Banner 分为两部分：文字和辅助图像。辅助图像所占面积虽大，但如果没有文字的说明，很难使用户了解 Banner 的含义。所以在网站 Banner 中文字是很重要的部分。

结构：文字与辅助图像进行搭配时需要考虑整个 Banner 的结构所产生的视觉效果。有以文字为主，辅助图像作为背景的（图 11-8），或者文字与辅助图像相辅相成的（图 11-9），或者文字、背景、主体物同时出现的（图 11-10）。

图 11-8　以文字为主，辅助图像作为背景

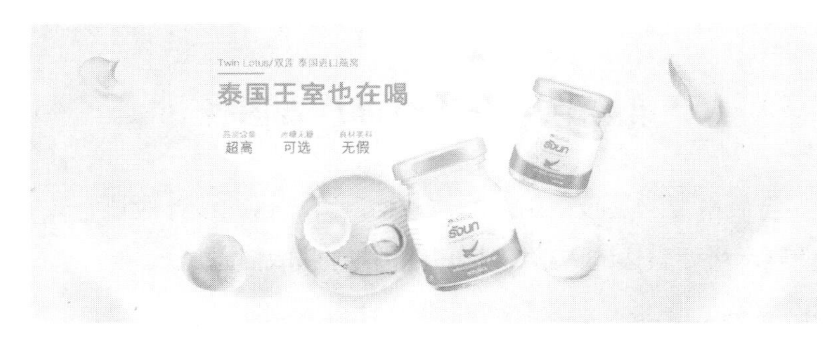

图 11-9　文字与辅助图像相辅相成作为背景

图 11-10　文字、背景、主体物同时出现作为背景

主题：主题在网站 Banner 中非常重要，创造力对主题的艺术化表现很关键，轻松的话题可以做出幽默感。在做一些带有轻松感、娱乐感的专题时，可以根据主题进行艺术化创意。

2. 设计技巧

网站 Banner 规格大小不一，文件大小也有一定的限制，这就在设计上增加了许多障碍。Banner 的颜色不能太丰富，否则会在文件大小的限制下失真。软文不能太多，否则会没有重点，得不偿失。如何在方寸间把握平衡十分重要。

（1）配色：如果在一个以浅色调为基准的网站投放 Banner，从明度上拉开对比会很好地吸引用户的注意力，反之亦然。如果在一个颜色基调确定的网站上投放补色或者对比色的 Banner，效果就会变得更好。因此，在配色时应该追求 Banner 颜色简单至上。但颜色的丰富仿佛更能吸引眼球，可是颜色如果使用不当会打乱色彩节奏，减弱颜色间的对比，使整体效果变弱，并且最终保存时文件的体积会变大，延长加载速度。因此颜色简单有力、加载清晰快速，只要让用户产生点击欲望，达到推广的目的就可以了。

（2）构图与样式：如果能在构图的引导下吸引用户点击、了解内容，就说明构图成功了。构图的基本规则包括均衡、对比和视点。构图大致分为垂直水平式构图、三角形构图、渐次式构图、辐射式构图、框架式构图和对角线构图。

二、绘制网页通栏广告

设计网页通栏广告的方法同上一节设计网站 Banner 的设计方法原则基本相同，在此不再赘述。

第三节　制作开关按钮和导航条

一、制作开关按钮

开关按钮是一组按钮的组合，它在网页中有多种显示状态，分为“正常”“鼠标经过”和“鼠标按下”。在不同的状态按钮可以相同也可以有变化。有变化的开关按钮可以增加网页的交互性，使用户更乐于使用。

【示例 2】制作开关按钮

（1）在 Photoshop 中绘制出开关按钮的形状，如矩形、圆形、椭圆等。绘制形状规则的按钮，可以使用 Photoshop 的形状工具；绘制形状不规则的按钮，则可以使用钢笔、刷子工具和铅笔工具，再用自由变形工具和更改区域形状工具进行调整，如图 11–11 所示。

（2）使用【图层样式】对话框对按钮对象进行处理。例如填充渐变颜色或填入一些底纹效果，如图 11–12 所示。

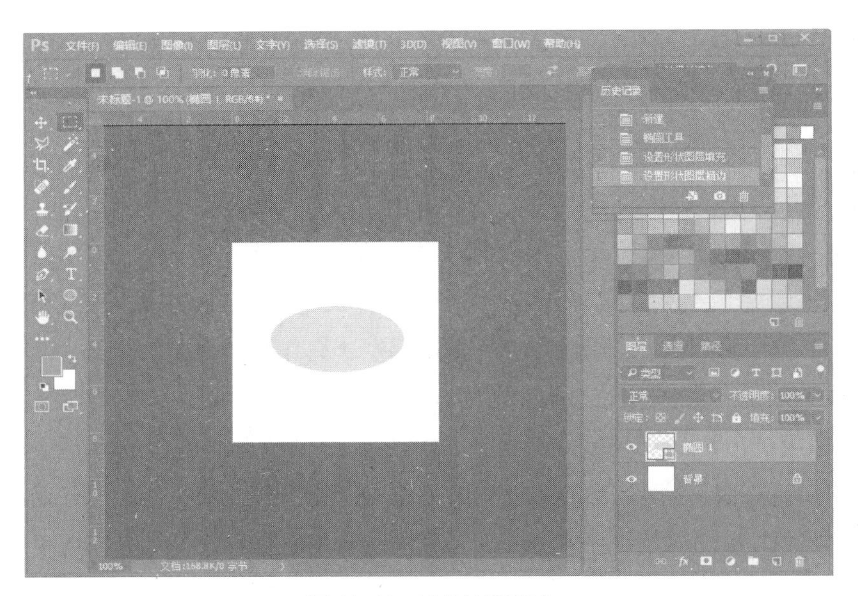

图 11-11　开关按钮形状

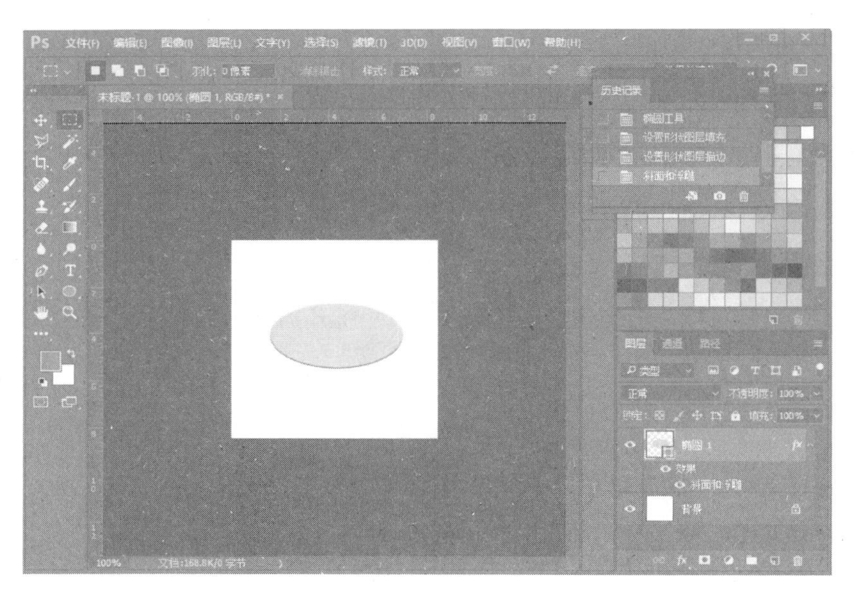

图 11-12　底纹效果

（3）使用【样式】面板为按钮添加一些样式效果，使按钮具有立体感，或者使用其他效果。要让制作出来的开关按钮有更多的变化，可以将鼠标指针移过状态设计成一个文字发光效果。这样当鼠标指针移动到按钮上时，就会有文字发光的效果了。

二、制作开关导航条

开关导航条与开关按钮相似，不同的是开关导航条比开关按钮多一种状态变化，除去开关按钮的“正常”“鼠标经过”和“鼠标按下”3 种状态以外，还有“鼠标按下时滑过”状态。在网页中使用导航条，可以使网站的结构层次更分明，也方便浏览者在网站的各个页面中切换。制作开关导航条图像的方法与制作开关按钮的方法基本相同，不同的是需要多做一种“鼠标按下时滑过”的变化图像。

本／章／小／结

本章重点介绍了设计制作网页元素的相关知识。通过本章的学习，读者应当了解掌握设计制作各种网页元素的方法和技巧，为后续内容的学习奠定基础。

思考与练习

1. 网站 Logo 设计原则包括哪些？

2. 制作 Baidu 网站的 Logo。

3. 如何制作网站 Banner？

4. 如何制作网页开关按钮？

第十二章
Flash 动画制作基础

章节导读

Flash 是一款非常优秀的动画制作软件，利用它可以制作出丰富的动画和网页交互程序，还可以通过它将音乐、声效、动画以及富有新意的界面融合在一起，制作出高品质的 Flash 动画。

本章的学习重点如下。

1. 认识 Flash 动画。

2.Flash 动画制作基础知识。

3.Flash 动画的优化与发布。

第一节 认识 Flash 动画

Flash 动画节省了文件的空间，提高了网络传送的速度，并大大提高了网站页面的视觉冲击力，吸引了更多的人访问网站。

一、Flash 动画的原理

人的眼睛有一个视觉暂留特征：每当一幅图像从眼前消失的时候，留在视网膜上的图像并不会立即消失，还会延迟 1/16 ～ 1/12 秒，在这段时间内，如果下一幅图像又出现了，眼睛里就会产生上一画面与下一画面之间的过渡效果，从而形成连续的画面。而 Flash 动画就是利用了这个原理，把每一张画按每秒 24 帧的速度放出，人们就能看到连续的动画，也就是 Flash 动画中的逐帧动画。

二、Flash 动画在网页中的应用

在网页中应用的动画元素主要有 GIF 和 Flash 两种形式。GIF 动画效果单一，已渐渐不能满足用户对视觉效果的需求。而随着 Flash 动画的不断发展，Flash 动画在网页中的应用越来越广泛，成为最主要的网站动画形式。在网页中，Flash 动画常常被用来突出网页的重要信息，以加深人们对信息的印象。Flash 动画也常常被用来做网页的交互设计，以增强网页的交互性。

三、Flash 中的文件类型

Flash 的文件类型主要有如下几种。

（1）fla 文件：是 Flash 的源文件，可用各个版本的 Flash 打开、编辑、制作。

（2）swf 文件：是 Flash 最常见的发布播放文件，网上的小游戏、视频播放器等就是这个格式的文件。

（3）sof 文件：Flash 的存档文件。

（4）flv 文件：Flash 的视频文件，专为 Flash 导入视频而设计的。

（5）exe 文件：集成 Flash 播放器的 SWF 文件或者是 AIR 应用。

（6）app 文件：Mac 放映文件，Flash、AIR 应用。

（7）html 文件：HTML 包装器，但需要 SWF 才能使用。

（8）swc 文件：Flash 项目文件。

（9）gif 文件、avi 文件、jpg 文件和 png 文件：Flash 可导出的视频、图像文件。

四、Flash 相关的图片格式

在 Flash 软件中，通过绘图工具可以创建和编辑简单的矢量图形。同时 Flash 软件支持多种图形格式，包括 Illustrator 文件和 Photoshop 文件，所以也可以通过导入此类文件来制作复杂图形的动画。

第二节　Flash 动画制作基础知识

一、建立与保存 Flash 动画

【示例 1】创建文件

（1）启动 Flash 软件，点击【文件】→【新建】，弹出【新建文档】对话框，如图 12-1 所示。

（2）在该对话框中的【常规】选项卡下，单击【ActionScript3.0】选项，创建一个配置用于在具有 Flash Player 的桌面浏览器（例如 Chrome、Safari 或 Firefox）上播放的新文档。

（3）在对话框右侧，可以在【宽】和【高】文本框中输入新的像素值，以确定文件的尺寸。【标尺单位】选择“像素”，【帧频】和【背景颜色】保持默认设置，后期编

辑时可以随时调整这些参数，如图 12-2 所示。

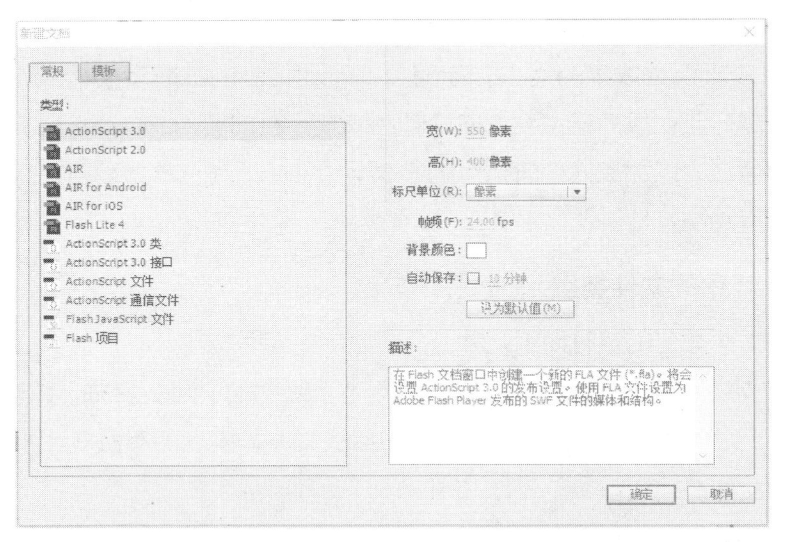

图 12-1 【新建文档】对话框

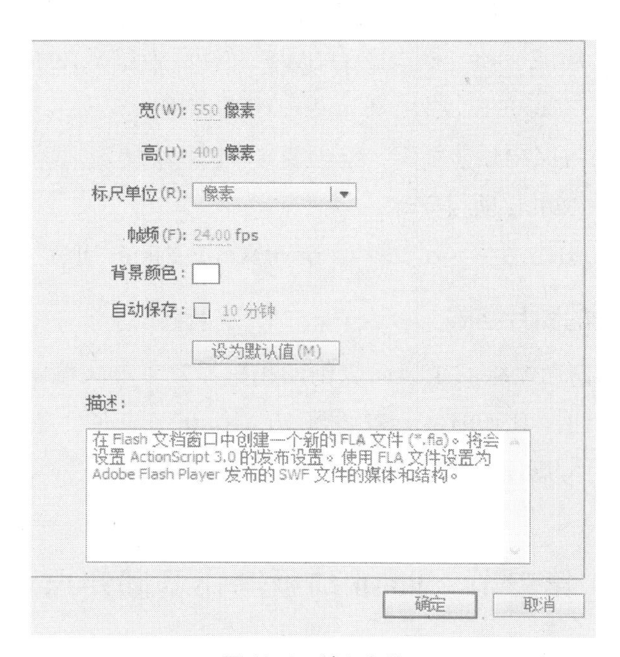

图 12-2 输入参数

（4）单击【确定】按钮，完成创建。

【示例 2】保存文件

点击【文件】→【保存】，命名文件，后缀为“.fla”，并从【保存类型】的下拉菜单中选择“Flash CS6 文档（*.fla）”，点击【保存】按钮。

二、设置 Flash 的属性

在 Flash 中，使用【属性】面板对选中内容属性进行编辑，如果没有选取任何内容，【属性】面板将显示用于常规 Flash 文档的选项，包括更改【舞台】颜色和尺寸等，如图 12-3 所示。选取【舞台】上的某一对象，【属性】面板将显示该对象的 x、y 坐标以及宽度和高度，可通过【属性】面板来移动【舞台】上的对象。

图 12-3　【属性】面板

三、使用 Flash 时间轴

【时间轴】面板在 Flash 界面中位于舞台区域的下方，用于组织和控制文档内容在一定时间内播放的图层数和帧数，如图 12-4 所示。

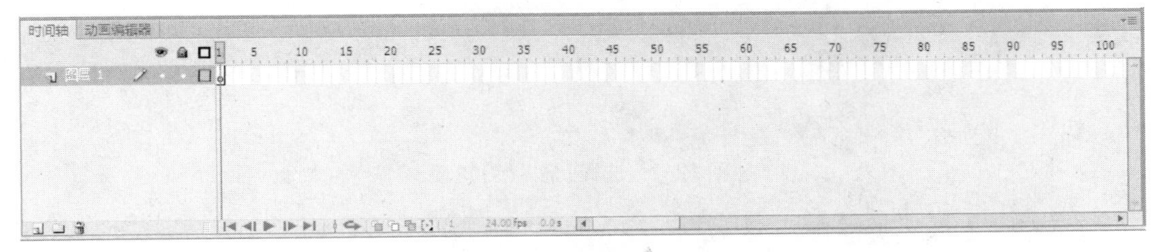

图 12-4　【时间轴】面板

在影片播放时，播放头（红色垂直线）在时间轴上向前移动过帧，如果想在舞台上显示某一帧的内容，可以将播放头移至该帧上。在【时间轴】面板的底部，显示所选帧的帧编号、当前帧频（也就是每秒钟播放多少帧）和目前在影片中的流逝时间，如图 12-5 所示。

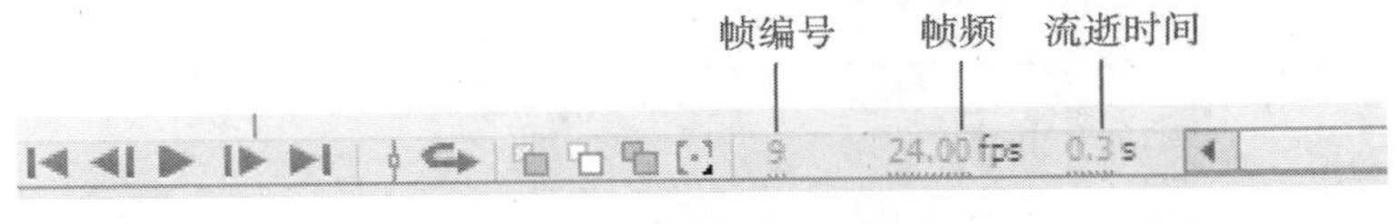

图 12-5　【时间轴】面板底部

四、帧

帧是构成动画的基本元素，任何复杂动画都是由帧构成的。通过改变帧的内容，可以使对象在动画中移动、增加、变大变小、淡入淡出等，这些效果可以单独实现，也可以同时实现。

【示例 3】插入帧

在新建好的文件中，时间轴内只有一帧且为空白帧，整个动画也只会存在单个帧的时间，想要使动画有更长的时间，必须添加额外的帧。

（1）在时间轴内选中除第一帧以外的任意一帧，如图 12-6 所示。

（2）选择【插入】→【时间轴】→【帧】命令，或者按下快捷键【F5】，或者点击鼠标右键，从弹出的菜单中选择【插入帧】选项，Flash 就会在时间轴内添加帧直到所选的位置，如图 12-7 所示。

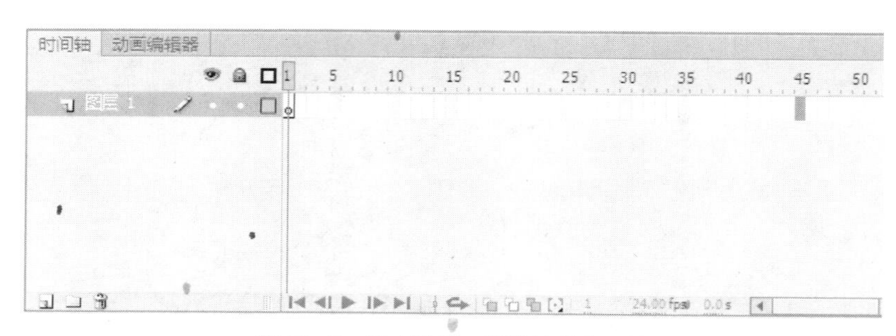

图 12-6　选中除第一帧以外任意一帧

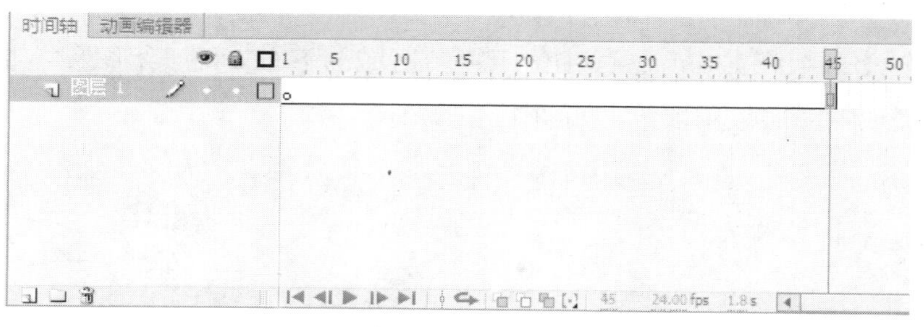

图 12-7　选择【插入帧】选项

【示例 4】插入关键帧

关键帧是有关键内容的帧，用来定义动画变化、更改状态，即编辑舞台上存在的实例对象。关键帧指示着舞台上内容的变化。【时间轴】面板上有圆形标识的位置就是关键帧。空心圆圈为空白关键帧，表示在这一帧上的图层中没有任何内容；黑色实心圆圈为关键帧，表示在这一帧上的图层中包含某些内容，如图 12-8 所示。

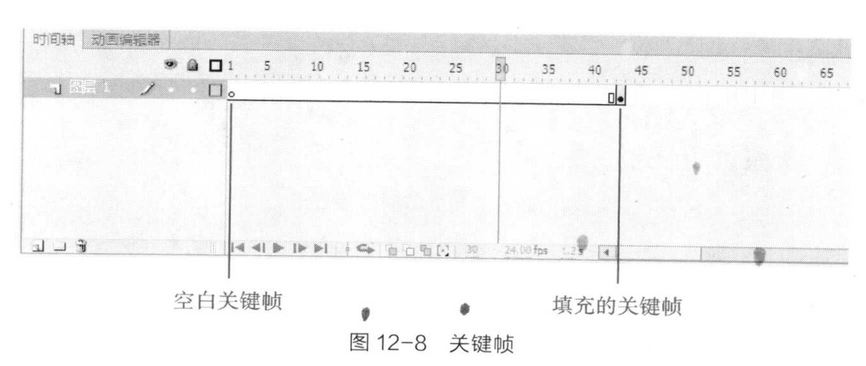

图 12-8　关键帧

（1）在【时间轴】面板内点击选中想插入关键帧的帧。选择【插入】→【时间轴】→【关键帧】命令，或按快捷键【F6】，或点击鼠标右键，从弹出的菜单中选择【插入关键帧】选项。此时选中的帧出现白色圆圈，即为空白关键帧，如图 12–9 所示。

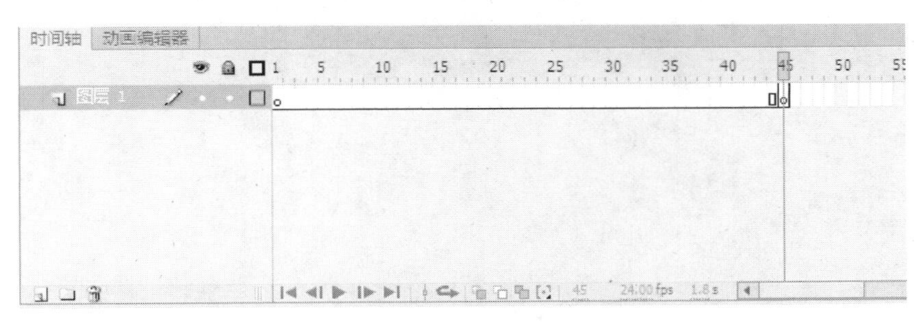

图 12–9 空白关键帧

（2）选择【文件】→【导入】→【导入到舞台】命令，从弹出的本地文件中选取想放入的图形文件，点击【确认】按钮。此时选中的帧的白色圆圈变成黑色实心圆，即为关键帧，如图 12–10 所示。

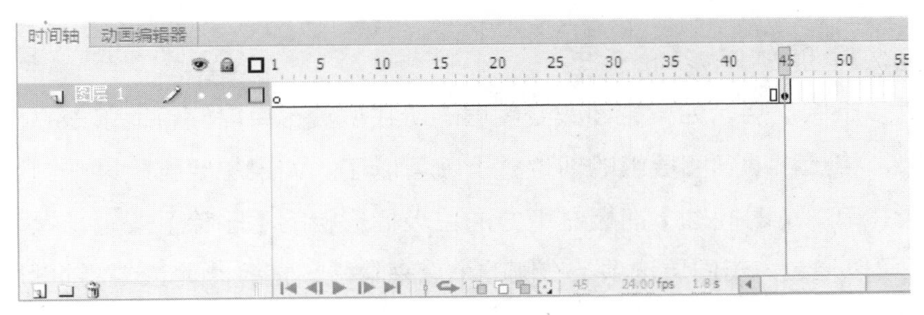

图 12–10 关键帧

【示例 5】删除关键帧

在制作动画时，有时创建的帧不符合要求或不需要，就可以将此帧删除，但删除关键帧不能直接点击【Delete】键，这样将删除舞台上这一关键帧的内容。正确删除关键帧的方法是先选取想删除的关键帧，然后点击【修改】→【时间轴】→【清除关键帧】，从【时间轴】面板中删除关键帧。

五、添加图层与图层管理

在【时间轴】面板的左侧为图层区，在 Flash 软件中，可以把图层看作叠在一起的多张幻灯片。图层有利于组织文档中的内容，可以在一个图层上绘制和编辑图像，而不会影响另一个图层上的图像，尤其是制作复杂动画的时候，图层的作用非常明显。

【示例 6】添加图层

（1）在刚建好的 Flash 文件中只包含一个图层，但可以根据需要添加多个图层，并且顶部图层的图像会覆盖在底部图层的图像上。在【时间轴】面板左侧的图层区中选中想添加的图层位置下方的图层。

（2）点击【插入】→【时间轴】→【图层】，或者点击【时间轴】面板下方的【新建图层】按钮，如图 12–11 所示。这样新的图层就会出现在想添加的位置上。

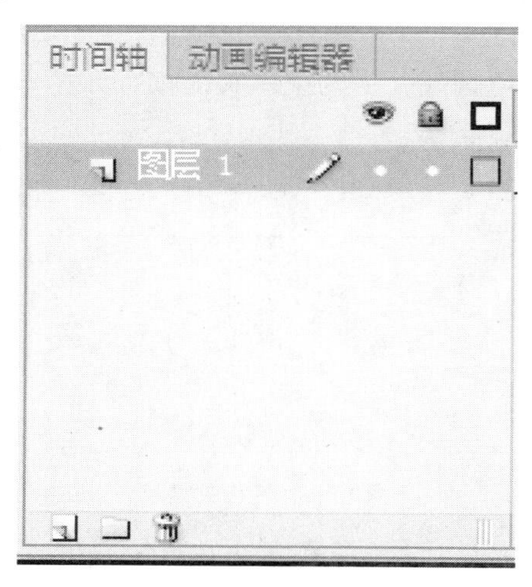

图 12–11　新建图层

（3）双击新图层来重命名图层，命名后，用鼠标左键点击名称框外任意点，即可应用新名称。

【示例 7】图层管理

在建立多个图层后，如果想要改变图层的所在位置，只需简单地单击并拖动想改变位置的图层，将其移动到图层组的新位置上就可以了。如果想要删除某一图层，也只需选中该图层并单击【时间轴】面板左下方的垃圾桶形状的【删除】按钮，就可以轻松删除图层。还可以通过点击图层选项条右侧的小点来隐藏、显示、锁定或解锁图层的内容，如图 12–12 所示。

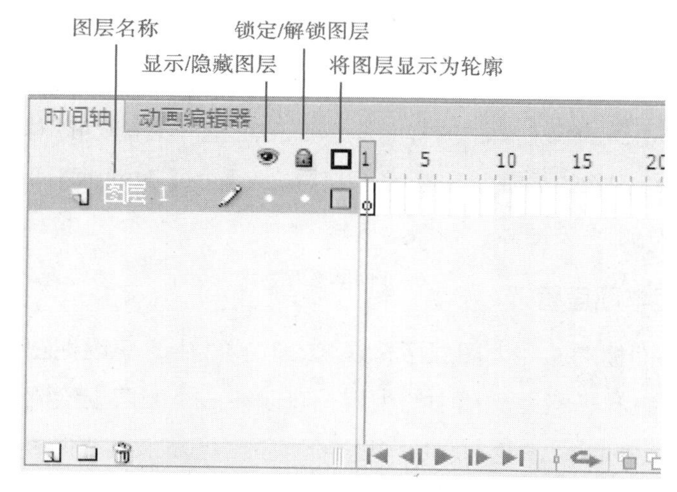

图 12–12　图层管理

六、插入元件

元件是存放在库中可以重复使用的图形、按钮或动画，对于动画来说，元件可以大大减少文件的体积，缩短下载时间，因为在一个 Flash 文件中可以无限次使用一个元件，但只会保存一份数据。

1. 元件类型

按照功能和类型的不同，元件可以分为以下 3 种类型。

（1）图形元件：一般用来存放静态的图像或简单的动画，可以是矢量图形、图像、动画或声音。图形元件的时间轴和影片场景的时间轴同步运行，交互函数和声音将不会在图形元件的动画序列中起作用。

（2）按钮元件：可以在影片中创建交互按钮，通过事件来激发它的动作。按钮元件有 4 种状态：弹起、指针经过、按下和点击。每一种状态都可以通过图形、元件及声音来定义。

（3）影片剪辑元件：影片剪辑元件与图形元件最大的区别在于它支持 ActionScript 和声音，具有交互性，是功能和用途最多的元件。它本身就是一段小动画，可以包含交互控制、声音以及其他的影片剪辑的实例，也可以放置在按钮元件的时间轴内来制作动画按钮。影片剪辑元件的时间不随创建时间轴同步运行。

2. 创建元件

在 Flash 中，可以用两种方法创建元件：一种方法是选择【插入】→【新建元件】命令，在打开的对话框中输入新元件的名称，选择想要的元件类型，如图 12–13 所示，进入元件编辑模式，开始绘制或导入用于元件的图形或对象；另一种方法是选中舞台上现有的图形或对象，然后选择【修改】→【转换为元件】命令（快捷键为【F8】），将选取的任何内容都自动放在新元件内。

图 12–13 选择想要的元件类型

完成元件的创建之后，只需要从【库】面板中拖动元件到舞台上，就可以开始应用这个元件。

七、库的管理与使用

Flash 的元件都存储在【库】面板上，用户可以在【库】面板中对元件进行编辑和管理，也可以直接从【库】面板中拖动元件到场景中制作动画。

1. 库面板组成

【库】面板主要由以下几部分组成。

库元素的名称：库元素的名称与源文件的文件名称对应。

选项菜单：单击右上方的按钮，可以在弹出的菜单中选择相应的选项，如图 12–14 所示。

属性 库
未命名-1

图 12-14 选项菜单

预览窗口：顶部视窗为预览窗口，在名称面板中选中想查看的对象，预览窗口就会出现相应的对象，如图 12-15 所示。

图 12-15 预览窗口

元件排列顺序按钮：箭头朝上的按钮代表当前的排列是升序排列，如图 12-16 所示；箭头朝下的按钮代表当前的排列是降序排列，如图 12-17 所示。单击相应的栏目按钮，就可以按名称、使用次数、链接和修改日期对元件进行分类排列。

图 12-16 升序排列　　图 12-17 降序排列

2. 编辑库项目

将库中的元件按性质、用途分类管理，可以提高创建速度和工作效率。可以单击【库】面板底部的【新建文件夹】按钮，创建新的文件夹，如图 12-18 所示。然后将需要的元件拖入到该文件夹中进行分类管理。

图 12-18 创建新的文件夹

在制作 Flash 动画尤其是复杂动画时，经常会有创建了元件最后却没有使用的情况，这些废弃的元件会增大文件的体积，因此在动画制作完毕后，应该清理库中不使用的元件。单击库面板的 按钮，弹出选项菜单，从中选择【选择未用项目】选项。软件会自动检查库中没有应用的元件，可以选中查到的元件，确认该元件是否真的不需要，单击【库】面板底部的【删除】按钮，即可删除该元件。

3. 使用共享库资源

共享库资源，用户就可以在多个目标文档中使用源文档的资源，在 Flash 中，可以使用如下两种不同的方法共享库资源。

在运行时共享资源：源文档资源是以外部文件的形式链接到目标文件中的。运行时，资源在文档回放期间（即在运行时）加载到目标文档中；在制作目标文档时，包含共享资源的源文档并不需要在本地网络上供使用。

在创作中的共享资源：可以用本地网络上的任何其他可用元件来更新或替换正在创作的文档中的任何文件。在创建文档时可以更新目标文档中的元件。目标文档的元件保留了原始名称和属性，但其内容会被更新或替换为用户所选择元件的内容。

第三节　Flash 动画的优化与发布

一、优化动画

在 Flash 动画的制作过程中，应该注意对动画的优化。动画制作过程的优化应该注意以下几点。

（1）多使用元件，动画中使用过一次以上的元素应转化成元件，保存一次就可以重复使用，减少动画文件的内存大小。

（2）尽量使用渐变动画。只要有可能，应尽量使用“移动渐变”产生动画效果，而少使用“逐帧渐变”产生动画。关键帧使用得越多，动画文件就会越大。

（3）多采用实线，少用虚线。限制特殊线条如短划线、虚线、波浪线等的数量。实线的线条构图最简单，所以使用实线可以让文件变得更小。

（4）多用矢量图形，少用位图图像。矢量图形可以任意缩放而不影响 Flash 的画质，而位图图像一般只作为静态元素或背景图，Flash 并不擅长处理位图图像的动作，应避免位图图像元素的动画。

（5）多用构图简单的矢量图形。矢量图形越复杂，CPU 运算起来就越费力。

（6）导入的位图图像文件应尽可能小一点，并以 JPEG 方式压缩。

（7）音效文件最好以 MP3 方式压缩。MP3 是使声音最小化的格式，应尽量使用。

（8）限制字体和字体样式的数量。尽量不要使用太多不同的字体，使用的字体越多，动画文件就越大。尽可能使用 Flash 内定的字体。

（9）不要包含所有字体外形。如果包含文本域，则应考虑在【Text Field Properties】（文本域属性）对话框中选中【Include Only Specified Font Outlines】（只包括指定字体外形），而不要选择【Include All Font Outlines】（包括所有字体外形）。

（10）尽量不要将字体打散，字体打散后就会转化成图形，这样会使文件增大。

（11）尽量少使用过渡填充颜色。使用过渡填充颜色填充一个区域比使用纯色填充区域要多占更多文件体积。

（12）尽量缩小动作区域。限制每个关键帧中发生变化的区域，一般应使动作发生在尽可能小的区域内。

（13）尽量避免在同一时间内安排多个对象同时产生动作。有动作的对象也不要与其他静态对象安排在同一图层里。应该将有动作的对象安排在各自专属的图层内，以便加速 Flash 动画的处理过程。

（14）使用预先下载画面。如果有必要，可在动画一开始时加入预先下载画面，以便后续画面能够平滑播放。较大的音效文件尤其需要预先下载。

（15）动画的长宽尺寸越小越好。尺寸越小，文件就越小。

二、测试动画

在制作完成 Flash 动画后，在导出动画前应该先对动画进行测试，检查动画是否能正常播放。测试动画不仅可以发现影响动画播放的错误，还可以检查动画中片段和场景的转换是否流畅、自然等。可以直接在舞台点击【Enter】键来预览动画效果，也可以点击【Ctrl】+【Enter】组合键在 Flash 播放器中测试动画，或者在菜单栏中选择【控制】→【测试影片】命令来进行测试。

三、设置动画发布格式

在导出动画时，有以下几种发布格式可以导出，如图 12-19 所示。

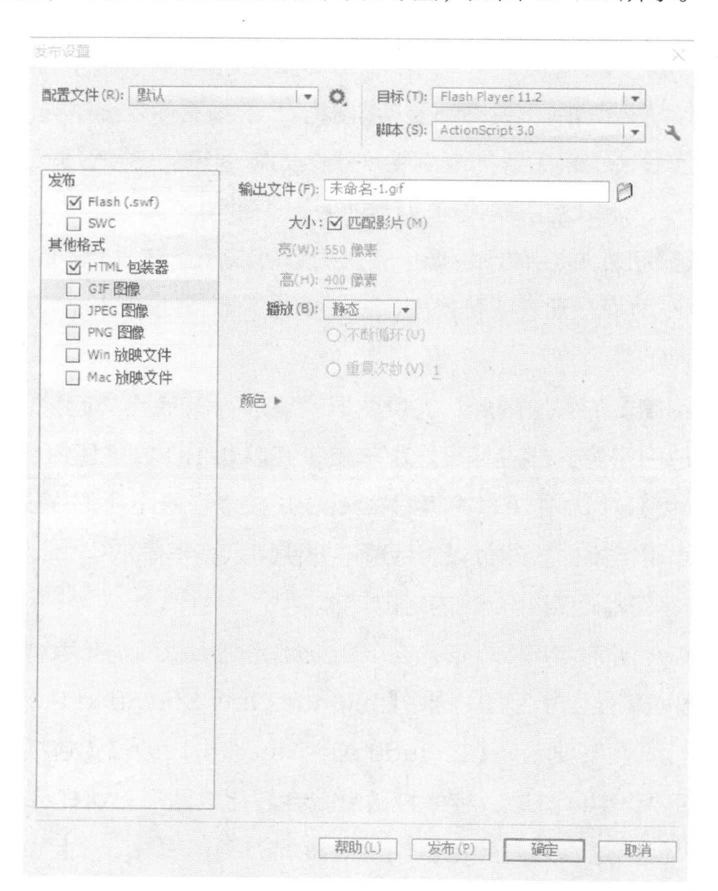

图 12-19　发布格式

四、导出 Flash 动画

选择【文件】→【导出】→【导出影片】命令，在打开的【导出影片】对话框中选择想要的导出动画的格式。

本 / 章 / 小 / 结

本章重点介绍了 Flash 动画制作基础知识。通过本章的学习，读者应当了解 Flash 动画制作的原理、应用、文件类型等，能够掌握 Flash 的基本操作，为后续内容的学习奠定基础。

思考与练习

1.Flash 动画的原理是什么?

2.Flash 的文件类型有哪几种?

3. 如何建立与保存 Flash 动画?

4. 如何插入关键帧?

5. 元件有哪几种类型？各有什么特点?

6. 在 Flash 动画的制作过程中，如何优化动画?

7. 在 Flash 动画的制作过程中，如何测试动画?

第十三章

制作 Flash 网页动画

章节导读

Flash 操作界面美观、清晰，面板布局合理，相对于其他制作动画的程序来说，Flash 更加容易操作，无须任何编程基础就可以轻松制作出动画效果。用 Flash 制作的动画作品不仅可以在线观看，也可以离线观看，并保留原来动画中的各种交互式操作功能。

本章的学习重点如下。

1. 图层的基本操作和管理。
2. 制作基础动画。
3. 制作高级动画。
4. 制作声音动画。
5. 使用 ActionScript 制作动画。

第一节　图层的基本操作和管理

图层的概念并不难理解，Flash 中的图层好比一张透明的幻灯片纸，我们可以在上面绘制任何图形，最上层的物体会盖住最下层的。Flash 是以层的概念来储存影片的，类似于 Photoshop 中的图层，区别在于一个是静止的，一个是运动的。有时候我们要做一个影片，在一个图层中是很难完成的，因为一个图层无法同时控制多个对象。图层的类型主要包括以下几种。

（1）普通图层：打开 Flash，默认情况下只有一个普通图层。

（2）引导层：引导层中的所有内容只是制作动画时作为参考线，并不出现在作品的最终效果中。

（3）遮罩层：在遮罩层中创建的对象具有透明效果，如果遮罩层中的某一位置有对象，相同位置的内容将显露出来，被遮罩层的其他部分则被遮住。

一、创建和编辑图层文件夹

图 13–1 所示的图层区中各个图标的含义及作用如下所示。

图片左下角四个按钮从左到右分别是【插入图层】，【添加运动引导层】，【插入图层文件夹】和【删除图层】。

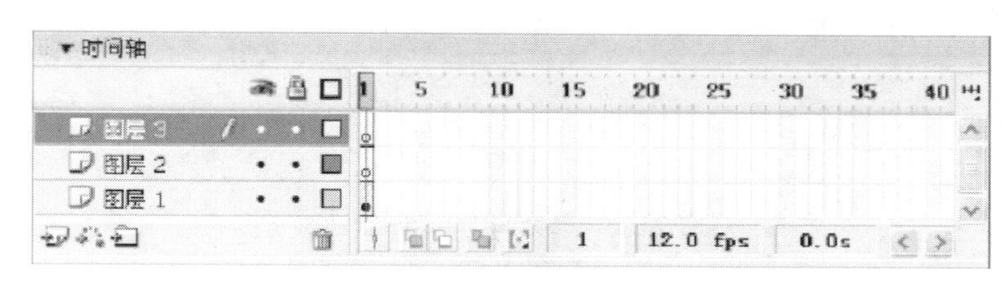

图 13–1　图层区

【时间轴】面板下一行中的三个图标的含义及作用如下。

第一个图标是【显示或隐藏所有图层】，下方显示“ • ”表示该图层内容已经显示出来，“ × ”表示内容被隐藏了。

第二个图标是【锁定或解锁所有图层】。

第三个图标是【显示所有图层的轮廓】。图 13–2 所示为完全显示的效果，图 13–3 所示为显示轮廓线条的效果。

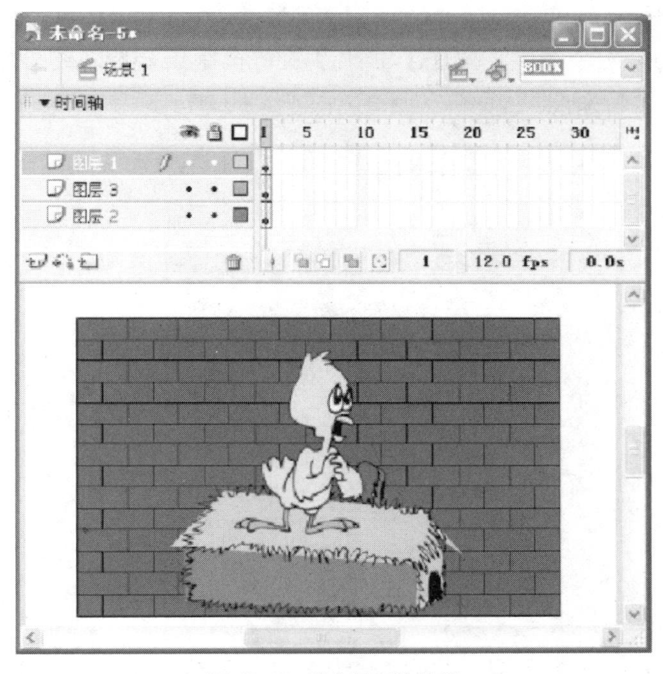

图 13–2　完全显示的效果

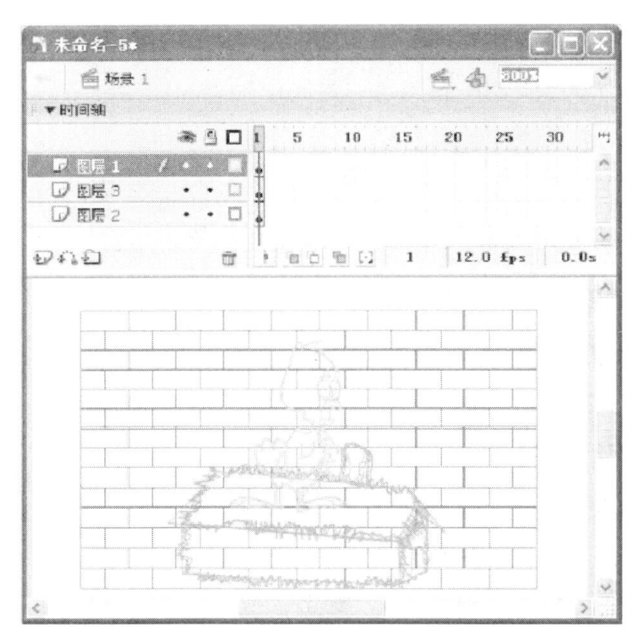

图 13-3　显示轮廓线条的效果

在 Flash 中对图层的编辑包括创建图层、重命名图层、移动 / 复制图层、设置图层属性等。

1. 选择单个图层

选择单个图层的方法有以下几种。

（1）在图层区单击某个图层。

（2）在时间轴单击图层中的任一帧。

（3）在场景中选择某一图层中的对象。

2. 选择相邻图层

单击要选取的第一个图层，按住【Shift】键，再单击要选取的最后一个图层，可选取两个图层之间的所有图层，如图 13-4 所示。

图 13-4　选择相邻图层

3. 选择不相邻图层

单击要选取的其中一个图层，按住【Ctrl】键，再单击需要选取的其他图层即可。

4. 新建图层

单击图层区底部的按钮，在图层板面新建图层，系统自动命名为“图层 2”，位于“图层 1”上方，并且变为当前编辑层，不断单击按钮将依次新建图层 3、图层 4……

5. 复制图层

单击图层区中的图层名称，即可选中该图层中的所有帧，然后在时间轴右边选中的帧上单击鼠标右键，在弹出的快捷菜单中选择【复制帧】命令。再用鼠标右键单击目标层的第一帧，在弹出的快捷键菜单中选择【粘贴帧】命令即可。

在 Flash 动画制作过程中，图层起着极为重要的作用，图层的作用主要表现在以下几个方面。

（1）有了图层后，用户可以方便地对某个图层中的对象或者动画进行编辑修改，而不会影响其他图层中的内容。

（2）有了图层后，用户可以把一个大动画分解成几个小动画，把不同的动画放在不同的图层上，各个小动画相互独立，共同构成一个大动画。

（3）利用一些特殊的图层还可以制作特殊的动画效果，如：利用遮罩层可以制作遮罩动画；利用引导层可以制作引导动画。它们的使用方法将在下面的内容中进行详细介绍。

二、引导层

如果引导层没有被引导对象，它的图层图标会改变，如图 13-5 所示。选中图层 2，按住鼠标左键将其向上拖动至引导层的上方，会发现引导层前面的图标改变，如图 13-6 所示，这时的引导层没有实际意义。

图 13-5　引导层没有被引导对象

图 13-6　引导层前面的图标改变

三、遮罩层

遮罩层图标为 ，被遮罩图层的图标表示为 ，如图 13-7 所示，“图层 3”是遮罩层，“图层 2”是被遮罩层。

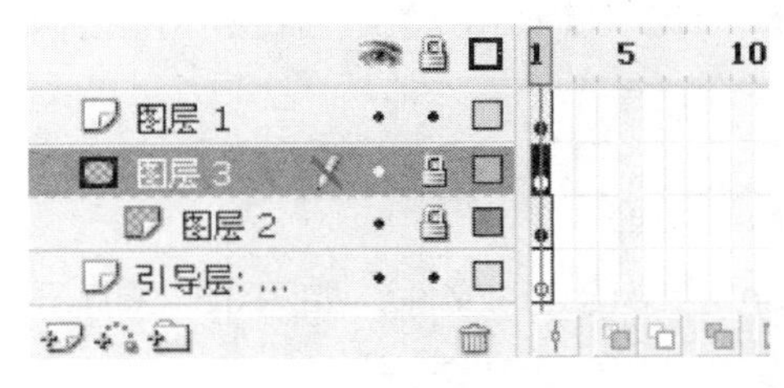

图 13-7　遮罩图层

第二节　制作基础动画

一、逐帧动画

逐帧动画是一种常见的动画形式，其原理是在连续的关键帧中分解动画动作，每一帧都是关键帧，都有内容。逐帧动画具有非常大的灵活性，几乎可以表现任何想表现的内容，类似于电影的播放模式，适合表演细腻的动画。例如人物或动物急剧转身、头发及衣服的飘动、走路、说话，以及精致的 3D 效果等。

【示例 1】制作逐帧动画

（1）在菜单栏中选择【文件】→【导入】→【导入到舞台】命令，在 Flash 中新建文档，如图 13–8 所示。

（2）在【导入】对话框中，选择准备导入的图片，单击【打开】按钮，弹出对话框，单击【是】按钮。

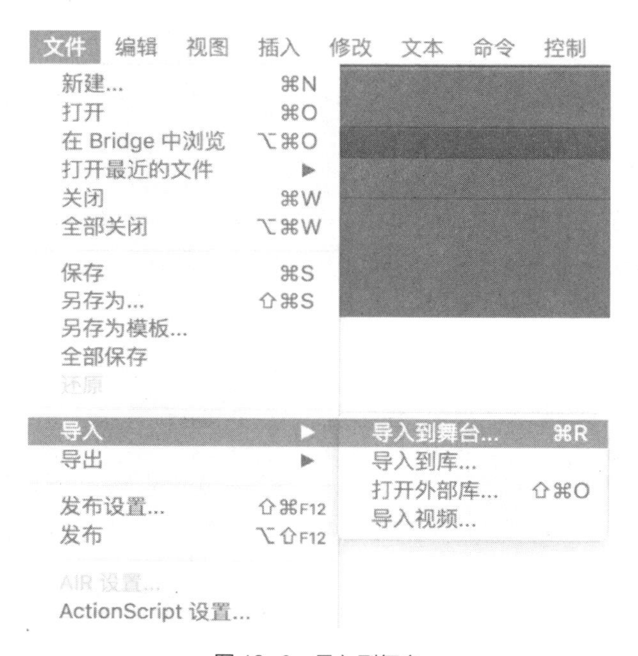

图 13–8　导入到舞台

（3）Flash 会自动把图片按序号以逐帧形式导入到舞台中去，导入后的动画序列被 Flash 自动分配在 5 个关键帧中。

（4）此时，再按下【Ctrl】+【Enter】组合键，检测刚刚创建的动画。

二、形状补间动画

【示例 2】制作形状补间动画

（1）新建一个 ActionScript3.0 的文件，如图 13–9 所示。

（2）选择圆形工具，设置填充色为红色，然后在场景中绘制一个圆，如图 13–10 所示。

（3）重复上一步，分别再绘制一个蓝色和一个绿色的圆形。

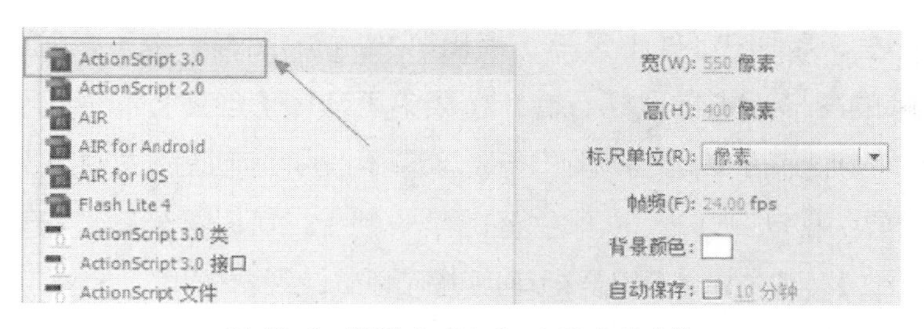

图 13-9　新建 ActionScript3.0 的文件

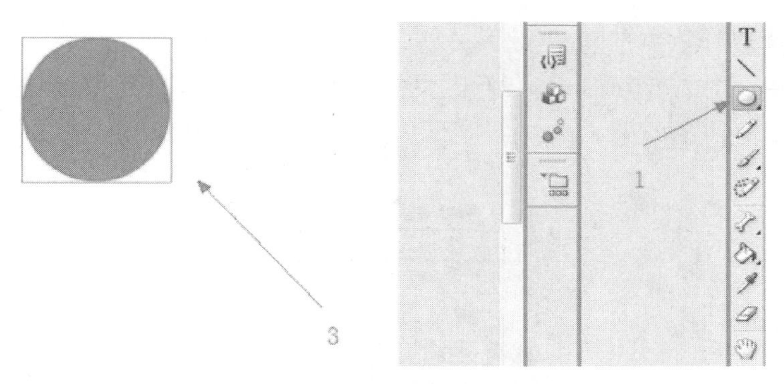

图 13-10　在场景中绘制一个圆

（4）选择第 20 帧，在第 20 帧上点击鼠标右键，选择【插入空白关键帧】选项（或者点击快捷键【F7】插入关键帧），如图 13-11 所示。

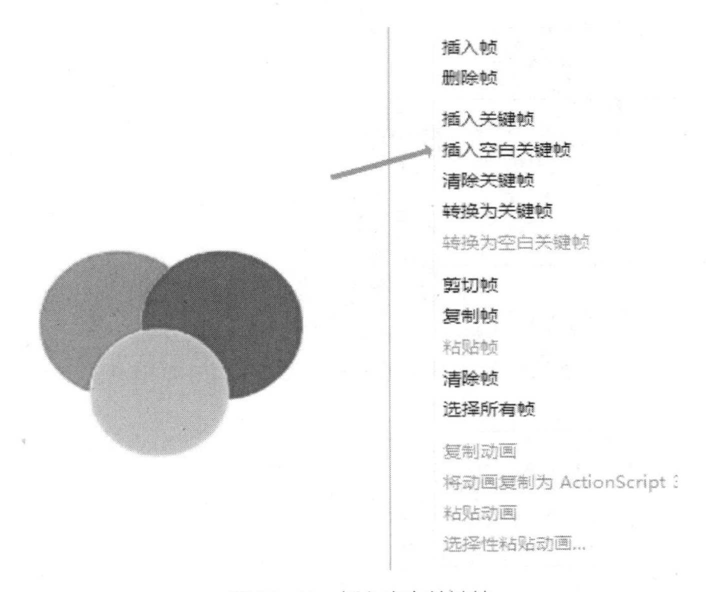

图 13-11　插入空白关键帧

（5）在空白关键帧上使用前面绘制圆形的方法再绘制一个黄色的圆，此时就得到了第 1 帧和第 20 帧两个不同的关键帧。

注：形状补间动画主要用来制作形状进行了变化的动画，类似的如方的变圆的，“李”字变“张”字，“1”变“2”等，这些都是形状发生了变化，一个目标图形变成了另一个最终图形，而这个目标图形和最终图形就是第 1 帧和第 20 帧这两个关键帧，所谓补间就是 1 到 20 帧之间的内容由计算机自动计算，补上其中的动画。

（6）在上述步骤中已经做出了第 1 帧和第 20 帧的图形，接下来就是创建形状补间动画，在第 1 帧的图形上点击鼠标右键，在菜单里选择【创建补间形状】，这时候软件就自动为 1 到 20 帧之间的内容自动制作了过渡变化的补间动画，如图 13–12 所示。

（7）将播放头移动到 1 ～ 20 帧中间的某一帧上，可以看到软件自动计算的补间的形状。点击【Ctrl】+【Enter】组合键可以进行测试，观看效果。

三、传统补间动画

【示例 3】制作传统补间动画

（1）新建一个 ActionScript3.0 的文件，使用矩形工具在空白处拖拽出一个绿色的图形，如图 13–13、图 13–14 所示。

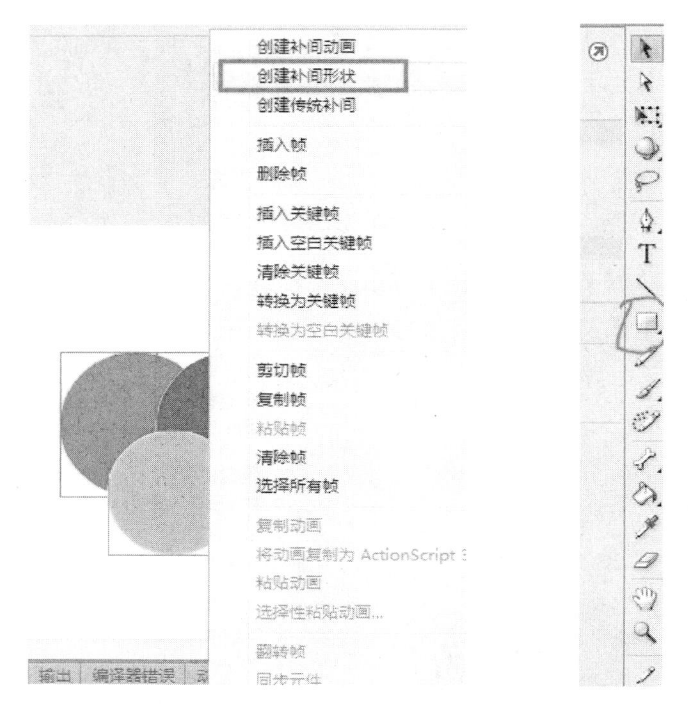

图 13–12　创建补间形状　　　　图 13–13　矩形工具

图 13–14　绿色的图形

（2）在【时间轴】控制面板的第 25 帧的位置点击鼠标右键插入关键帧，选择绿色的图形，将其向右拖动，如图 13–15 所示。

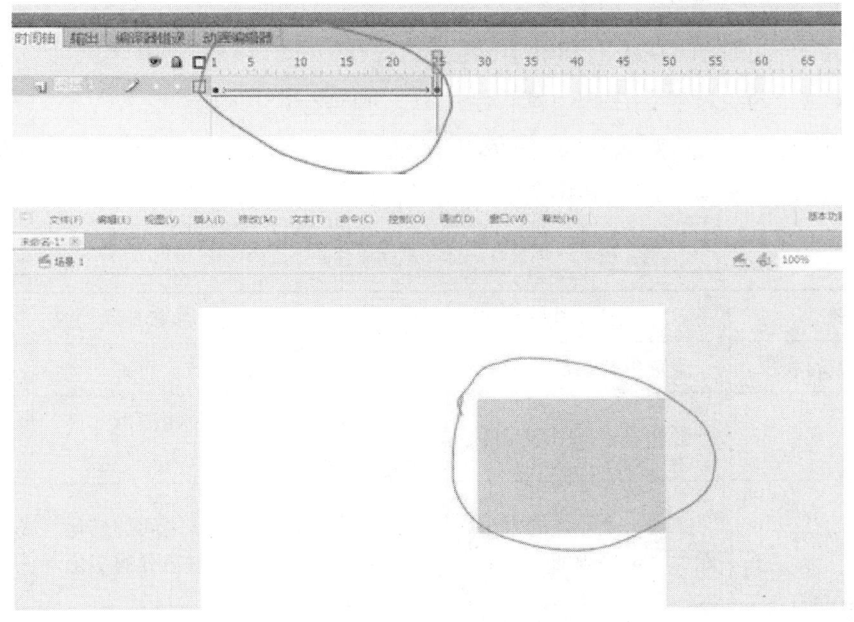

图 13–15　向右拖动

（3）选中第一个关键帧，点击鼠标右键创建传统补间，点击【Ctrl】+【Enter】键就可以预览效果了。

通过这个实例，可以做出很多其他的效果，使得图片向左、向下各个方向移动，传统补间动画以控制页面元素平移、大小变化和旋转角度为主，只有好好研究，多思考，多练习，才能做出自己想要的效果。

第三节　制作高级动画

Flash 高级动画，是基于普通动画之上、操作更加复杂多变的动画方式，需要运用更多的技巧去达到更高的效果，包括动作补间、遮罩、引导动画和声音的添加与制作，下面将进行详细的介绍。

一、动作补间动画

动作补间动画也是 Flash 中非常重要的表现手段之一，与形状补间动画不同的是，动作补间动画的对象必须是元件或成组对象。

1. 动作补间动画概述

（1）动作补间动画的概念。在 Flash 的【时间轴】面板上，在一个时间点（关键帧）放置一个元件，然后在另一个时间点（关键帧）改变这个元件的大小、颜色、位置、透明度等，Flash 根据二者之间帧的值创建的动画被称为动作补间动画。

（2）构成动作补间动画的元素。构成动作补间动画的元素是元件，包括影片剪辑、图形元件、按钮等，除了元件，其他元素包括文本都不能创建补间动画，其他的位图、文本等都必须要转换成元件才行，只有把形状组合起来或者转换成元件后才可以做动作补间动画。

（3）动作补间动画在【时间轴】面板上的表现。动作补间动画建立后，【时间轴】面板的背景色变为淡紫色，在起始帧和结束帧之间有一个长长的箭头。

（4）形状补间动画和动作补间动画的区别。形状补间动画和动作补间动画都属于补间动画，前后都各有一个起始帧和结束帧，二者之间的区别见表 13–1。

表 13–1　形状补间动画和动作补间动画的区别

区别	动作补间动画	形状补间动画
在时间轴上的表现	淡紫色背景加长箭头	淡绿色背景加长箭头
组成元素	影片剪辑、图形元件、按钮	形状，如果使用图形元件、按钮、文字，则必先打散再变形
完成的作用	实现一个元件的大小、位置、颜色、透明等的变化	实现两个形状之间的变化，或一个形状的大小、位置、颜色等的变化

（5）创建动作补间动画的方法。在【时间轴】面板上动画开始播放的地方创建或选择一个关键帧并设置一个元件，一帧中只能放一个项目，在动画要结束的地方创建或选择一个关键帧并设置该元件的属性，再单击开始帧，在【属性】面板上单击【补间】选项旁边的“小三角”图标，在弹出的菜单中选择【动作】选项，或单击鼠标右键，在弹出的菜单中选择【新建补间动画】选项，就建立了动作补间动画。

2. 认识动作补间动画的属性面板

单击【时间轴】面板上的【动作补间动画】的起始帧，帧属性面板如图 13–16 所示。

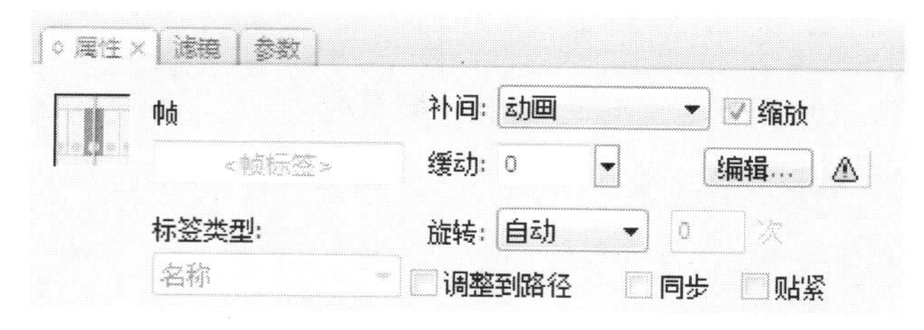

图 13–16　帧属性面板

【缓动】：在“0”边有个滑动拉杆按钮，单击鼠标左键上下拉动滑杆或填入具体的数值，动作补间动画效果会以下面的设置作出相应的变化：在 1 ～ 100 的负值之间，动画运动的速度从慢到快，朝运动结束的方向加速补间；在 1 ～ 100 的正值之间，动画运动的速度从快到慢，朝运动结束的方向减慢补间。默认情况下，补间帧之间的变化速率是不变的。

【旋转】：有四个选择，选择【无】（默认设置）禁止元件旋转；选择【自动】可以使元件在需要最小动作的方向上旋转对象一次；选择【顺时针】（CW）或【逆时针】

（CCW），并在后面输入数字，可使元件在运动时顺时针或逆时针旋转相应的圈数。

【调整到路径】：将补间元素的基线调整到运动路径，此项功能主要用于引导线运动。

【同步】：使图形元件实例的动画和主时间轴同步。

【贴紧】：可以根据其注册点将补间元素附加到运动路径，此项功能主要也用于引导线运动。

二、遮罩动画

遮罩动画是通过设置遮罩层及其关联图层中对象的位移、形变来产生一些特殊的动画效果。遮罩是需要通过两个图层实现的，上一层称为遮罩层，下一层称为被遮罩层。遮罩结果显示的是两个图层的叠加部分，上一层决定看到的形状，下一层决定看到的内容，即透过上一层看下一层的内容。很多效果丰富的动画都是通过遮罩动画来完成的，例如水波、万花筒、百叶窗、放大镜、望远镜等。

使用遮罩层创建动画时，对于用作遮罩的填充形状，可以使用形状补间动画；对于文字对象、图形实例或影片剪辑，可以使用动作补间动画。使用影片剪辑实例作为遮罩时，可以让遮罩沿着运动路径运动。

遮罩层的基本原理如下：能够透过该图层中的对象看到被遮罩层中的对象及其属性（包括其变形效果），如图 13–17、图 13–18 所示。但是遮罩层对象中的许多属性，如渐变色、透明度、颜色和线条样式等却是被忽略的。例如，不能通过遮罩层的渐变色来实现被遮罩层的渐变色变化。

图 13–17　遮罩前的效果

【示例 4】创建遮罩动画

（1）启动 Flash，点击【文件】→【新建】→【新建文档】。

图 13-18　遮罩后的效果

（2）选择图层 1，导入一张图片作为被遮罩层。

（3）点击【新建图层】按钮，新建图层 2，作为遮罩层。

（4）选择图层 2，点击鼠标右键，选择【遮罩层】，如图 13-19 所示。

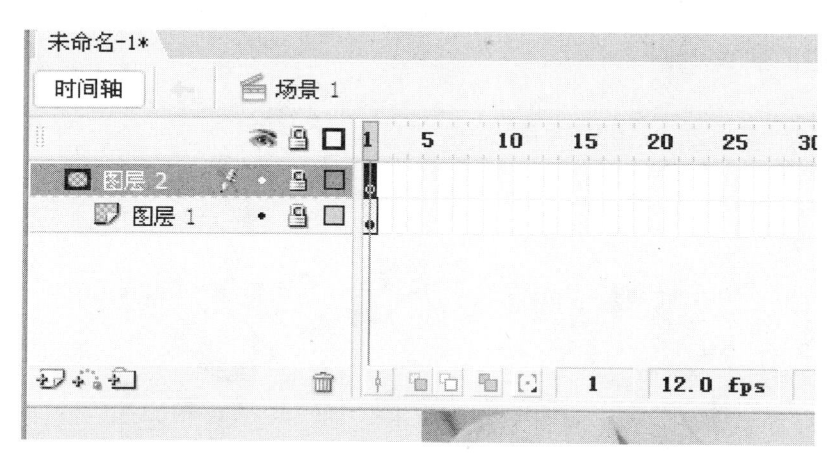

图 13-19　选择【遮罩层】

（5）图层 2 被锁定，点击鼠标右键，选择【属性】，在对话框中取消勾选【锁定】。

（6）选择图层 2，使用工具箱的文本工具，在图片的左上角输入“春意盎然”四个字。

（7）选择图层 1，在第 45 帧处插入帧，如图 13-20 所示。

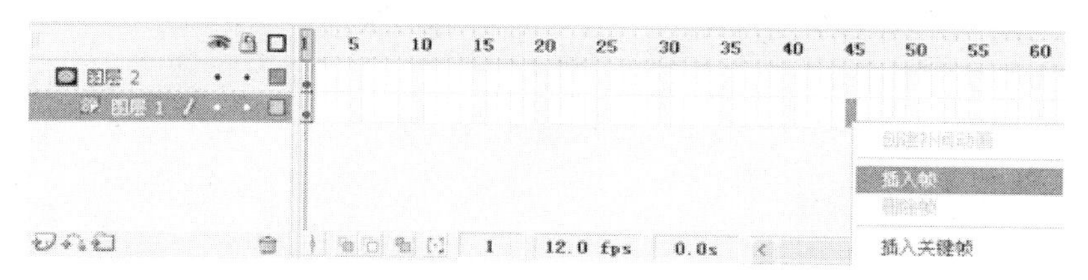

图 13-20　在图层 1 第 45 帧处插入帧

（8）选择工具箱中的选择工具拖动“春意盎然”到图片右下角处。

（9）选择图层 2，在第 45 帧处插入关键帧，如图 13–21 所示。

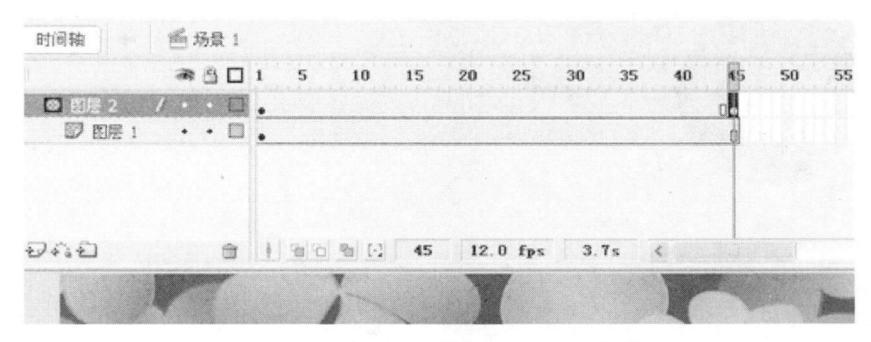

图 13–21　在图层 2 第 45 帧处插入关键帧

（10）选中图层 2 的第 1 帧，在舞台下方的属性检测器中【补间】的下拉列表中选【动作】，图层 2 的时间轴上出现一个箭头，如图 13–22 所示。

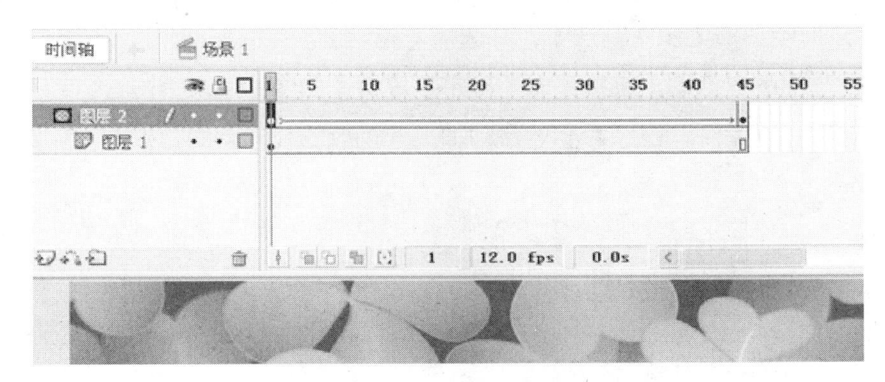

图 13–22　图层 2 的时间轴上出现一个箭头

（11）选择图层 2，鼠标右键点击【显示遮罩】，如图 13–23 所示。

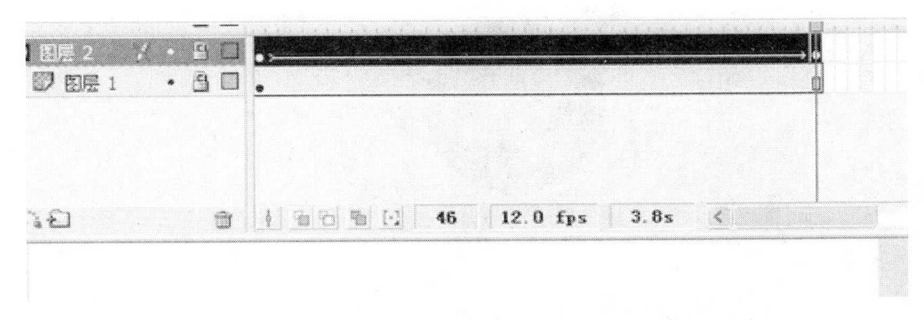

图 13–23　点击【显示遮罩】

（12）点击【控制】→【播放】，可以看到“春意盎然”四个字缓缓地从左上角移动到右下角。

三、动画预设

【示例 5】动画预设

（1）新建 Flash 的 ActionScript 3.0 文件。

（2）使用圆形工具设置填充色为绿色，径向填充，然后在场景中绘制一个圆球，如

图 13–24 所示。

图 13–24　在场景中绘制一个圆球

（3）将球调整到合适大小，使用对齐工具使小球水平居中。

（4）选择小球，点击鼠标右键，选择工具面板上【预设动画】下的【默认预设】，在弹出的对话框中选择【多次跳跃】，并选择【应用】。

（5）在弹出的对话框上直接点击【确定】按钮，如图 13–25 所示。

（6）这时可以看到，已经为小球自动加上了相应的补间动画，如图 13–26 所示。

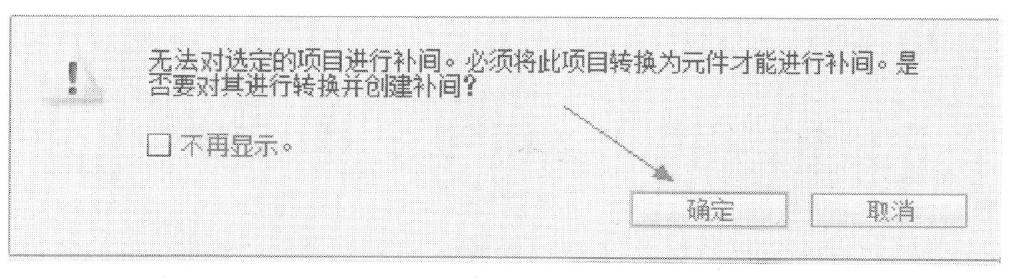

图 13–25　点击确定

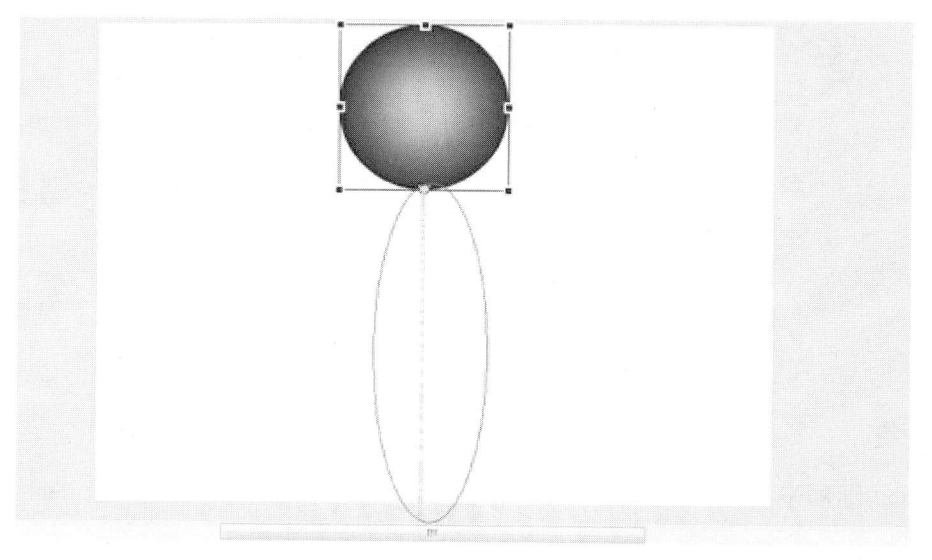

图 13–26　自动加上相应的补间动画

（7）点击【Ctrl】+【Enter】组合键测试，可以看到小球类似乒乓球落地的弹跳效果。

第四节　制作声音动画

一、导入声音文件

在 Flash 中，取样频率有 3 种：10kHz、22kHz 和 44kHz；传输速率有 2 种：8bit 和 16bit。在通常情况下，最好使用 22kHz、16bit 的单声道声音，如果使用立体声，它的数据量将是单声道声音的两倍。导入方法如下。

（1）先从 Flash【文件】菜单中选择【导入】→【导入到库】命令，找到相应的 MP3 文件。

（2）点击【Ctrl】+【L】组合键打开图库面板，就会看到刚才导入的声音文件。

（3）选择一个空白关键帧，在属性面板的【声音】下拉列表中选择一个 MP3 文件，将会有个符号显示，表明声音文件添加成功。为按钮添加声音的操作与此操作类似。

【示例 6】导入声音文件

（1）启动 Flash 程序，新建文档。

（2）选择【文件】→【导入】→【导入到舞台】命令，如图 13–27 所示。

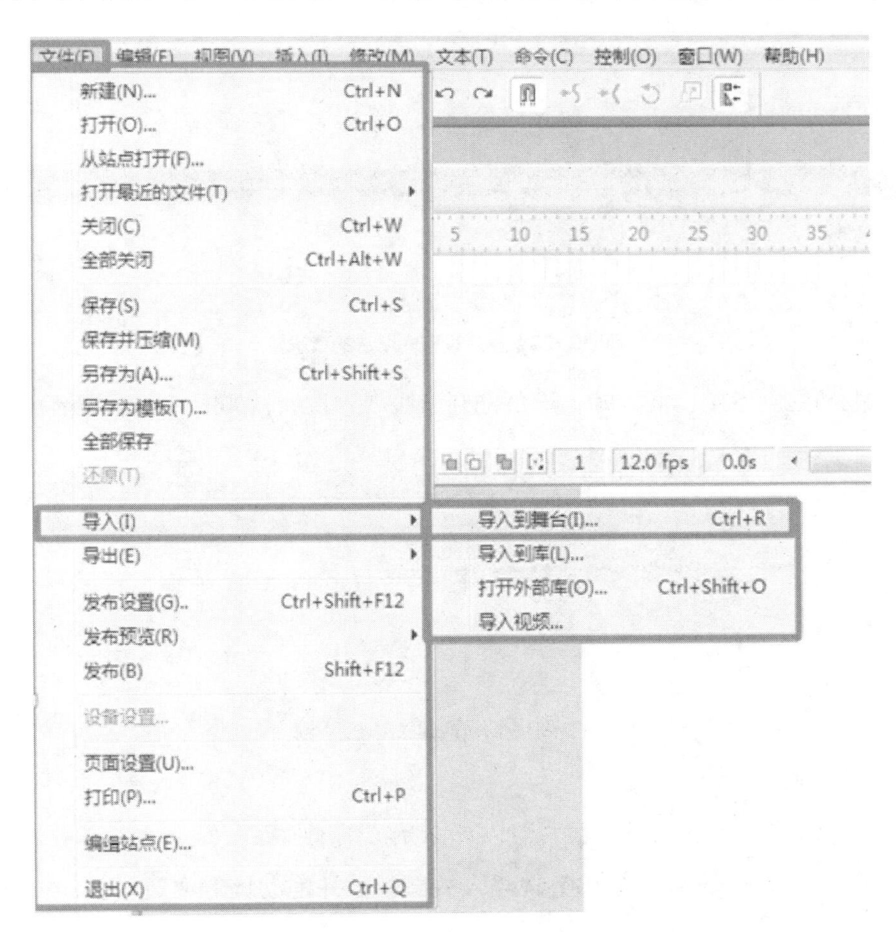

图 13–27　导入到舞台命令

（3）导入音乐，如图 13–28 所示。

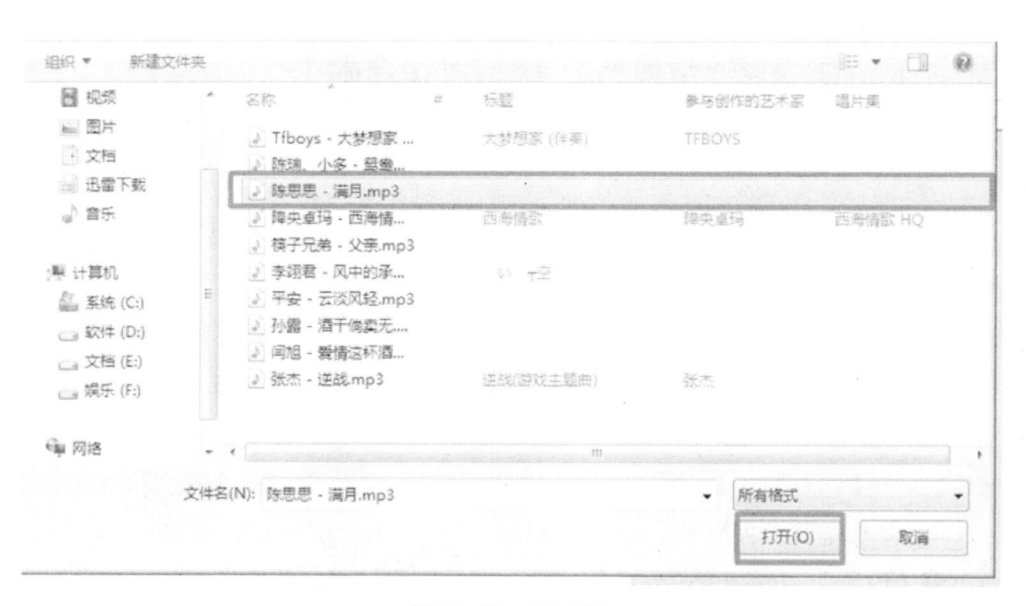

图 13-28　导入音乐

（4）选中第一帧，声音设定为所选的音乐，如图 13-29 所示。

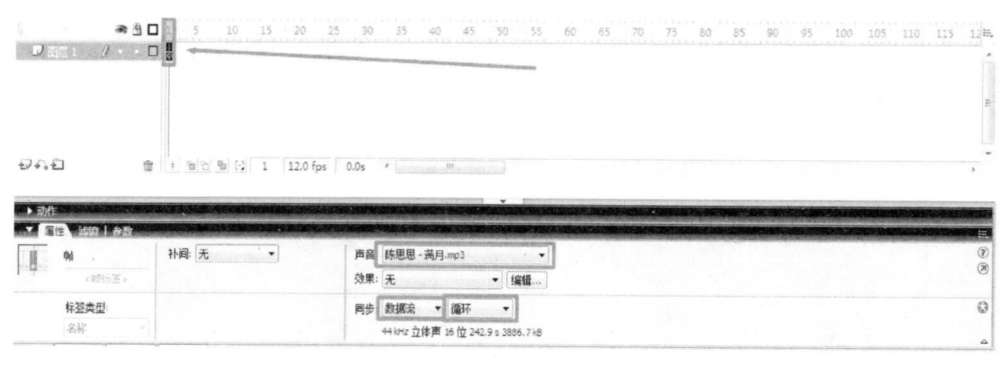

图 13-29　声音设定为所选的音乐

（5）把帧拖到底部，插入帧，一直拖到紫线成为直线，如图 13-30 所示。

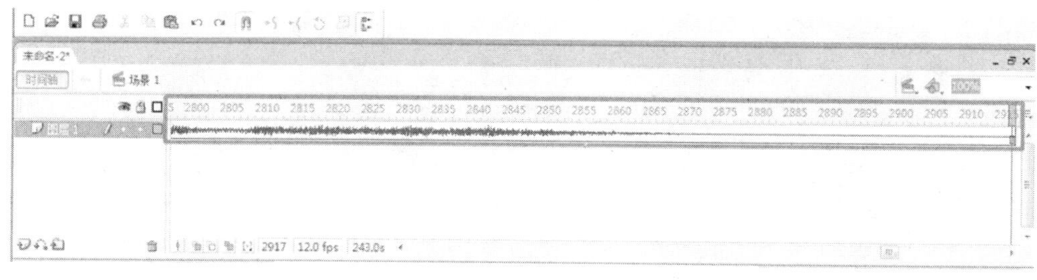

图 13-30　把帧拖到底部，插入帧

（6）新建图层，导入背景。

（7）新建图层，输入名字“满月”，如图 13-31 所示。

（8）在第 100 帧处按下【F6】键插入关键帧，并拖动帧的位置，创建补间动画，如图 13-32 所示。

（9）按下【Ctrl】+【Enter】组合键，观看效果。

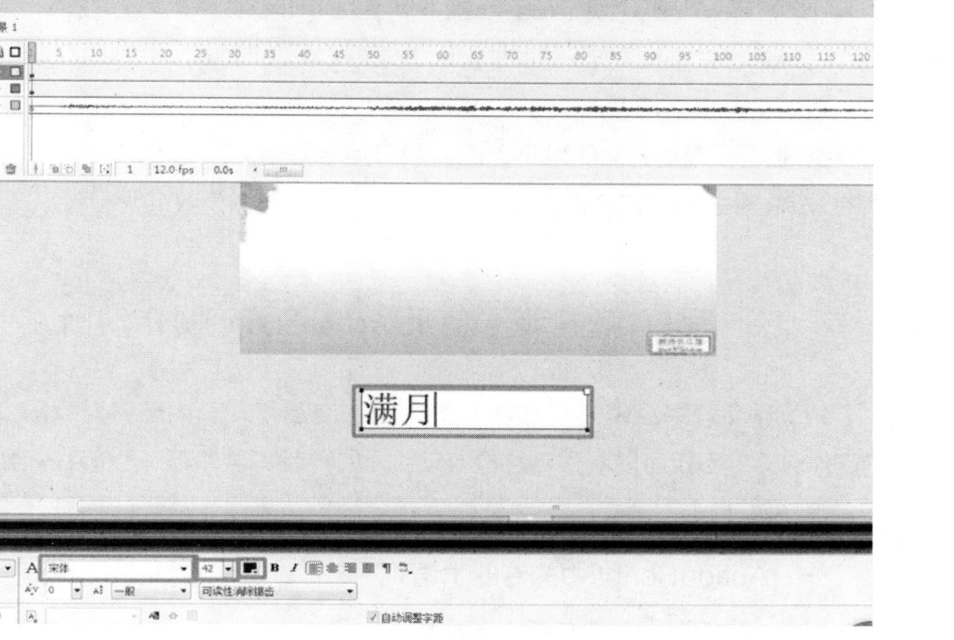

图 13-31　输入名字“满月”

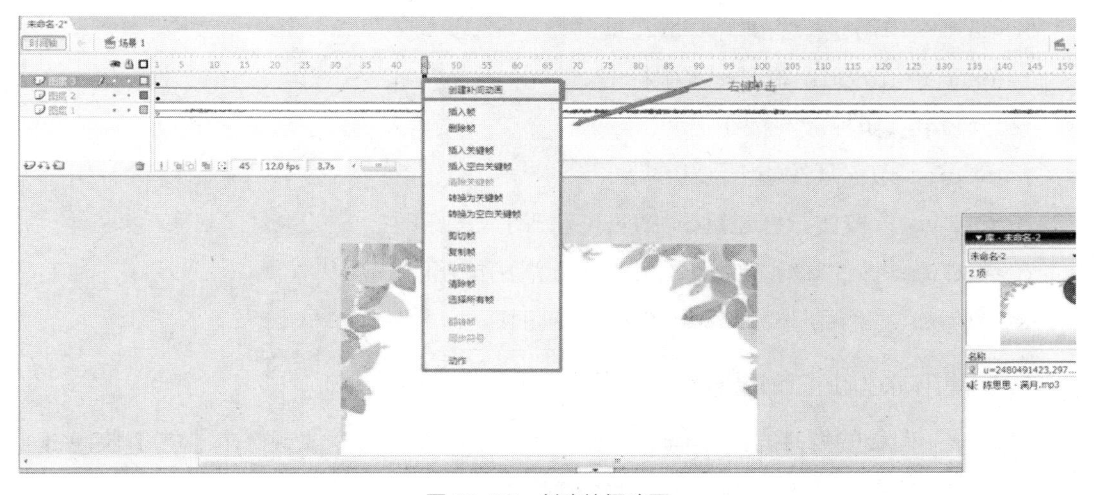

图 13-32　创建补间动画

二、添加声音

制作音乐动画时，需要先添加歌曲，将声音设置为“数据流”方式，并计算歌曲文件的帧长度（即在时间轴上占用的帧数），然后在相应位置插入普通帧，后面的动画制作便可以根据音乐的节奏和长度来安排内容。在 Flash 中，通过创建声音控件来控制动画中的声音。创建一个新的 sound 对象，然后再用 attachsound 命令连接到库里的声音，实现对声音的控制。通过创建简单的声音播放来实现基本的开始与停止播放声音。

Flash 中有两种声音类型：事件声音和音频流。

（1）事件声音：事件声音必须完全下载后才能开始播放，除非明确停止，否则它将一直连续播放。事件声音可以被设为单击按钮的声音，也可以被设为影片中的循环音乐。

（2）音频流：音频流在前几帧下载了足够的数据后就开始播放，通常被用作 Flash 的背景音乐。音频流要与时间轴同步，以便在网站上播放。

Flash 支持的声音文件包括 MP3、WAV 和 AIFF。声音文件要占用很大的磁盘和内存空间，而 WAV 文件虽小，但一般只用于短暂的效果音，更多的时候还是使用比较小的 MP3 格式的声音文件。

第五节　使用 ActionScript 制作动画

Flash 动画中经常需要实现人和动画的交互和动画内部各对象的交互。利用 Flash 的动作脚本，不仅可以制作各种交互动画（如游戏和课件等），而且还可以用于实现下雨、下雪等特效动画。

一、ActionScript 中的专业术语

Flash 中的鼠标事件包括以下几种。

press：按下还未松开鼠标左键时。

release：单击鼠标左键并释放左键时。

release Outside：单击一次鼠标时。

roll Over：鼠标放在按钮上时。

roll Out：鼠标从按钮上滑出时。

drag Over：按住鼠标左键不松开，光标滑入按钮时。

drag Out：按住鼠标左键不松开，光标滑出按钮时。

Key Press：当用户按下键盘上的一个键时。

二、使用 ActionScript 制作动画

“动作”面板的打开方法：点击【窗口】→【动作】命令或者点击【F9】快捷键。

【示例 7】使用 ActionScript 制作动画

1. 新建文档并命名

新建一个 Flash 文件（ActionScript 3.0）文档，设置背景色为白色，文档大小为 640px×480px，保存文档，命名为“语文课件”。

2. 导入图片、制作所需元件

（1）制作背景元件导入背景图片，并将其转换为“背景”的图形元件。

（2）制作“按钮”元件。分别制作“春望”“登高”“返回”“赏析”“上一页”“韵律常识”“作业”“作者简介”按钮元件。

（3）制作“春望”和“登高”两个影片剪辑元件。

①新建名称为“春望”的“影片剪辑”元件，将图层 1 改名“背景”，将“春望.jpg”导入到舞台并对齐，延伸至第 2 帧。

新建“按钮”图层，把“赏析”按钮元件拉到该图层第 1 帧舞台的右下方，在第 2 帧处插入关键帧，打开【属性】面板，选中【赏析】按钮，点击【交换元件】按钮，交换为“上一页”按钮元件。

②新建“文字”图层，在舞台上创建一个文本输入框，复制粘贴“春望诗”的内容。在第 2 帧处点击【F7】快捷键插入空白关键帧，按照同样的方法把“春望赏析”内容复制进来。

③新建“动作”图层，在第 1 帧上点击鼠标右键选择【动作】，在【动作】面板中输入“stop（ ）；”。选择按钮层第 1 帧，在舞台上选中“赏析”按钮实例，点击鼠标右键选择【动作】选项，在【动作】面板中输入“on（release）{gotoAndStop（2）；}”。选中第 2 帧，按同样方法添加“on（release）{gotoAndStop（1）；}”。

3. 布置场景

布置【时间轴】面板中的图层，如图 13-33 所示。

图 13-33　布置【时间轴】面板中的图层

4. 添加主场景中的脚本

（1）单击【插入新图层】按钮，命名为“as”，在第 1 帧上右击鼠标选择【动作】选项，在【动作】面板中输入“stop（ ）；”。

（2）在对应按钮实例中的【动作】面板中输入对应的动作。

“春望”：“on（release）{gotoAndStop（2）；}”。

“登高”：“on（release）{gotoAndStop（3）；}”。

“作者简介”：“on（release）{gotoAndStop（4）；}”。

“韵律常识”：“on（release） {gotoAndStop（5）；}”。

“作业”：”on（release）{gotoAndStop（6）；}”。

（3）在“春望”“登高”“作者简介”“韵律常识”“作业”图层中的【返回】按钮按照步骤（2）的方法添加“on（release）{gotoAndStop（1）；}”语句。

（4）在“春望”“登高”“作者简介”“韵律常识”“作业”图层中的【返回】按钮按照步骤（2）的方法添加“on（release）{gotoAndStop（1）；}”语句。

（5）点击【Ctrl】+【Enter】组合键，预览动画播放的效果并保存。

本 / 章 / 小 / 结

本章重点介绍了 Flash 网页动画的制作。通过本章的学习，读者应当掌握 Flash 动画制作方法和技巧，能够制作 Flash 网页动画，为后续内容的学习奠定基础。

思考与练习

1. 图层的类型有哪些?

2. 如何制作逐帧动画?

3. 如何制作形状补间动画?

4. 如何创建动作补间动画?

5. 在 Flash 中，如何导入声音文件?

6. 如何使用 ActionScript 制作动画?

第十四章

Flash 中的元件、库和滤镜

章节导读

元件是 Flash 动画的重要组成部分，元件的主要特性是可以被重复利用，且不会影响影片的大小。Flash 中的所有元件都被归纳到库面板中，可以被随时调用，即使在场景中将所有元件全部删除，也不会影响库面板中的元件。使用滤镜可以制作出许多意想不到的效果，但是滤镜只能应用于文本、影片剪辑元件和按钮元件。

本章的学习重点如下。

1. 创建 Flash 中的元件。

2. 使用 Flash 中的库和滤镜。

第一节　Flash 中的元件

一、创建图形元件

【示例 1】创建图形元件

（1）双击打开桌面上的 Flash 软件，然后点击 Flash 初始界面上的 Flash 文档创建新项目。

（2）在新建的 Flash 文档里，点击 Flash 右上角的文件选项。

（3）在弹出的菜单里，将鼠标移动到【导入】菜单上，然后点击【导入到库】选项，如图 14–1 所示。

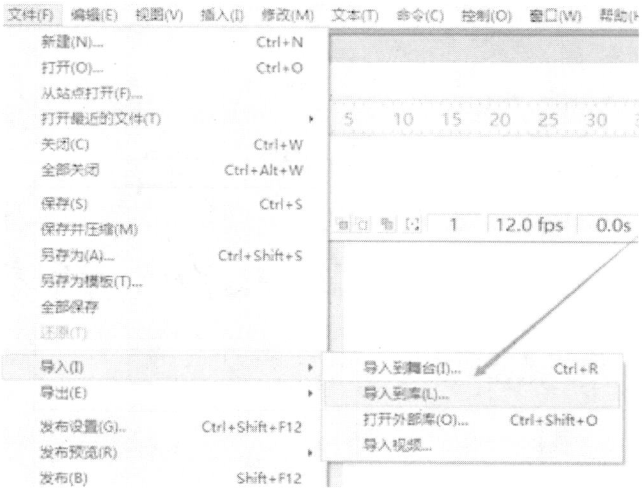

图 14-1　导入到库

（4）在【导入到库】对话框中，选择本地图片保存的位置，选择好图片后，点击【打开】按钮。

（5）将图片导入库后，点击 Flash 菜单栏上的【插入】菜单，然后点击【创建元件】选项，或者按下快捷键【Ctrl】+【F8】。

（6）在弹出的【创建新元件】对话框里，输入元件名称，选择元件的类型，然后点击【确定】按钮，打开图形元件，然后将 Flash 库里的图片拖动到图形元件上，这样图形元件就制作完毕了。

二、创建影片剪辑元件

【示例 2】创建影片剪辑元件

（1）打开软件，并新建 Flash 文档，选择 AS3 或 AS2 文档。

（2）以 AS3 文档为例，选择【菜单】→【插入】→【新建元件】，如图 14-2 所

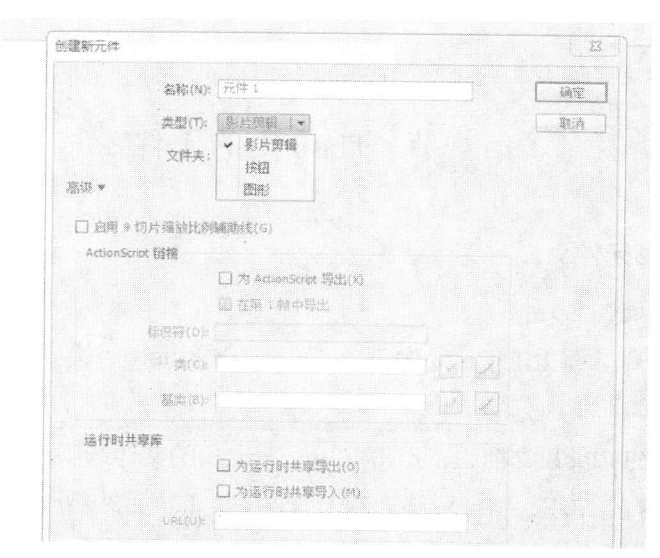

图 14-2　新建元件

示，会要求选择元件类型，一般会以上次新建元件类型为默认选择，如果不是影片剪辑，则选择为影片剪辑，点击【确定】按钮，这样就新建了一个空的影片剪辑。点击【确定】按钮后会直接进入影片剪辑的编辑视图。

上述步骤是新建空影片剪辑，接下来是转换为影片剪辑的操作步骤。

（3）先在舞台上画一个图形，选择该形状后点击鼠标右键，找到【转换为元件】选项，如图 14-3 所示。也可以在菜单栏中点击【转换为元件】菜单，或直接使用快捷键【F8】。

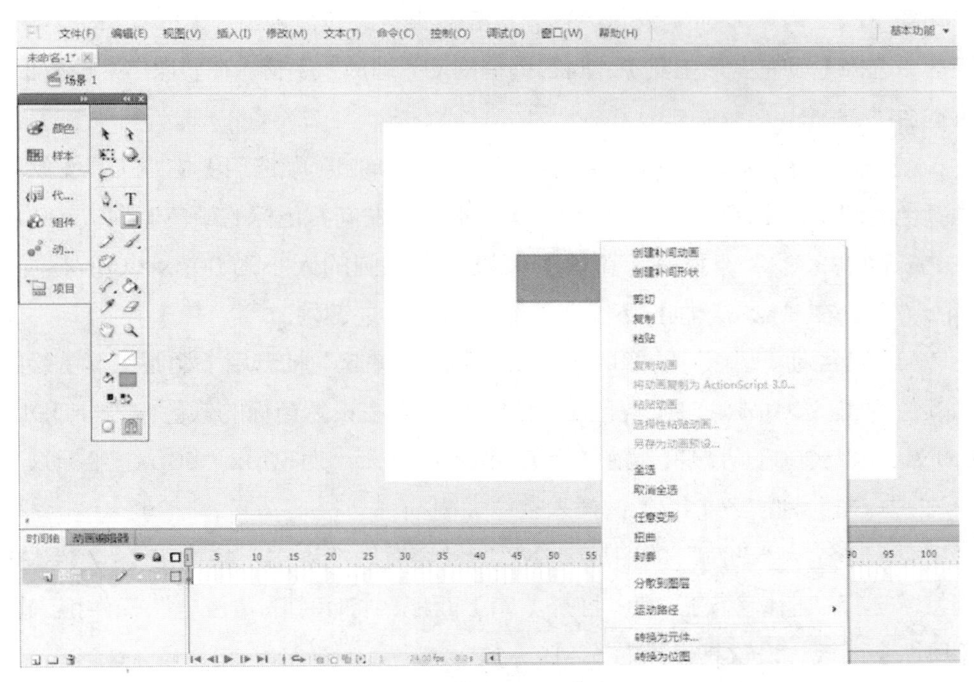

图 14-3 【转换为元件】选项

（4）在弹出的对话框中选择【影片剪辑】选项，点击【确定】按钮即可。另外，还可以将库里的位图、按钮、视频等元件拖到舞台后转换为影片剪辑。

三、创建按钮元件

按钮元件是 Flash 的基本元件之一，它具有多种状态，并且会响应鼠标事件、执行指定的动作，是实现动画交互效果的关键对象。从外观上看，按钮可以是任何形式。比如，按钮可以是位图，也可以是矢量图；可以是矩形，也可以是其他多边形；可以是一根线条，也可以是一个线框；甚至还可以是看不见的“透明按钮”。

【示例 3】创建“放电按钮”元件

（1）新建名为“放电按钮”的按钮元件。在这个元件的编辑场景中，将“图层 1”更名为“按钮”。双击【矩形工具】，在弹出的【矩形设置】对话框中设置“边角半径”为“20 点”。

（2）设置笔触颜色为“无”，填充色为“任意”，在场景中画一个矩形。打开【属性】面板，设置这个矩形的大小为 250px×45px，坐标为（0，0）。

（3）选中矩形，打开【混色器】面板，设置填充类型为“线性”，增加一个色标，自左向右设置色标的颜色值为“#000000、#AFB5FA、#333333”，对矩形进行填充。选中矩形，单击【填充变形工具】，将“旋转手柄”旋转 90°，向下拉动“缩放”手柄。

（4）在“点击”帧按下【F6】键插入关键帧。

（5）新建名为“发光”的图层。点击“按钮”图层的“弹起”帧，在弹出的快捷菜单中选择【复制帧】命令；点击“发光”图层的“弹起”帧，在弹出的快捷菜单中选择【粘贴帧】命令。选中“发光”层的矩形，打开【混色器】面板，自左向右设置色标的颜色值为“#FFFFFF、#B7C7FF、#858ABF”，在“指针经过”帧按下【F6】键插入关键帧，选中矩形，选择【填充变形工具】，向右稍稍拖动“缩放”手柄。在“点击”帧按下【F7】键插入空白关键帧。

（6）新建名为“白光”的图层。在该图层的“弹起”帧选用【椭圆工具】绘制一个无笔触颜色的圆。选中圆，打开【混色器】面板，自左向右色标的颜色值为“#000000、#AFB5FA、#333333”。打开【属性】面板，设置圆的大小为 60px×60px，坐标为（–87，–7）。在“点击”帧按下【F7】键插入空白关键帧。

（7）新建名为“圆球”的图层。在该图层的“弹起”帧选用【椭圆工具】绘制一个无笔触颜色的圆。选中圆，打开【混色器】面板，自左向右设置色标的颜色值为“#DDDFFC、#ABB2FA、#424366”。打开【属性】面板，设置圆的大小为 50px×50px，坐标为（–81，–2）。在“点击”帧按下【F7】键插入空白关键帧。

（8）新建名为“动画”的图层。在“指针经过”“点击”帧按下【F7】键插入空白关键帧。选择“指针经过”帧，打开【库】面板，将库中的“放电”元件拖入场景。打开【属性】面板，设置其坐标为（–19，11）。

（9）新建名为“文字”的图层，在“弹起”帧输入文字“Button”。打开【属性】面板，设置字体为“Arial Black”，字母间距为“12”，字体大小为“24”，文本颜色为“#000000”；在“指针经过”帧插入关键帧，改变字体颜色为“#444444”；在“按下”帧插入关键帧，改变字体颜色为“#808080”；在“点击”帧插入空白关键帧。至此，按钮元件制作完毕，如图 14–4 所示。

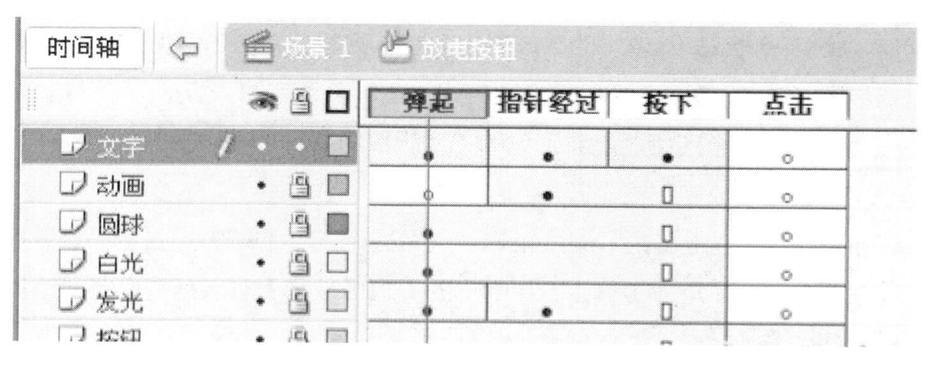

图 14–4　按钮元件制作完毕

（10）转回“场景 1”，将“放电按钮”元件从库中拖入主场景中央，即完成本示例。

四、转换元件

【示例 4】转换元件

（1）新建一个空白文档，然后用圆形工具画一个圆，填充颜色。用直线工具画两个简单的眼睛，然后再用其他工具画其余的器官，就绘制完成一个简单的图像。选中图形，然后点击鼠标右键，选择【转换为元件】，如图 14-5 所示，点击【确定】按钮。

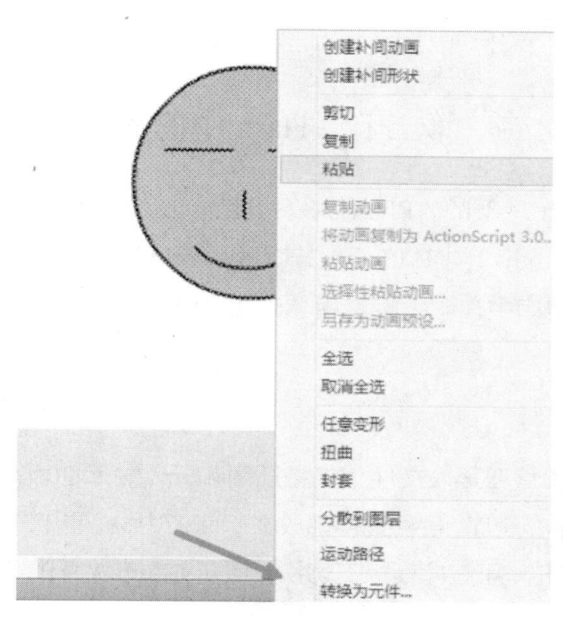

图 14-5　转换成元件

（2）把元件拖到画布中，如图 14-6 所示。

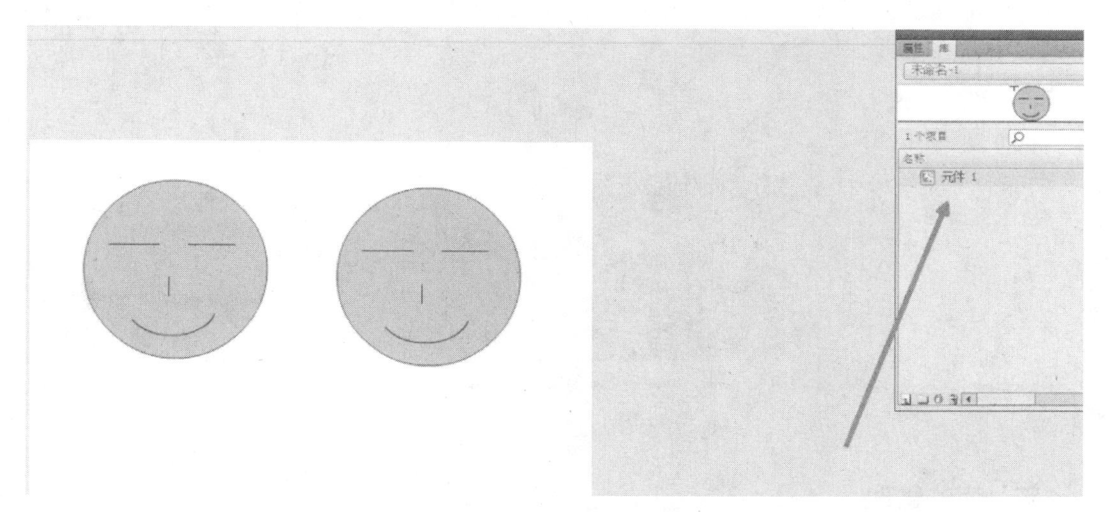

图 14-6　把元件拖到画布中

五、编辑元件

【示例 5】编辑元件

（1）打开 Flash 软件，创建新文档。点击【插入】菜单，在弹出的菜单中点击【新建元件】选项。

（2）在弹出的对话框设置元件的名称，点击【类型】选项的下拉按钮，在弹出的列表中选择元件类型，如图14–7所示，点击【确定】按钮。

（3）元件创建完成后，返回到场景界面中。用鼠标左键双击该元件，即可打开元件的编辑界面，对元件进行编辑。

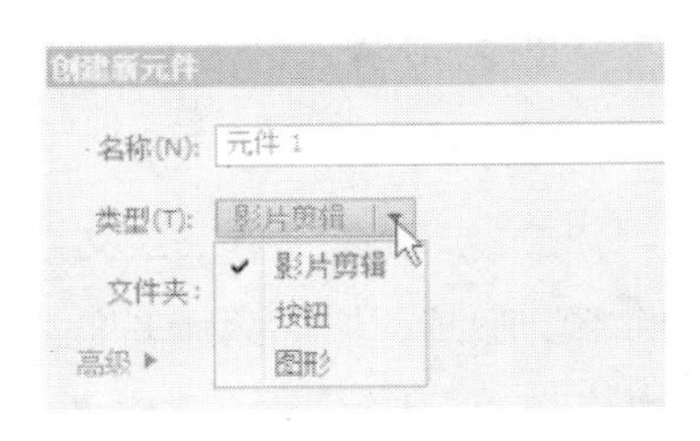

图 14–7　选择元件类型

第二节　Flash 中的库

库是用来存 Flash 对象的。Flash 对象类型包括影片剪辑（MovieClip）、图形（graphcis）、位图（bit map）、字体（font）、声音（sound）、视频（flv）、组件（component）等。将 Flash 对象放到库中，可以将其用 AS 脚本导入舞台或者用鼠标拖到舞台，以完成所需作品。

一、库的界面

库的作用为存储和管理导入文件、矢量插图和元件。库面板是 Flash 影片中所有可以重复使用的元素的储存仓库，各种元件都放在库面板中，在使用时从该面板中调用即可。当打开多个 Flash 文档时，可在库面板下切换查看各 Flash 文件的库项目，并可进行锁定，如图 14–8 所示。

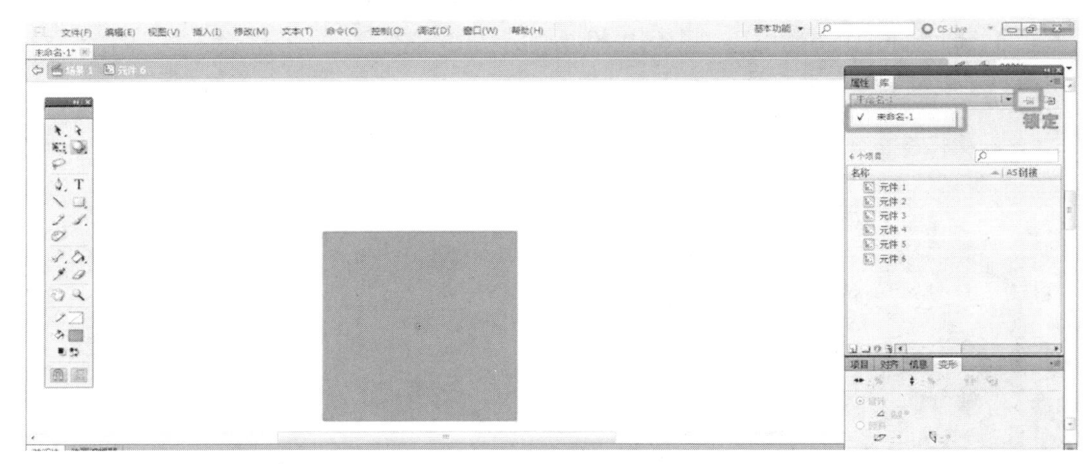

图 14–8　库项目

二、库的管理

在库面板下方点击【新建库面板】按钮可新建一个库面板。在库面板选中项目后，可在预览窗口查看。若项目为多帧动画，可在预览窗口进行播放或暂停，按钮在窗口右上方，如图 14–9 所示。

库面板中可显示项目数量，当数量较多时可在搜索框快速查找指定的素材或元件。库面板最下方四个按钮分别为【新建元件】、【新建文件夹】、【属性】和【删除】。

删除后的文件若想恢复可点击【Ctrl】+【Z】组合键。如果想使用已制作好的元件等文件，可使用菜单命令导入外部库文件。

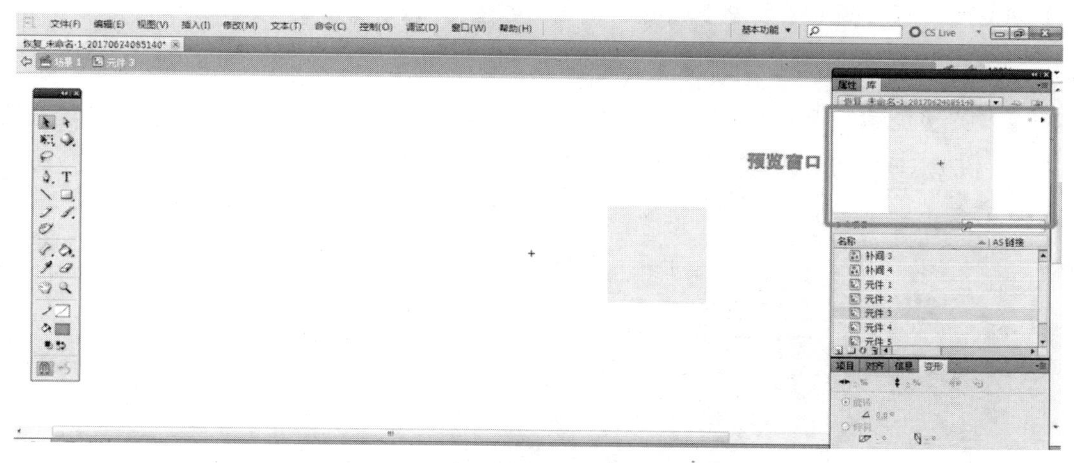

图 14-9　预览窗口

第三节　Flash 中的滤镜

滤镜是一种对对象的像素进行处理以生成特定效果的工具。

一、添加滤镜

在属性检查器的【滤镜】部分中，单击【添加滤镜】按钮，可以选择【投影】、【模糊】、【发光】、【斜角】、【渐变发光】、【渐变斜角】、【调整颜色】滤镜，如图 14-10 所示。在 Flash 中的文本、按钮、影片剪辑等都可以运用滤镜工具，需要注意的是，图片元件不能设置滤镜。

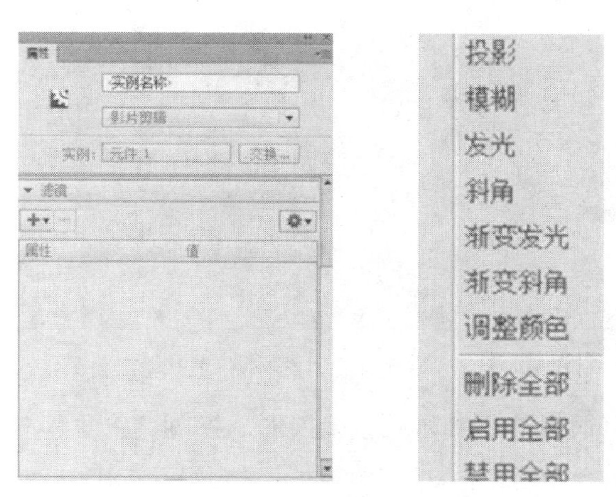

图 14-10　运用滤镜的范围

二、编辑滤镜

Flash 有很多滤镜，下面以【模糊】和【发光】两种滤镜为例进行介绍。

1. 模糊

【模糊】滤镜可以使对象的轮廓柔化，变得模糊。通过对【模糊 X】、【模糊 Y】和【品质】的设置，可以调整【模糊】滤镜的效果，如图 14–11 所示。

2. 发光

【发光】滤镜用于模拟物体发光时产生的照射效果，其作用类似于使用柔化填充边缘效果，但得到的图形效果更加真实，还可以设置发光的颜色，使操作更加简单，如图 14–12 所示。

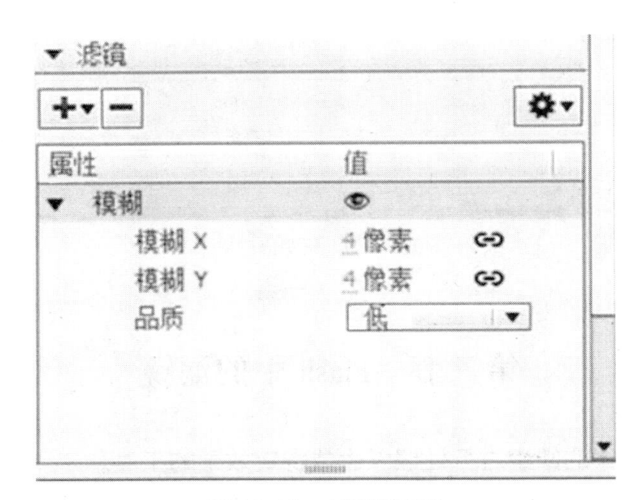

图 14–11 【模糊】滤镜

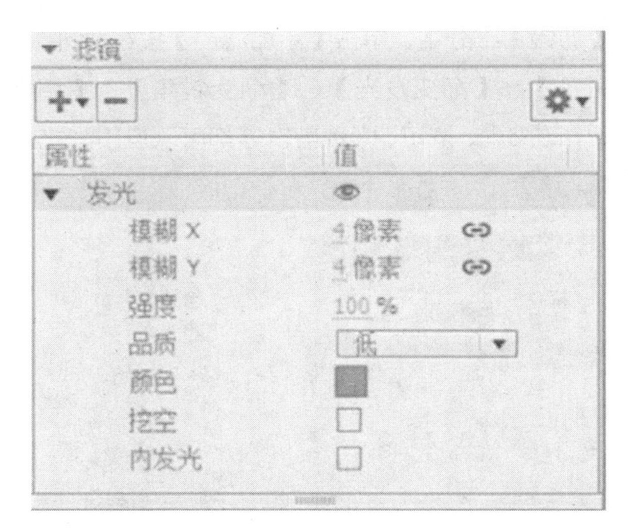

图 14–12 【发光】滤镜

Flash 中的滤镜有很多的添加方式，如投影、模糊、斜角、渐变等，这些效果既可以独立使用，也可以组合使用，在实际操作中要学会灵活运用，注意不要画蛇添足。

三、滤镜预设

（1）选中要应用滤镜的文本对象、影片剪辑或按钮。

（2）打开【滤镜】面板，单击【添加】按钮，从弹出菜单中选择【投影】选项，如

图 14–13 所示。

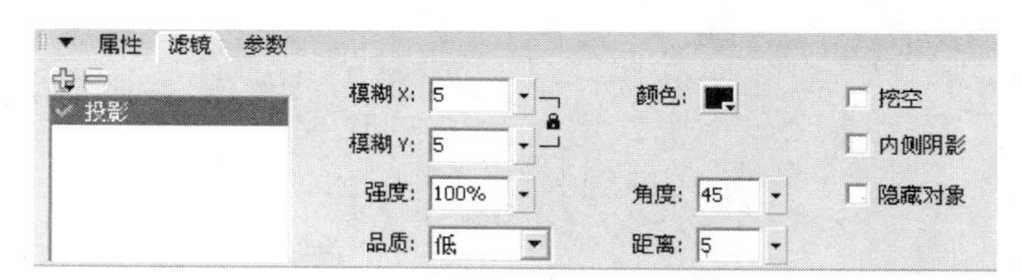

图 14–13　选择【投影】选项

【投影】面板中的各选项如下。

【模糊 X】、【模糊 Y】：设置投影的宽度和高度。加宽或加高都会伴随模糊度的加深。

【强度】：阴影暗度。

【品质】：投影的品质级别，“高”效果近似于高斯模糊，建议为设置“低”，以实现最佳回放性能。

【颜色】：设置阴影的颜色。

【角度】：设置阴影与对象的角度。

【距离】：设置阴影与对象的距离。

【挖空】：视觉上隐藏对象，在挖空图像上只显示投影。

【内侧阴影】：在对象边界内应用阴影。

【隐藏对象】：只显示阴影，用该项可以更轻松创建逼真的阴影。

【预设】：可以保存已有滤镜并应用到其余对象。

本 / 章 / 小 / 结

本章重点介绍了 Flash 中的元件、库和滤镜。通过本章的学习，读者应当了解掌握元件的创建、转换、编辑等操作，能够使用 Flash 中的库和滤镜。

思考与练习

1. 如何创建图形元件？

2. 如何创建影片剪辑元件？

3. 如何创建按钮元件？

4. 库面板有何作用？

5. 在 Flash 中，如何添加、编辑滤镜？

第十五章

发布和维护网站

章节导读

经过前面几章的学习，已经掌握了网页制作的方法和技巧，本章将介绍如何发布和维护网站。

本章的学习重点如下。

1. 测试站点。
2. 上传网页。
3. 网站维护。

第一节　测 试 站 点

一、检查链接

Dreamweaver 的站点是一种管理网站中所有相关联文件的工具。

（1）本地新建一个文件夹，在 Dreamweaver 中选择菜单栏中的【站点】→【新建站点】命令，在弹出的【站点设置对象】对话框中填写站点的名称，再单击【本地站点文件夹】后的【浏览文件夹】按钮，选择本地站点刚新建的文件夹，然后再单击【保存】按钮继续创建站点，返回到 Dreamweaver 主界面中，则会在【文件】浮动面板中看到创建的站点，如图 15–1 所示。

（2）在 Dreamweaver 中检查网站中是否包含断开的链接也是站点测试的一个重要的项目。

【示例 1】检查网站中是否包含断开的链接

（1）点击菜单栏中的【文件】→【打开】，打开需要检查的网站页面，执行【窗口】

→【结果】→【链接检查器】命令，打开【链接检查器】面板，如图 15-2 所示。

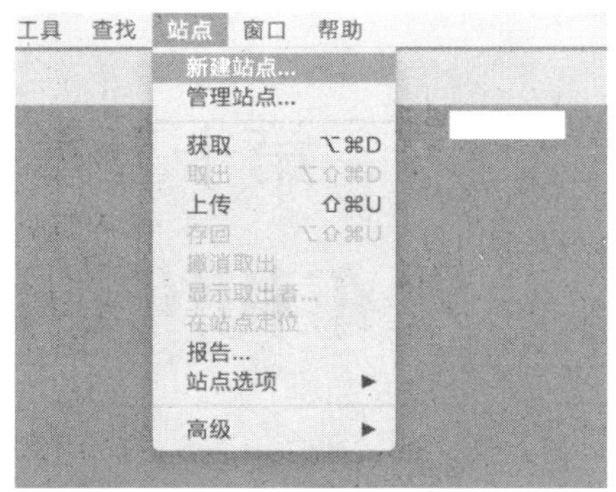

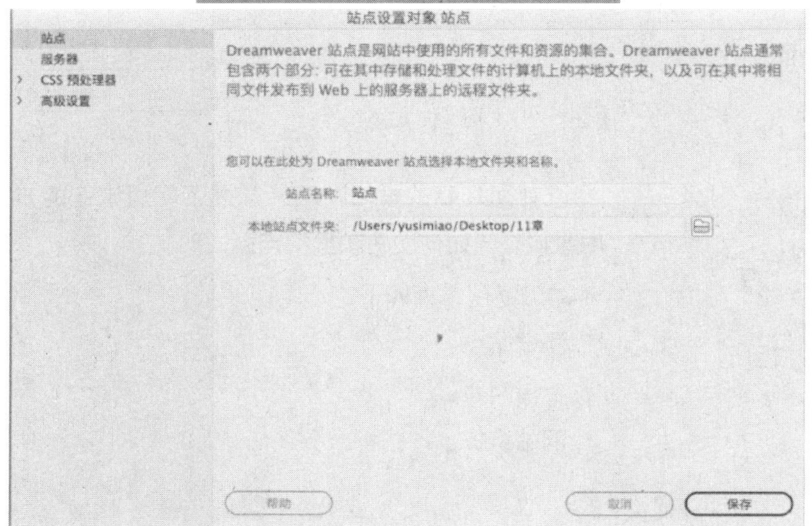

图 15-1　创建的站点

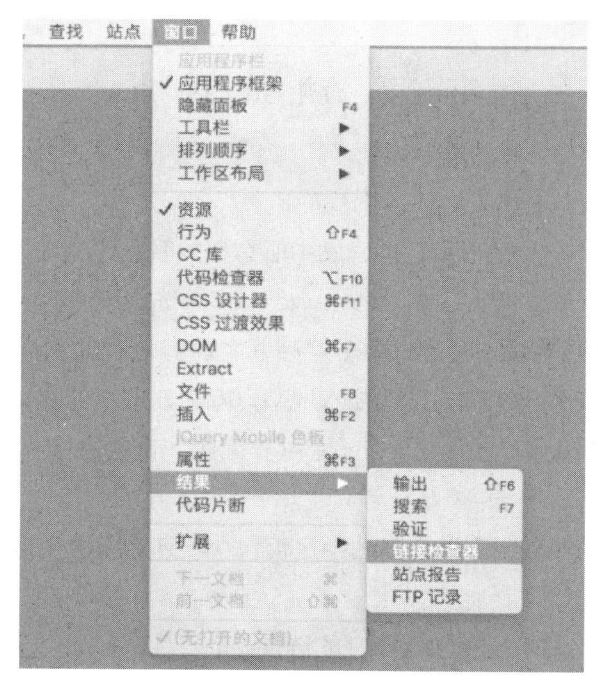

图 15-2　打开【链接检查器】面板

（2）单击【链接检查器】面板左上方的三角按钮，在弹出来的菜单中选择检测不同的链接类型。检查完成后，在【链接检查器】面板中显示检查结果，如图 15-3 所示。

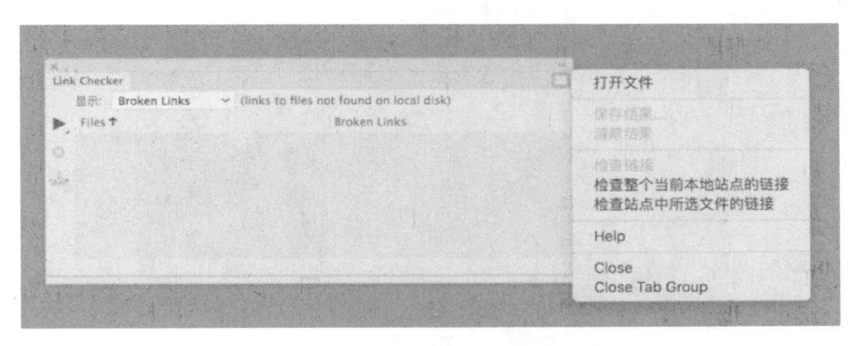

图 15-3　显示检查结果

（3）通过对该页面的链接检查，可以发现是否存在断掉的链接。如果存在，将显示在当前面板中，用户可以直接修改链接。

二、清理文档

在使用 Dreamweaver 的过程中，可将 Word 中生成的 HTML 和不必要的 HTML 进行清理。

【示例 2】清理文档

（1）在菜单栏中选择【命令清理 XHTML】命令。

（2）在弹出的【清理 HTML/XHTML】对话框中，勾选“空标签区块”“多余的嵌套标签”“不属于 Dreamweaver 的 HTML 注解”等内容。

（3）单击【确定】按钮，即可完成对页面中指定内容的清理。

第二节　上 传 网 页

一、域名注册、购买主机空间、域名解析及网站备案

完成站点测试后，需要链接到远程服务器，以便进行上传及维护，在上传时需要进行域名注册、购买主机空间、域名解析及网站备案等操作。域名注册是遵循先申请先注册的原则，域名的级别包括顶级域名、二级域名、三级域名和国家代码域名等。

【示例 3】域名注册、购买主机空间、域名解析及网站备案

（1）启动浏览器，在地址栏输入网址“http://www.sudu.cn/”，点击【Enter】键进入网站，如图 15-4 所示。

图 15-4　按 Enter 键进入网站

（2）在打开的网页搜索框中输入需要注册的域名，本示例中输入“lxldj”，然后单击【立即注册域名】按钮，如图 15-5 所示。

图 15-5 【立即注册域名】按钮

（3）进入域名搜索结果界面，则会显示可以注册的域名信息，在“您查询的域名可以注册：”列表中选中要注册的域名对应的复选框，选中需要注册的域名，并单击“我已阅读并同意域名注册相关协议”，然后单击【去购物车结算】按钮，如图 15-6 所示。

（4）在弹出的提示框中提示立即支付或继续购买虚拟主机产品，用户根据不同情况选择单击超链接。

（5）单击“立即支付”超链接，进入购物车界面，在项目栏中单击【配置】按钮，进入域名信息配置界面，信息填写完成后单击【保存】按钮，进入域名信息配置成功界面，单击“返回”超链接，页面如图 15-7 所示。

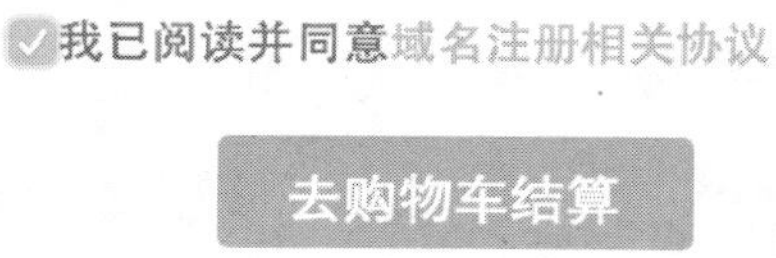

图 15-6 添加到购物车

图 15-7 “返回”超链接

（6）进入我的购物车界面查看订单信息，单击【立即支付】按钮进行支付，如图 15-8 所示。

图 15-8 【立即支付】按钮

（7）在【文件】浮动面板中单击【连接到远程服务器】按钮，连接到服务器后，单击【向远程服务器上传文件】按钮。

二、使用 LeapFTP 软件上传网页

【示例 4】使用 LeapFTP 软件上传网页

（1）安装 LeapFTP 的中文版软件后，双击 LeapFTP 图标 打开软件界面。

（2）打开 LeapFTP 界面后，选择【站点】→【站点管理器】，如图 15–9 所示。

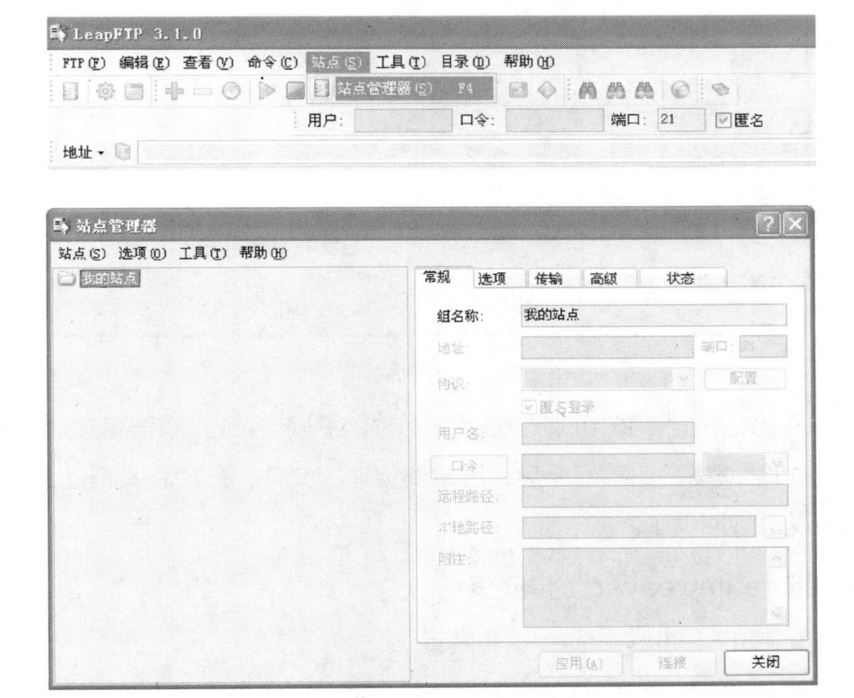

图 15–9　站点管理器

（3）选择窗口左上角的【站点】，然后点击【新建】目录下的【创建站点】选项，如图 15–10 所示。

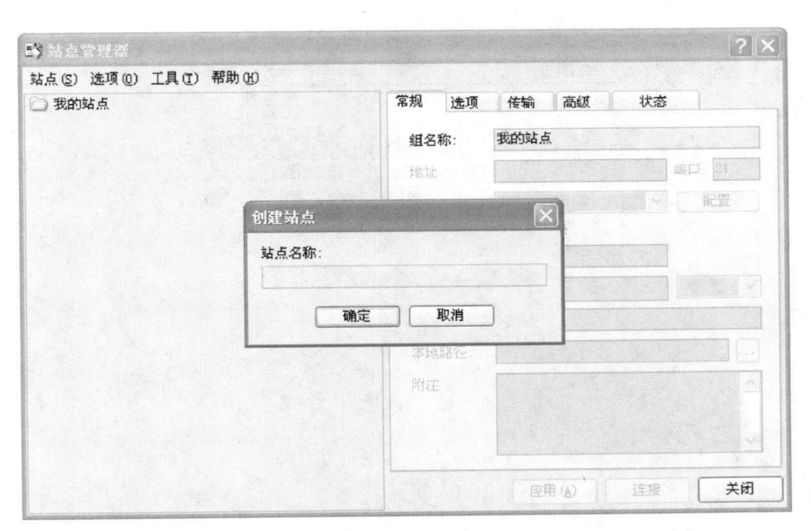

图 15–10　创建站点

（4）填写站点信息中的“地址”“用户名”“口令”（匿名登录则只填其中两项），再选填“远程路径”（在服务器上的位置）和“本地路径”（连接后本地自动跳转到哪

个位置），最后点击下方的【应用】按钮，如图 15-11 所示。

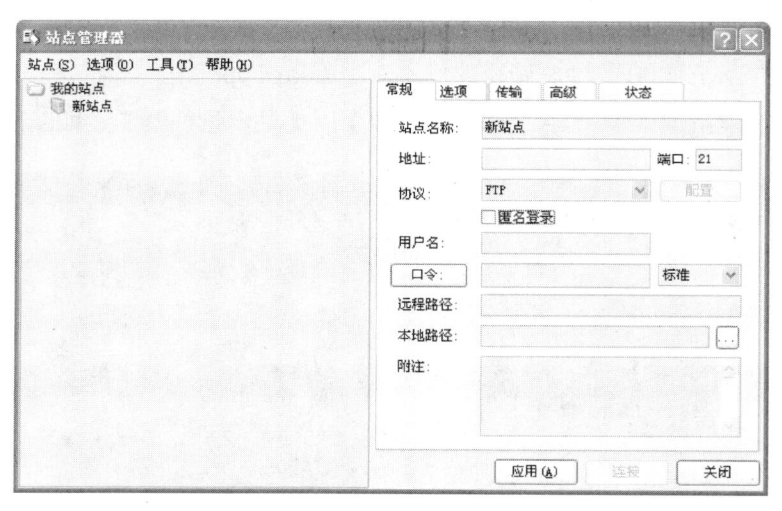

图 15-11　填写站点信息

（5）点击下方的【连接】按钮来连接到指定的 FTP 网络位置。只要各项信息正确无误，就可以连接上 FTP 网络。连接好之后，选定要传输的文件，然后将其拖动至要上传的远程目录，就可以上传网页了。

三、利用 Dreamweaver 上传网页

【示例 5】利用 Dreamweaver 上传网页

（1）在 Dreamweaver 中打开需要上传的本地站点，为确保上传成功，将首页更名为“index.html”，如图 15-12 所示。

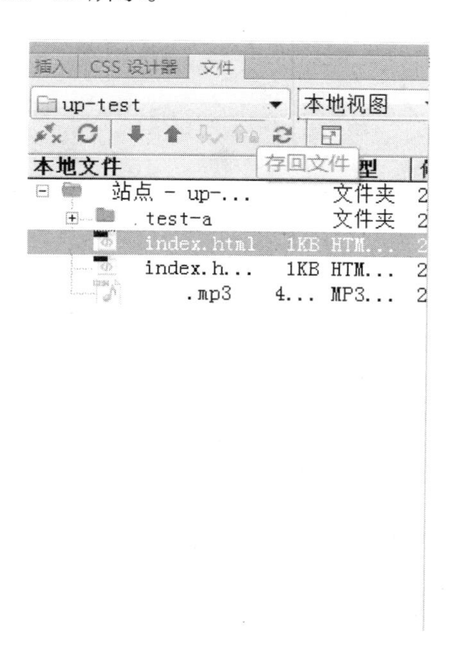

图 15-12　本地站点

（2）将站点视图由本地视图切换至远程服务器视图。

（3）点击“+”添加新服务器，如图 15–13 所示。

站点
服务器
版本控制
高级设置
您将在此位置选择承载 Web 上的页面的服务器。此对话框的设置来自 Internet 服务提供商 (ISP) 或 Web 管理员。
注意：要开始在 Dreamweaver 站点上工作，您无需完成此步骤。如果要连接到 Web 并发布页面，您只需定义一个远程服务器即可。
名称
地址
连接
远程
测试

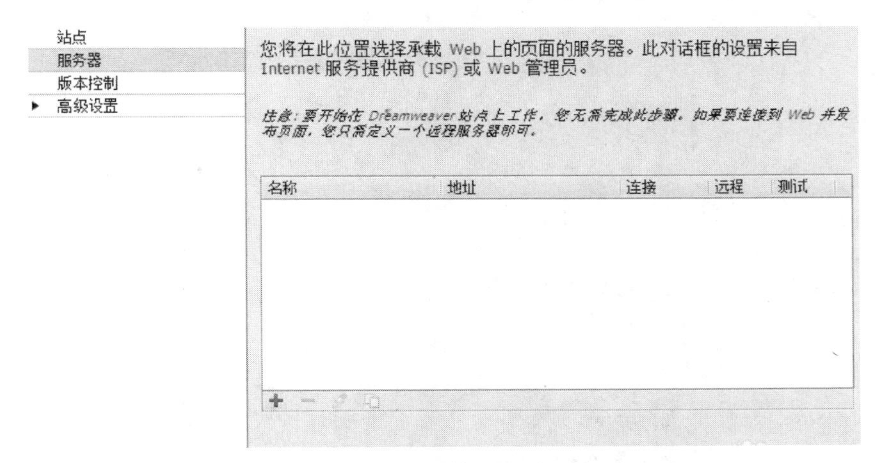

图 15–13　添加新服务器

（4）进入申请的网站空间的操作后台，点击【设置 FTP 密码】选项，可以看到 FTP 信息，将其填写在图 15–14 上相应的地方。填完之后点击【测试】按钮，看是否测试成功。测试成功之后设置【高级】选项，勾选前两项，点击【保存】按钮，完成对服务器的设置，如图 15–15 所示。

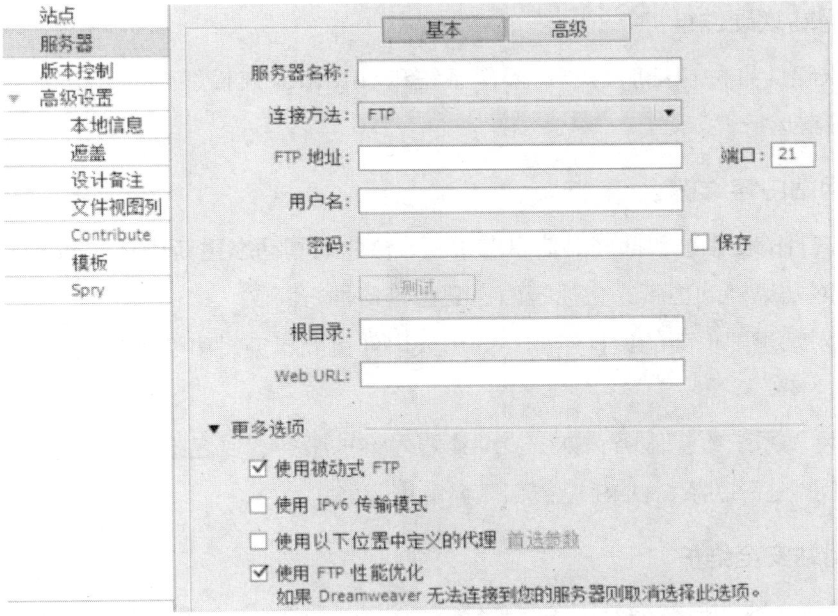

站点
服务器
版本控制
高级设置
本地信息
遮盖
设计备注
文件视图列
Contribute
模板
Spry
基本
高级
服务器名称：
连接方法：
FTP
FTP 地址：
端口：
21
用户名：
密码：
保存
测试
根目录：
Web URL：
更多选项
使用被动式 FTP
使用 IPv6 传输模式
使用以下位置中定义的代理
首选参数
使用 FTP 性能优化
如果 Dreamweaver 无法连接到您的服务器则取消选择此选项。

图 15–14　输入服务器相关信息

（5）上传网页：上传网页有两种方法。

方法一：打开要上传的网页，点击菜单栏中的【站点】选项，选择【上传】按钮即可上传。

方法二：网页编辑完成之后，点击菜单栏中的【文件】选项，选择【保存】按钮即可上传。

（6）浏览网站：打开网站即可看到刚刚上传的网页。

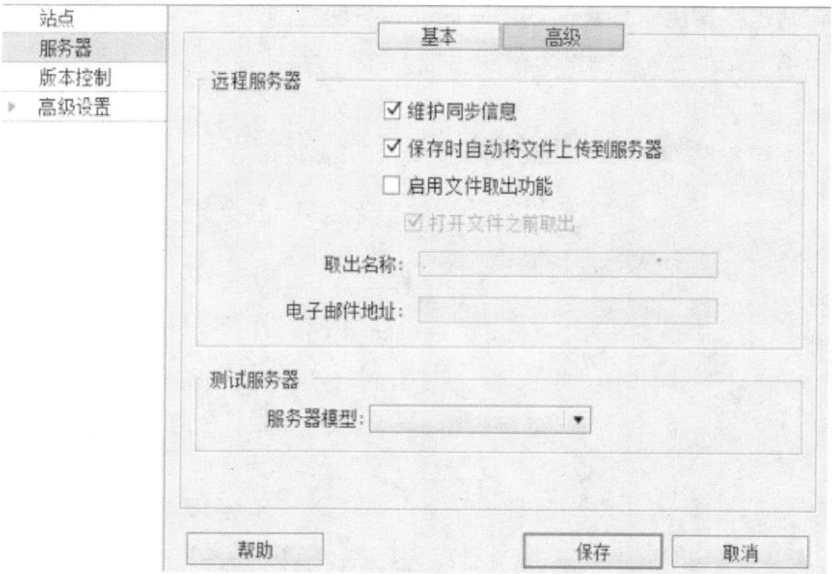

图 15-15　设置高级选项

第三节　网 站 维 护

一、网站软硬件维护

网站软硬件维护包括服务器、操作系统和 Internet 连接线路等，以确保网站 24 小时不间断正常运行。

二、网站内容维护

（1）内容的更新：包括产品信息的更新、企业新闻动态更新和其他动态内容的更新。

（2）网站风格的更新：包括版面、配色等各种方面。

（3）网站重要页面的设计制作：如重大事件页面、突发事件及相关周年庆祝等活动页面的设计制作。

（4）网站系统维护服务：如 E-mail 账号维护服务、域名维护续费服务、网站空间维护、与 IDC 进行联系、DNS 设置和域名解析服务等。

三、网站安全维护

随着黑客人数的日益增长和入侵软件的泛滥，网站的安全遭到严峻挑战，如 SQL 注入、跨站脚本、文本上传漏洞等，网站安全维护已成为日益重视的模块。而网站安全的隐患主要是源于网站的漏洞，所以网站安全维护的关键在于尽早发现漏洞和及时修补漏洞。

本／章／小／结

本章重点介绍了网站的发布和维护方面的知识。通过本章的学习，读者应当了解如何发布制作好的网页，能够正确上传网页，维护网站信息。

思考与练习

1. 如何检查网站中是否包含断开的链接？

2. 怎样使用 LeapFTP 软件上传文件？

3. 网站内容如何维护？

参考文献

References

[1] 陈学平. 网页设计与制作教程（Dreamweaver CC 2017 版）[M]. 北京：清华大学出版社，2017.

[2] 李静.Dreamweaver CC 网页设计从入门到精通 [M]. 北京：清华大学出版社，2017.

[3] 项巧莲.Flash CC 案例应用教程 [M]. 北京：电子工业出版社，2017.

[4] 缪亮，孙毅芳. 网页设计与制作实用教程——Dreamweaver+Flash+Photoshop[M]. 3 版. 北京：清华大学出版社，2017.

[5] 杨仁毅. 中文版 Photoshop Dreamweaver Flash 网页设计与制作技术大全 [M]. 北京：人民邮电出版社，2016.

[6] 张忠琼.Dreamweaver+Flash+Photoshop 课堂实录 [M]. 北京：清华大学出版社，2017.

[7] 九州书源. 中文版 Dreamweaver+Flash+Photoshop CC 网页设计与制作从入门到精通（CS6 版）[M]. 北京：清华大学出版社，2014.